INTRODUÇÃO À ENGENHARIA QUÍMICA

Conceitos, Aplicações e Prática Computacional

O GEN | Grupo Editorial Nacional – maior plataforma editorial brasileira no segmento científico, técnico e profissional – publica conteúdos nas áreas de ciências exatas, humanas, jurídicas, da saúde e sociais aplicadas, além de prover serviços direcionados à educação continuada e à preparação para concursos.

As editoras que integram o GEN, das mais respeitadas no mercado editorial, construíram catálogos inigualáveis, com obras decisivas para a formação acadêmica e o aperfeiçoamento de várias gerações de profissionais e estudantes, tendo se tornado sinônimo de qualidade e seriedade.

A missão do GEN e dos núcleos de conteúdo que o compõem é prover a melhor informação científica e distribuí-la de maneira flexível e conveniente, a preços justos, gerando benefícios e servindo a autores, docentes, livreiros, funcionários, colaboradores e acionistas.

Nosso comportamento ético incondicional e nossa responsabilidade social e ambiental são reforçados pela natureza educacional de nossa atividade e dão sustentabilidade ao crescimento contínuo e à rentabilidade do grupo.

INTRODUÇÃO À ENGENHARIA QUÍMICA

Conceitos, Aplicações e Prática Computacional

Vivek Utgikar

TRADUÇÃO E REVISÃO TÉCNICA

Veronica Calado
Professora Titular da Escola de Química da
Universidade Federal do Rio de Janeiro (UFRJ)

Neuman Solange de Resende
Pesquisadora do Programa de Engenharia Química do
Instituto Alberto Luiz Coimbra de Pós-Graduação e
Pesquisa de Engenharia (Coppe) da
Universidade Federal do Rio de Janeiro (UFRJ)

O autor e a editora empenharam-se para citar adequadamente e dar o devido crédito a todos os detentores dos direitos autorais de qualquer material utilizado neste livro, dispondo-se a possíveis acertos caso, inadvertidamente, a identificação de algum deles tenha sido omitida.

Não é responsabilidade da editora nem do autor a ocorrência de eventuais perdas ou danos a pessoas ou bens que tenham origem no uso desta publicação.

Apesar dos melhores esforços do autor, das tradutoras, do editor e dos revisores, é inevitável que surjam erros no texto. Assim, são bem-vindas as comunicações de usuários sobre correções ou sugestões referentes ao conteúdo ou ao nível pedagógico que auxiliem o aprimoramento de edições futuras. Os comentários dos leitores podem ser encaminhados à **LTC — Livros Técnicos e Científicos Editora** pelo e-mail faleconosco@grupogen.com.br.

Authorized translation from the English language edition, entitled FUNDAMENTAL CONCEPTS AND COMPUTATIONS IN CHEMICAL ENGINEERING, 1st Edition by VIVEK UTGIKAR, published by Pearson Education, Inc., publishing as Prentice Hall, Copyright © 2017 by Pearson Education, Inc.

All rights reserved. No part of this book may be reproduced or transmitted in any form or by any means, electronic or mechanical, including photocopying, recording or by any information storage retrieval system, without permission from Pearson education, Inc.

PORTUGUESE language edition published by LTC — LIVROS TÉCNICOS E CIENTÍFICOS EDITORA, Copyright © 2019.
ISBN-13: 978-0-13-459394-4

Tradução autorizada da edição em língua inglesa intitulada FUNDAMENTAL CONCEPTS AND COMPUTATIONS IN CHEMICAL ENGINEERING, 1st Edition by VIVEK UTGIKAR, publicado pela Pearson Education, Inc., publicando como Prentice Hall, Copyright © 2017 by Pearson Education, Inc.

Reservados todos os direitos. Nenhuma parte deste livro pode ser reproduzida ou transmitida sob quaisquer formas ou por quaisquer meios, eletrônico ou mecânico, incluindo fotocópia, gravação, ou por qualquer sistema de armazenagem e recuperação de informações sem permissão da Pearson Education, Inc.

Direitos exclusivos para a língua portuguesa
Copyright © 2019 by
LTC — Livros Técnicos e Científicos Editora Ltda.
Uma editora integrante do GEN | Grupo Editorial Nacional

Reservados todos os direitos. É proibida a duplicação ou reprodução deste volume, no todo ou em parte, sob quaisquer formas ou por quaisquer meios (eletrônico, mecânico, gravação, fotocópia, distribuição na internet ou outros), sem permissão expressa da editora.

Travessa do Ouvidor, 11
Rio de Janeiro, RJ — CEP 20040-040
Tels.: 21-3543-0770 / 11-5080-0770
Fax: 21-3543-0896
faleconosco@grupogen.com.br
www.grupogen.com.br

Designer de capa: Design Monnerat
Imagem de capa: ©Wongwean/ShutterStock
Editoração Eletrônica: IO Design

CIP-BRASIL. CATALOGAÇÃO NA PUBLICAÇÃO
SINDICATO NACIONAL DOS EDITORES DE LIVROS, RJ

U92i

Utgikar, Vivek
Introdução à engenharia química : conceitos, aplicações e prática computacional / Vivek Utgikar ; tradução Veronica Calado, Neuman Solange de Resende - 1. ed. - Rio de Janeiro : LTC, 2019.
; 28 cm.

Tradução de: Fundamental concepts and computations in chemical engineering
Inclui bibliografia e índice
ISBN 978-85-216-3617-5

1. Engenharia química. I. Calado, Veronica. II. Resende, Neuman Solange de. III. Título.

19-54802   CDD: 660.2
                                             CDU: 66.0

Vanessa Mafra Xavier Salgado - Bibliotecária - CRB-7/6644

---

*Este livro é dedicado à memória de Sharayu Prabhakar Utgikar
e Prabhakar Vasant Utgikar.*

PREFÁCIO

O primeiro semestre de graduação em Engenharia Química na University of Idaho tem dois cursos de Engenharia Química: *Introdução à Engenharia Química* e *Cálculos em Engenharia Química*. O primeiro destes cursos fornece aos estudantes uma exposição abrangente da natureza do campo da Engenharia Química, assim como uma ampla variedade de oportunidades disponíveis para a sua carreira após a conclusão da formação em Engenharia Química. Os estudantes obtêm uma visão sobre os tipos de atividades que compreendem as responsabilidades das diferentes posições no campo da Engenharia Química. O segundo curso proporciona-lhes uma ideia dos tipos de cálculos de Engenharia com os quais esperam lidar tanto em seus estudos como em suas carreiras profissionais como engenheiros químicos. Para os estudantes, o valor desses cursos vem do entendimento de suas possíveis carreiras; da descoberta de suas habilidades e competências, e, sobretudo, de estarem em uma melhor posição para tomar decisões sobre a escolha da carreira no início da graduação. Os estudantes também têm de interagir com os professores de Engenharia Química e conhecê-los desde o primeiro semestre de sua graduação. Os professores, por sua vez, conhecem os estudantes, com os quais desenvolvem relações praticamente a partir do primeiro dia de faculdade. Esses cursos ajudam os professores a avaliar o interesse e a aptidão de um indivíduo para ser bem-sucedido como engenheiro químico; a identificar e a assistir indivíduos que necessitam de atenção extra; assim como encorajar, nutrir e aconselhar aqueles que são verdadeiramente dotados. Cursos introdutórios como esses, com esses objetivos, estão se tornando uma norma nos cursos de Engenharia Química que conduzem ao grau de bacharelado.

Este livro surgiu a partir da necessidade de um texto que atingisse os objetivos desses cursos introdutórios e formasse a base para o sucesso dos estudantes, não somente em seus estudos, mas também em suas carreiras. A motivação foi criar um livro que desse aos estudantes de primeiro ano de Engenharia Química uma excelente ideia sobre o que é necessário para se ter um grau de bacharelado em Engenharia Química, a natureza e o escopo das indústrias nas quais muito provavelmente serão empregados, tendo várias responsabilidades normais das várias posições, e cálculos possíveis que eles farão em seus trabalhos como engenheiros químicos.

Quem Deve Ler Este Livro

Este livro foi desenvolvido para estudantes de primeiro ano de Engenharia Química. Esses estudantes, com poucas exceções, são graduados do Ensino Médio que têm um conhecimento básico de Matemática e Ciência em vários níveis, mas nenhum contato com conceitos de Engenharia. O livro não requer preparação específica alguma por parte dos estudantes, a não ser aquilo que aprenderam no Ensino Médio sobre ciência básica (Física, Química) e Matemática. Admite-se também que um estudante normal tenha conhecimentos rudimentares de computadores, inclusive e-mails e operações básicas (abrir programas, editar, salvar documentos etc.), em um programa computacional. Contudo, nenhuma habilidade avançada, como manipulação de dados, é necessária.

O livro serve também como referência rápida, ao alcance da mão, para os fundamentos de Engenharia Química, assim como uma informação sobre a indústria química para qualquer pessoa engajada em atividades de Engenharia Química, inclusive educadores e profissionais da indústria.

Como Este Livro Está Organizado

O livro é estruturado de modo a fornecer aos estudantes, ao longo dos três primeiros capítulos, uma introdução à profissão de Engenharia Química, indústrias químicas e afins e sua progressão em um currículo característico de quatro anos de graduação nesta área. Os capítulos restantes lidam com os problemas computacionais em Engenharia Química, distribuídos em uma ordem cronológica de matérias que os estudantes encontrarão no currículo de graduação.

viii Prefácio

O Capítulo 1, "A Profissão de Engenharia Química", apresenta uma breve introdução ao campo da Engenharia e a posição da Engenharia Química no contexto mais amplo da profissão de Engenharia. O papel e a natureza das funções características do trabalho de um engenheiro químico em diferentes tipos de trabalhos também são descritos. O Capítulo 2, "Indústrias Químicas e Afins", concentra-se na importância das indústrias químicas e afins na economia da nação, com uma exposição para as maiores companhias químicas e os produtos químicos. O Capítulo 3, "Fazendo um Engenheiro Químico", descreve um currículo característico de Engenharia Química com breves descrições de cursos avançados de graduação em Engenharia Química, cursos de ciência de Engenharia que preparam estudantes para esses cursos avançados e os cursos de Ciência e de Matemática que fornecem os fundamentos para o estudo da Engenharia. O papel de cursos de Humanas e de Ciência Social é também descrito.

A importância de computações e o uso de ferramentas computacionais em Engenharia Química estão presentes no Capítulo 4, "Introdução a Cálculos de Engenharia Química". A classificação de problemas com base em sua natureza matemática é também descrita nesse capítulo. Os Capítulos 5 até 9 lidam com problemas normais da Engenharia Química, e cada capítulo lida com uma área específica. O Capítulo 5, "Cálculos em Escoamento de Fluidos", descreve os fenômenos fundamentais de escoamento de fluidos e apresenta problemas computacionais associados a sistemas práticos. O Capítulo 6, "Cálculos para Balanços de Massa", discute os princípios básicos de cálculos de balanço de massa com exemplos, enquanto os conceitos de balanço de energia são cobertos no Capítulo 7, "Cálculos para Balanço de Energia". O Capítulo 8, "Cálculos de Termodinâmica para Engenharia Química", e o Capítulo 9, "Cálculos de Cinética para Engenharia Química", discutem os princípios fundamentais da termodinâmica e da cinética, respectivamente, para a Engenharia Química, com problemas selecionados em diferentes áreas tópicas.

Cada capítulo é projetado de modo a fornecer um contexto para os tipos de problemas do campo particular, seguido de uma discussão sobre os fundamentos teóricos essenciais. Exemplos representativos estão presentes no decorrer dos capítulos, e suas soluções são discutidas em detalhes. Técnicas alternativas de solução para a maioria dos problemas são demonstradas por meio de duas ferramentas computacionais diferentes – um programa com planilha (Excel) e Mathcad. Problemas são incluídos no final de cada capítulo, de modo a propiciar aos estudantes uma oportunidade para praticar e obter domínio sobre as técnicas de solução. Muitos dos exemplos, assim como os problemas em capítulos posteriores, estão interligados aos problemas dos capítulos anteriores, com o objetivo de enfatizar a natureza integrada dos sistemas e problemas práticos. Uma breve introdução ao mundo de softwares e um pacote comercial de simulação de processos são apresentados nos apêndices, principalmente para tornar os estudantes cientes das várias ferramentas computacionais alternativas e poderosas disponíveis para a realização de cálculos complexos em uma escala muito grande.

O perfil de um estudante matriculado nos cursos introdutórios é de um discente de primeiro ano, recém-graduado do Ensino Médio, que necessariamente também está matriculado nos primeiros cursos de Química e de cálculo na faculdade. Isso cria um corpo de estudantes que possui uma ampla faixa de familiaridade com conceitos básicos em Matemática e Química, dependendo do rigor de sua preparação no Ensino Médio. Essa discrepância nos conhecimentos dos estudantes foi simultaneamente um desafio e uma oportunidade para o pensamento inovador durante a criação do texto. O material apresentado no livro considera a essa variação na preparação do estudante e procura fornecer conhecimentos suficientes para aqueles que tenham sido expostos aos tópicos relevantes em Química e cálculo e ainda evita torná-los muito básicos para aqueles que tenham tido tais aprendizados. Em vista da preparação dos estudantes (ou à sua falta) nos cursos de cálculo, o livro evita discussões aprofundadas de equações diferenciais, mas apresenta técnicas claras de solução para as equações diferenciais em uma linguagem compreensível. O livro foi planejado para oferecer uma flexibilidade máxima ao professor, que poderá explorar e aprofundar tópicos em todos os níveis apropriados à turma.

A graduação é o evento mais significativo para estudantes do Ensino Médio em todo o mundo. Para muitos, é a última linha que marca o fim da "fase de estudante" de suas vidas. Isso significa para eles a conclusão de sua educação formal e sua prontidão para entrar no "mundo real". Para muitos outros, entretanto, é meramente um marco histórico importante que sinaliza a conclusão de uma e o começo de outra jornada educacional; dessa vez em uma faculdade ou em uma universidade. Espero que este livro sirva como um guia que ilumine aqueles que estejam escolhendo o caminho da Engenharia Química para essa jornada.

AGRADECIMENTOS

Passaram-se aproximadamente três anos depois que tive a ideia de escrever o livro; primeiro, para desenvolver o esboço do livro, e depois para escrever realmente o livro. Tal empenho não teria sido possível sem um pouco (muito, realmente) da ajuda de numerosos amigos, colegas e diversos outros. É com prazer que reconheço meu débito a essas pessoas que me ajudaram, direta ou indiretamente, a transformar a ideia em realidade.

Gostaria de começar agradecendo a todos os meus professores do Institute of Chemical Technology (ICT), Mumbai, Índia (Bombay University Department of Chemical Technology – BUCT ou simplesmente UDCT em sua prévia versão), e da University of Cincinnati em Ohio, que forneceram a iluminação intelectual para minha própria jornada educacional em Engenharia Química. Sou especialmente grato aos Professores J. B. Joshi, de Mumbai, e ao Professor Rakesh Govind, de Cincinnati, com quem tive a grande felicidade de conduzir meus estudos de pós-graduação. Gostaria também de agradecer aos Professores Wudneh Admassu e Roger Korus, por acreditarem em mim o suficiente para me oferecerem uma oportunidade de me tornar professor da University of Idaho. Sou profundamente grato ao Professor Richard Jacobsen, ex-decano de Engenharia da University of Idaho e Idaho State University, que forneceu materiais valiosos para tornar este livro muito melhor que a sua forma inicial.

Uma menção muito especial tem de ser feita ao Dr. David MacPherson, da University of Idaho. O curso de *Computações* na University of Idaho tem, em geral, inscrições suficientes para três seções a cada outono, e é inteiramente por causa do Dr. MacPherson que a universidade é capaz de servir bem a todos os estudantes. Seu desejo e esforços incansáveis e altruístas em ajudar os estudantes a aprenderem e a alcançarem o sucesso são uma inspiração. Tenho muita sorte de trabalhar com tal pessoa encantadora, o Dr. MacPherson. Também gostaria de expressar a minha gratidão e agradecimento a todos os monitores, em especial a Zachary Beaman, Michael Cron, Megan Dempsey e Adam Spencer, pela dedicação e inestimável ajuda em atuarem como mentores para os estudantes.

Sou grato a Laura Lewin, editora executiva da Prentice Hall, que me deu a oportunidade de publicar este livro. Gostaria de agradecer ao time da Prentice Hall. Michael Thurston, como o editor de desenvolvimento, ajudou a rever todos os capítulos e me deu valiosas sugestões na apresentação do conteúdo. Olivia Basegio ajudou a coordenar o time da Prentice Hal. Kathleen Karcher foi fundamental na obtenção de permissão para o material usado no texto. Agradecimentos especiais a Carol Lallier, que fez um trabalho incrível de copiar, editar e de repassar meticulosamente cada palavra de modo a trazer clareza à apresentação. Gostaria também de agradecer a Susie Foresman e Julie Nahil por gerenciarem a produção do livro.

Os revisores técnicos do livro foram minuciosos e diligentes, fazendo comentários, identificando erros e sugerindo conteúdo adicional para melhorar o trabalho. Gostaria de expressar meu sincero apreço e agradecimento a Patrick Cirino, Supathorn Phongikaroon e Wudneh Admassu por terem assumido a onerosa tarefa de rever o livro e assegurar a exatidão do conteúdo, assim como melhorar sua apresentação.

Gostaria de agradecer à minha esposa e a meus filhos pelo apoio, encorajamento e compreensão enquanto eu trabalhava no livro.

Por último e de modo mais significativo, sou grato a todos os estudantes que tenho tido o prazer de ensinar, em particular nos dois cursos introdutórios de Engenharia Química. Tem sido uma experiência incrivelmente compensadora para mim interagir, ensinar e, por outro lado, aprender com cada um daqueles que um dia aspiraram a se tornar um engenheiro químico.

SOBRE O AUTOR

Dr. Vivek Utgikar é professor de Engenharia Química no Departamento de Engenharia Química e de Materiais e Decano Associado de Pesquisa e Ensino de Pós-graduação na Faculdade de Engenharia da University of Idaho. Ele também atuou como diretor do programa de engenharia nuclear da University of Idaho. A experiência em ensino do Dr. Utgikar inclui uma ampla faixa de cursos de Engenharia Química e Nuclear, tais como fenômenos de transporte, cinética, termodinâmica, engenharia eletroquímica, hidrogênio e disposição/gerenciamento de combustível nuclear exaurido. Seus interesses de pesquisa incluem sistemas de energia, processos nucleares de ciclos de combustíveis, modelagem de sistemas multifásicos e biorremediação. Ele foi membro do National Reasearch Council no National Risk Management Research Laboratory da Agência de Proteção Ambiental dos Estados Unidos, em Cincinnati, Ohio, antes de ir para a University of Idaho. Dr. Utgikar é engenheiro profissional registrado em desenvolvimento de processo, projeto e experiência em engenharia na University of Cincinnati. Seus outros graus incluem bacharelado e mestrado em Engenharia Química pela Mumbai University, Índia.

SUMÁRIO

PREFÁCIO		vii
AGRADECIMENTOS		ix
SOBRE O AUTOR		xi
CAPÍTULO 1	**A PROFISSÃO DE ENGENHARIA QUÍMICA**	**1**
	1.1 Engenharia e Engenheiros	1
	1.2 Cursos de Engenharia	5
	1.3 Definindo a Engenharia Química	8
	1.4 Atribuições e Responsabilidades de um Engenheiro Químico	10
	1.5 Emprego de Engenheiros Químicos	12
	1.6 Resumo	15
CAPÍTULO 2	**INDÚSTRIAS QUÍMICAS E AFINS**	**17**
	2.1 Classificação das Indústrias	17
	2.2 A Indústria Química	18
	2.2.1 Produtos Químicos Inorgânicos Básicos	18
	2.2.2 Gases Industriais	19
	2.2.3 Produtos Químicos Orgânicos Básicos e Petroquímicos	19
	2.2.4 Produtos Fertilizantes	20
	2.2.5 Produtos Poliméricos	21
	2.2.6 Produtos Farmacêuticos	22
	2.2.7 Outros Produtos Químicos	22
	2.3 Indústrias Relacionadas	22
	2.3.1 Produtos do Papel	22
	2.3.2 Petróleo e Produtos do Carvão	22
	2.3.3 Plásticos e Produtos de Borracha	22
	2.3.4 Outras Indústrias Relacionadas	23
	2.4 As 50 Maiores Companhias Químicas	23
	2.5 Produtos Químicos Importantes	26
	2.5.1 Ácido Sulfúrico	26
	2.5.2 Soda Cáustica e Cloro	28
	2.5.3 Nitrogênio e Oxigênio	29
	2.5.4 Hidrogênio e Dióxido de Carbono	29
	2.5.5 Amônia	30
	2.5.6 Barrilha (Carbonato de Sódio)	31
	2.5.7 Etileno e Propileno	32
	2.5.8 Benzeno, Tolueno e Xilenos	32
	2.6 Características das Indústrias Químicas	33
	2.7 Resumo	35
CAPÍTULO 3	**FAZENDO UM ENGENHEIRO QUÍMICO**	**37**
	3.1 Uma Planta de Processo Químico: Síntese de Amônia	37
	3.2 Responsabilidades e Funções de um Engenheiro Químico	40
	3.3 Currículo de Engenharia Química	41
	3.3.1 Disciplinas Avançadas de Engenharia Química	41

xiv SUMÁRIO

	3.3.2	Disciplinas de Fundamentos de Engenharia Química	50
	3.3.3	Disciplinas de Ciências da Engenharia	52
	3.3.4	Disciplinas de Fundamentos de Ciência e de Matemática	54
	3.3.5	Disciplinas Gerais de Educação	56
3.4		Resumo	57

CAPÍTULO 4 INTRODUÇÃO A CÁLCULOS EM ENGENHARIA QUÍMICA — 59

4.1		Natureza dos Problemas Computacionais de Engenharia Química	59
	4.1.1	Equações Algébricas	59
	4.1.2	Equações Transcendentais	62
	4.1.3	Equações Diferenciais Ordinárias	63
	4.1.4	Equações Diferenciais Parciais	64
	4.1.5	Equações Integrais	65
	4.1.6	Análise de Regressão e Interpolação	65
4.2		Algoritmos para Solução	66
	4.2.1	Equações Algébricas Lineares	66
	4.2.2	Equações Polinomiais e Transcendentais	67
	4.2.3	Derivadas e Equações Diferenciais	68
	4.2.4	Análise de Regressão	68
	4.2.5	Integração	69
4.3		Ferramentas Computacionais – Máquinas e *Software*	69
	4.3.1	Máquinas Computacionais	69
	4.3.2	*Software*	71
4.4		Resumo	73

CAPÍTULO 5 CÁLCULOS EM ESCOAMENTO DE FLUIDOS — 75

5.1		Descrição Qualitativa de Escoamento em Dutos	75
	5.1.1	Perfis de Velocidades em Escoamentos Laminar e Turbulento	76
5.2		Análise Quantitativa de Escoamento de Fluidos	76
	5.2.1	Balanço de Energia para Escoamento de Fluidos	76
	5.2.2	Viscosidade	77
	5.2.3	Número de Reynolds	78
	5.2.4	Queda de Pressão ao Longo de um Duto para Escoamento	78
5.3		Problemas Básicos Computacionais	79
5.4		Resumo	89

CAPÍTULO 6 CÁLCULOS PARA BALANÇOS DE MASSA — 93

6.1		Princípios Quantitativos do Balanço de Massa	93
	6.1.1	Balanço de Massa Global	93
	6.1.2	Balanço de Massa por Componente	94
6.2		Balanços de Massa em Sistemas Não Reacionais	95
6.3		Balanços de Massa em Sistemas Reacionais	98
6.4		Balanços de Massa para Unidades Múltiplas de Processos	103
6.5		Resumo	106

CAPÍTULO 7 CÁLCULOS PARA BALANÇO DE ENERGIA — 109

7.1		Princípios Quantitativos de Balanço de Energia	109
	7.1.1	Formas de Energia	109

	7.1.2	Balanço de Energia Generalizado	110
	7.1.3	Entalpia e Calor Específico	111
	7.1.4	Variações de Entalpia no Processo	113
7.2		Problemas Básicos de Balanço de Energia	114
7.3		Resumo	121

CAPÍTULO 8 CÁLCULOS DE TERMODINÂMICA PARA ENGENHARIA QUÍMICA 125

8.1		Conceitos Fundamentais da Termodinâmica	125
	8.1.1	Definição, Propriedades e Estado do Sistema	126
	8.1.2	Energia Interna e Entropia	126
	8.1.3	Entalpia e Energia livre	127
	8.1.4	Variações de Propriedades nas Transformações	127
	8.1.5	Potencial Químico e Equilíbrio	129
	8.1.6	Comportamento Volumétrico de Substâncias	131
	8.1.7	Não Idealidade	133
8.2		Problemas Computacionais Básicos	133
8.3		Resumo	138

CAPÍTULO 9 CÁLCULOS DE CINÉTICA PARA ENGENHARIA QUÍMICA 141

9.1		Conceitos Fundamentais de Cinética para Engenharia Química	141
	9.1.1	Cinética Intrínseca e Parâmetros de Taxa de Reação	142
	9.1.2	Reatores em Batelada e Contínuos	144
	9.1.3	Projeto de Reatores	145
	9.1.4	Conversão	147
	9.1.5	Outras Considerações	149
9.2		Problemas Básicos Computacionais	149
9.3		Resumo	155

EPÍLOGO 159

APÊNDICE A INTRODUÇÃO A PACOTES COMPUTACIONAIS MATEMÁTICOS 161

A.1		Exemplo 9.2.2 Revisto	161
	A.1.1	Solução por POLYMATH	162
	A.1.2	Solução pelo MATLAB	163
A.2		Comparação entre os Pacotes Computacionais	165
	A.2.1	Variáveis e Operações Básicas	165
	A.2.2	Resolução de Equações, Cálculos Simbólicos, Gráficos e Regressão	166
	A.2.3	Programação	166
	A.2.4	Interface com o Usuário e Facilidade de Uso	167
A.3		Resumo	167

APÊNDICE B CÁLCULOS USANDO SOFTWARE DE SIMULAÇÃO DE PROCESSOS 169

B.1		Enunciado do Problema: Operação Flash Adiabática	170
B.2		Base Teórica e Procedimento de Solução	170
	B.2.1	Base Teórica	170
	B.2.2	Procedimento de Solução	171
B.3		Solução e Análise de Resultados	176
	B.3.1	Simulação Usando o Modelo SRK	176
	B.3.2	Comparação de Resultados com Comportamento Ideal	177
B.4		Resumo	177

ÍNDICE 179

Material Suplementar

Este livro conta com os seguintes materiais suplementares:

- Ilustrações da obra em formato de apresentação em (.pdf) (restrito a docentes);

- Instructor's Solutions Manual: arquivos em (.pdf), em inglês, contendo manual de soluções (restrito a docentes).

O acesso aos materiais suplementares é gratuito. Basta que o leitor se cadastre em nosso site (www.grupogen.com.br), faça seu *login* e clique em GEN-IO, no menu superior do lado direito. É rápido e fácil.

Caso haja alguma mudança no sistema ou dificuldade de acesso, entre em contato conosco (gendigital@grupogen.com.br).

GEN-IO (GEN | Informação Online) é o ambiente virtual de aprendizagem do GEN | Grupo Editorial Nacional, maior conglomerado brasileiro de editoras do ramo científico-técnico-profissional, composto por Guanabara Koogan, Santos, Roca, AC Farmacêutica, Forense, Método, Atlas, LTC, E.P.U. e Forense Universitária. Os materiais suplementares ficam disponíveis para acesso durante a vigência das edições atuais dos livros a que eles correspondem.

CAPÍTULO 1

A Profissão de Engenharia Química

Engenharia é a arte de organizar forças de mudança tecnológica.

– Gordon Stanley Brown[1]

A Engenharia, com seu salário atrativo e crescimento continuado de demanda projetada, classifica-se consistentemente entre as profissões mais desejadas em várias pesquisas e relatórios, como aqueles publicados pelo *U.S. News & World Report*. Apesar disso, somente um pouco mais da metade dos estudantes que entram em cursos de Engenharia como calouros realmente obtêm o grau de engenheiro [1]. Uma das razões que contribui para essa evasão de alunos é que um estudante típico do final do ensino médio/calouro de faculdade, que entra em um curso de Engenharia, tem apenas uma limitada compreensão da profissão. Essa falta de entendimento é agravada pela inabilidade dos engenheiros de responderem a esta simples pergunta: *O que os engenheiros realmente fazem?* [2]. As respostas frequentemente ouvidas incluem o seguinte:

- "Um engenheiro resolve problemas".

- "Um engenheiro constrói e cria máquinas, processos, estruturas e assim por diante".

- "Um engenheiro faz coisas".

Todas essas respostas são verdadeiras e ainda adicionamos um pouco à concepção dos estudantes sobre a profissão de Engenharia. Em particular, tais respostas não ajudam a distinguir um engenheiro de um cientista, uma confusão que é ainda aumentada pelo fato de que quase todos os graus de Engenharia são chamados de bacharel em ciências. Para ter sucesso em um curso ou profissão de Engenharia, uma pessoa tem de entender a natureza básica da Engenharia [3]. Isso é particularmente verdade em relação à Engenharia Química, a mais recente das quatros principais engenharias. Este capítulo tenta explicar a profissão de Engenharia Química, começando com uma breve discussão sobre o que significa a profissão de Engenharia e que papeis os engenheiros – os indivíduos praticantes dessa profissão – desempenham.

1.1 Engenharia e Engenheiros

Por mais de dois séculos, a Engenharia tem sido considerada a aplicação prática da ciência. A ABET, Inc., originalmente Accreditation Board of Engineering and Technology (www.abet.org), a organização que avalia e credencia faculdades e universidades em Ciências Aplicadas, Computação, Engenharia e tecnologia nos Estados Unidos e em muitos outros países, define Engenharia como:

> Engenharia é a profissão na qual um conhecimento de matemática e de ciências naturais, obtido com estudo, experiência e prática, é aplicado com julgamento a fim de desenvolver maneiras de utilizar economicamente os materiais e as forças da natureza em benefício do ser humano.

Essa é uma definição abrangente que esclarece que a Engenharia se baseia na ciência, aproveitando recursos para o benefício do ser humano. Qualquer atividade praticada hoje como engenharia seria certamente coberta por essa definição e, mesmo assim, a definição

---

[1] Ex-decano de Engenharia no Massachusetts Institute of Technology; professor talentoso, pesquisador e administrador que influenciou a educação em Engenharia após a Segunda Guerra Mundial. Fonte da citação: Scalzo et al, *Database Benchmarking: Practical Methods for Oracle and SQL Server*, Rampant Techpress, Kittrell, NC, 2006.

tem a desvantagem de ser muito generalista. Praticamente, qualquer empreendimento comercial pode ser interpretado como uma atividade de Engenharia de acordo com essa definição. Além disso, essa definição não ajuda a distinguir entre Ciência e Engenharia. Landis [4] compilou 21 definições diferentes de Engenharia de várias pessoas ao longo dos últimos dois séculos, e o tema recorrente nessas definições é que *Engenharia é a aplicação da ciência para o benefício da humanidade*. Assim como a definição da ABET, qualquer atividade de Engenharia praticada hoje se encaixaria em qualquer uma dessas definições e, apesar disso, a definição não seria exclusiva das atividades da Engenharia.

Obviamente, definir Engenharia não é uma tarefa fácil (se fosse fácil, já teríamos tido uma definição mais do que adequada) e seria melhor descrever seus atributos antes de tentar desenvolver uma nova definição para a Engenharia:

- *A atividade de Engenharia tem um impacto econômico que lhe é associado*: Uma organização se engaja em uma atividade de Engenharia de modo a obter benefício comercial ou outro benefício. O benefício comercial é obtido principalmente por meio da geração de receita e lucro em função da manufatura de produtos, fornecimento de serviços, suprimento de energia e assim por diante. O benefício comercial pode também tomar a forma de aversão ao custo, tal como evitar penalidades e taxas por meio de tratamento de correntes de resíduos antes de liberá-los no meio ambiente. Certas atividades de Engenharia, em particular aquelas conduzidas por entidades governamentais ou semigovernamentais, não podem ter benefício comercial imediato ou direto. Por exemplo, trabalhos públicos como pontes, estradas e barragens, ou desenvolvimento de armas e outras atividades militares de Engenharia, podem não gerar receita/lucro, mas têm valor econômico implícito para a sociedade e a nação. Essas atividades constroem uma infraestrutura que torna o crescimento econômico possível e protege a população de perigos externos que, entre outros impactos, ameaçam a economia da nação. Similarmente, a engenharia da limpeza das águas poluídas, do ar e do solo também tem impacto econômico positivo sobre a sociedade, por evitar gastos com cuidados com a saúde e outros custos, e por aumentar a disponibilidade de recursos para as atividades econômicas.

- *Uma atividade de Engenharia é conduzida para o benefício da sociedade em geral*: As atividades de Engenharia são realizadas para atender à demanda feita pela sociedade por produtos, serviços e energia. Em outras palavras, o público em geral é o beneficiário direto das atividades de Engenharia, sejam estas na forma de usinas hidrelétricas, automóveis, máquinas ou meio ambiente limpo. Algumas dessas atividades, em especial as atividades de trabalhos públicos, beneficiam todos os membros da sociedade. Outras atividades que são puramente comerciais por natureza são direcionadas aos consumidores dos produtos e serviço de tais atividades. Por exemplo, um fabricante produz carros para satisfazer à demanda do mercado. O consumidor do produto é qualquer membro da sociedade, qualquer indivíduo que tem a necessidade e os recursos para adquirir o produto. Esse aspecto das atividades de Engenharia contrasta com as atividades científicas que, enquanto aumentam o nosso conhecimento, são de benefício direto apenas para um grupo mais especializado de pessoas, ou seja, outros cientistas, engenheiros e profissionais técnicos daquele campo específico.

- *A Engenharia envolve aplicação de conhecimento científico*: Conforme estabelece a definição da ABET, a Engenharia utiliza a ciência para finalidades práticas. A ciência é essencialmente um campo de descoberta em que o entendimento fundamental dos processos e dos fenômenos é a meta. Cientistas procuram produzir conhecimentos que nos capacitem a explicar os fenômenos observados e a elucidar as leis básicas da natureza. Engenheiros aplicam esse conhecimento para criar produtos, processos e serviços a fim de aprimorar a qualidade de vida das pessoas. Um cientista é tipicamente levado pelo desejo de deduzir um entendimento global dos fenômenos. Em outras palavras, o conhecimento não está completo até que seja identificado cada fator que afete os fenômenos, e até que uma explicação teórica seja proposta e validada para cada efeito observado. Esse conhecimento é obviamente benéfico ao engenheiro. Contudo, uma atividade de Engenharia pode prosseguir sem conter necessariamente o entendimento científico-teórico e a estrutura do processo completos. Como sempre é dito, *a máquina a vapor foi desenvolvida antes que a ciência subjacente (termodinâmica) fosse totalmente compreendida.*

- *As atividades de Engenharia são conduzidas em grande escala:* Uma significativa característica-chave que distingue engenharia de ciência é a escala de atividades. Ciência envolve descoberta de novos produtos, novos princípios e novos processos em um laboratório ou local de pesquisa. Engenharia envolve tomar essa nova descoberta e ampliar a escala para torná-la acessível a toda a sociedade. Um químico pode sintetizar um novo produto químico, com propriedades promissoras no laboratório, em miligramas, a começar por substâncias de alta pureza. Um engenheiro desenvolve, com base na reação descoberta no laboratório, um processo comercial que gera o mesmo produto químico em grandes quantidades (quilogramas ou toneladas, um fator de escala de *um milhão ou mais*) a partir de substâncias as mais baratas possíveis. Cientistas descobriram a radiatividade e a fissão nuclear; engenheiros utilizaram esse conhecimento para construir usinas nucleares a fim de gerar eletricidade. O desafio-chave em Engenharia é assegurar que as saídas dos empreendimentos comerciais e industriais tenham as mesmas propriedades (inclusive a pureza) e a funcionalidade dos produtos de laboratório, enquanto são reduzidos os consumos de energia e recursos, e são gerados benefícios econômicos.

Deve ser notado que a escala se refere tanto ao tamanho como ao número dos produtos da atividade de Engenharia. A Figura 1.1 mostra a Barragem Hoover, no rio Colorado, nos Estados Unidos, uma estrutura que exigiu mais de 5 milhões de barris de cimento. Pesando mais de 6,6 milhões de toneladas, a Barragem de Hoover foi a maior barragem de seu tempo quando concluída (www.usbr.gov/lc/hooverdam/faqs/damfaqs.html).

Nem todos os produtos de atividades de Engenharia têm dimensões tão grandes. A Figura 1.2(a) mostra uma pastilha de silicone, de diâmetro igual a 300 mm, com um grande número de *chips*, cada um contendo um circuito integrado similar ao mostrado na Figura 1.2(b), com as interconexões com largura de uns poucos nanômetros [5]. Ambas as Figuras 1.1 e 1.2 mostram manifestações de esforços marcantes de Engenharia.

Essas características apontam a *Engenharia como a atividade que torna a ciência uma realidade para o homem comum.* A Engenharia transforma o conhecimento do âmbito de um seleto grupo em uma entidade que pode ajudar um consumidor a melhorar sua qualidade de vida. As leis básicas da Matemática, da Física e da Química são aproveitadas por meio da Engenharia para

FIGURA 1.1 Barragem Hoover no rio Colorado.

Fonte: Foto de cortesia de U.S. Bureau of Reclamation, www.usbr.gov/lc/hooverdam/images/D001a.jpg.

a.   b.

FIGURA 1.2 Pastilha de silicone com microchips – (a) pastilha, (b) um único microchip.
Fonte: Shackelford, J. F., *Introduction to Materials Science for Engineers*, Sétima edição, Prentice Hall, Upper Saddle River, Nova Jersey, 2009.

fabricar automóveis, aviões e outras máquinas; construir barragens, autoestradas e outras estruturas; construir usinas elétricas para gerar eletricidade e refinarias para produção de gasolina; e inúmeros esforços como esses. O consumidor, o beneficiário dessas empresas, nem necessita ter entendimento rudimentar das leis científicas fundamentais para que possa apreciar o produto ou serviço resultante, graças à Engenharia.

Uma maneira alternativa de expressar a mesma ideia é dizer que *engenharia é o processo de transformar ciência em tecnologia*. Essa definição introduz um conceito adicional – o conceito de *tecnologia*. A tecnologia é definida de forma variada como (1) a aplicação da ciência para finalidades práticas, (2) um ramo do conhecimento que lida com engenharia ou ciência aplicada como uma máquina, e (3) um equipamento desenvolvido a partir do conhecimento científico. A primeira definição torna a tecnologia virtualmente indistinguível da Engenharia, e falta clareza na segunda definição. A terceira definição é a mais próxima do significado pretendido neste livro, conforme elaborado na discussão que se segue.

A ciência compreende as leis naturais que governam o comportamento e a interação de objetos inanimados e animados. A tecnologia é a manifestação ou a implementação desse conhecimento na forma de manufatura, tratamento ou outro processo que resulte em uma máquina, em um objeto ou em um serviço usado por um consumidor. Por exemplo, um automóvel é o produto de uma tecnologia de manufatura desenvolvida com base em leis da física. Similarmente, princípios de química são atrelados em outro tipo de tecnologia de manufatura, de modo a obter um produto químico, tal como o ácido sulfúrico.

Nem todas as tecnologias geram objetos tangíveis, tais como o ácido sulfúrico ou um automóvel como seus produtos finais. Os produtos da Tecnologia de Informação, baseados na Matemática e na Ciência da Computação, são frequentemente serviços na forma de pacotes de softwares e programas computacionais usados por consumidores. A tecnologia é essencialmente um processo (ou técnica) baseado na ciência que resulta em um objeto ou em um serviço usado pelo consumidor, que não necessita ter nenhum entendimento dos princípios físicos fundamentais nos quais a tecnologia está baseada.

Como a ciência é entendida como a base da estrutura que é a tecnologia, a Engenharia pode ser facilmente entendida como o processo de desenvolvimento e de construção dessa estrutura. Engenharia assim difere de ciência e de tecnologia por ser uma ação, em vez de um conceito ou um objeto. O ponto de partida das atividades de Engenharia é a ciência, e o resultado final é a tecnologia. Ciência e tecnologia podem ser vistas como os estados inicial e final, e Engenharia pode ser vista como o processo de cruzar o caminho entre as duas. A Engenharia inclui também as ações que resultam na melhoria da tecnologia. Essa natureza dinâmica da Engenharia torna-a distinta tanto da ciência como da tecnologia.

Com esse conceito de Engenharia, um engenheiro pode ser facilmente definido como um indivíduo engajado na prática dessa carreira. Um engenheiro tem de possuir o conhecimento científico, mas o objetivo abrangente do engenheiro é aplicar esse conhecimento na criação de objetos úteis – tecnologia – para todos. Descobrir novo conhecimento não é a função principal de um engenheiro, embora alguns engenheiros possam na verdade fazer acréscimos à base de conhecimento enquanto planejam aplicações práticas para a ciência.

Esse esquema de coisas também nos permite definir o papel de um *tecnólogo* com mais clareza. Um tecnólogo é o indivíduo que tem a responsabilidade de operar e assegurar que a tecnologia funcione como projetada e pretendida[2]. O tecnólogo precisa entender como a tecnologia funciona; contudo, não se exige que ele saiba *como* a tecnologia foi desenvolvida. O tecnólogo pode usar sua experiência e conhecimento empírico para efetuar melhorias na tecnologia, mas essas atividades não se qualificam como atividades da Engenharia no sentido rigoroso do termo.

No passado, foi possível ao indivíduo adquirir o conhecimento necessário a fim de praticar a profissão de Engenharia por meio da experiência. Atualmente, porém, o grau de um programa credenciado pela ABET é indispensável para alguém ser qualificado e licenciado como engenheiro profissional[3]. Esses cursos de Engenharia apresentam uma ciência rigorosa, uma ciência de Engenharia e cursos de Engenharia que preparam o indivíduo para a carreira.

Muitas universidades oferecem também programas de graduação em tecnologia de Engenharia que preparam indivíduos para a carreira de tecnólogo. Esses programas são caracterizados, em geral, por um rigor matemático e um rigor científico inferiores e uma ausência do componente de projeto quando comparados aos programas de Engenharia [3]. A ênfase é no entendimento da operação do processo e na manutenção da maquinaria. A operação real da maquinaria e do processo é feita por *técnicos* especializados na ocupação particular. As habilidades técnicas e os conhecimentos necessários a essa tarefa são normalmente adquiridos em uma escola técnica que oferece um título de associado, em um curso certificado ou são aprendidos no trabalho. O título de associado ou os programas certificados são de duração mais curta e apresentam cursos de ciências e Matemática menos rigorosos.

Baseando-se na natureza da prática da Engenharia, o campo dessa área é dividido em vários cursos. Esses cursos são descritos brevemente na próxima seção.

1.2 Cursos de Engenharia

A evolução da Engenharia é essencialmente a história da civilização. Como os primeiros seres humanos fizeram a transição de uma existência nômade para existências em assentamentos, surgiu a necessidade de estruturas e sistemas permanentes para tratar das demandas de água e águas residuais. A Engenharia Civil se desenvolveu em resposta a essas necessidades e mesmo hoje em dia podem-se admirar os sistemas desenvolvidos pelos engenheiros de civilizações antigas no Egito, na Mesopotâmia, no Vale do Indo e na Roma Antiga. A Figura 1.3 mostra a Ponte do Gard – uma ponte sobre o rio Gard, na França, construída por engenheiros romanos há aproximadamente 2000 anos [6]. A terceira fileira dessa impressionante estrutura, 160 pés acima do rio, é um aqueduto que fornece água para as cidades [6,7].

A Figura 1.4 mostra as ruínas de um sofisticado reservatório de água da cidade de Dholavira, pertencente à civilização do Vale do Indo, que data de vários milênios. As cidades e até mesmo as cidades menores e vilas da civilização do Vale do Indo possuíam um sistema de gestão de água e de esgoto que simplesmente pode ser descrito como excepcional [8].

A segunda força-motriz para o desenvolvimento da Engenharia foi a necessidade de executar coisas além do possível por meio de trabalho manual simples, que levou a máquinas simples, como o parafuso de Arquimedes (Figura 1.5), uma máquina simples, porém elegante, para bombear água e transpor materiais. Essa simples máquina é capaz de elevar o fluido, mesmo se esse fluido contiver uma pequena quantidade de detritos [9]. Essas máquinas progressivamente aumentaram

---

[2] Apesar da natureza de responsabilidades, essas posições são mais frequentemente chamadas de posições de Engenharia.

[3] Cada estado nos Estados Unidos tem seu próprio conselho de engenheiros licenciados, que administra os exames necessários para certificar um indivíduo como engenheiro profissional legalmente autorizado a se engajar na prática da Engenharia.

FIGURA 1.3 Ponte romana com a parte superior funcionando como um aqueduto.
Fonte: Hanser, D. A., *Architecture of France*, Greenwood Press, Westport, Connecticut, 2006.

FIGURA 1.4 Ruínas de um reservatório de água em Dholavira.
Fonte: Archaeological Survey of India, http://asi.nic.in/images/exec_dholavira/pages/015.html.

FIGURA 1.5 Representação esquemática do parafuso de Arquimedes.
Fonte: Chondros, T. G., "Archimedes Life Works and Machines", *Mechanism and Machine Theory*, Vol. 45, N°. 11, 2010, pp. 1766-1775.

em complexidade com o tempo, impulsionadas grandemente pela necessidade de armas avançadas e meios de movimentação, o que resultou no curso de Engenharia mecânica. Essa evolução prosseguiu com novos cursos que apareceram ao longo do tempo em resposta às necessidades das sociedades, com base nos avanços das ciências e em novas descobertas.

A Sociedade Americana de Educação em Engenharia (*American Society of Engineering Education*, ASEE, www.asee.org), como parte de suas atividades, compila dados estatísticos sobre graduados em Engenharia por cursos, por níveis dos títulos (bacharel, mestre, doutor), por faixa demográfica e vários outros critérios. A Figura 1.6 mostra a distribuição por curso de mais de 106 mil bacharéis formados em Engenharia entre 2014 e 2015 [10]. Engenheiros mecânicos formam o maior grupo de graduados em Engenharia, seguidos por civis, elétricos e químicos. Esses quatro cursos são tradicionalmente reconhecidos como os quatro maiores da área e qualquer escola abrangente de Engenharia oferece, no mínimo, programas de formação nesses quatro cursos.

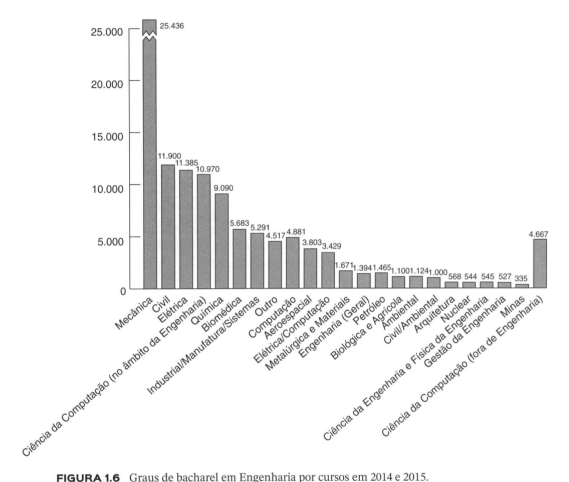

FIGURA 1.6 Graus de bacharel em Engenharia por cursos em 2014 e 2015.
Fonte: Yoder, B. L., "Engineering by the Numbers", https://www.asee.org/papers-and-publications/publications/college-profiles/15EngineeringbytheNumbersPart1.pdf.

Os cursos emergentes de Engenharia podem também ser identificados a partir da figura. A Ciência da Computação teve o quarto maior número de graduados, refletindo o crescimento explosivo da tecnologia da informação nos tempos recentes. Entretanto, não há muito tempo a maioria dos programas de Ciência da Computação era dado pelas faculdades de ciências, em geral integrando o departamento de Matemática. As duas últimas décadas viram esses programas migrarem para a faculdade de Engenharia, com seu próprio departamento que não inclui a palavra *engenharia* em seu nome. A Ciência da Computação é distinta da Engenharia da Computação, que é frequentemente associada a programas de Engenharia Elétrica. Outro campo emergente na Engenharia é a Engenharia Biomédica, que evolui dos avanços da biotecnologia e das ciências biomédicas.

A seguir, tem-se uma breve descrição dos quatro maiores cursos de Engenharia – mecânica, civil, elétrica e química:

- *Engenharia Mecânica*, como o nome indica, lida com o desenvolvimento, projeto e operação de todos os tipos de máquinas e sistemas para a praticidade e o conforto humano. Esse é o mais amplo dos cursos de Engenharia, com engenheiros mecânicos atuando em campos que vão de

8 Capítulo 1

projeto de máquinas, manufatura, energia, máquinas de transporte e materiais, manuseio de materiais, sistemas de refrigeração e de aquecimento, manutenção e biomecânica a vários outros. Engenheiros mecânicos são onipresentes em todas as indústrias. A *Engenharia Civil* é o curso mais antigo de Engenharia que lida com o desenvolvimento, projeto, construção e operação de instalações e estruturas para a sociedade. Essas instalações variam de edifícios, barragens, estradas e canais para todos os tipos de sistemas e infraestruturas de trânsito de massa, fornecimento de água, despejo de resíduos e assim por diante. A Engenharia Civil pode ser subdividida em especializações, como engenharia de construção, engenharia de transportes, engenharia geotécnica, engenharia sanitária e outras [4].

- *Engenharia Elétrica* é o curso que lida com máquinas e sistemas associados à energia elétrica. Os engenheiros elétricos envolvem-se com a geração e a transmissão da eletricidade e com as máquinas elétricas. Como a eletricidade vem substituindo todos os outros tipos de energia em relação a praticamente todas as aplicações de consumidores, com exceção dos automóveis e da culinária, os engenheiros elétricos são tão numerosos quanto os engenheiros mecânicos. No âmbito da Engenharia Elétrica, podem-se encontrar especializações, como a engenharia eletrônica, de controle, de energia etc.

- *Engenharia Química*, como curso, surgiu da indústria química e da necessidade de se produzir, economicamente, grandes quantidades de produtos químicos. Uma discussão detalhada da Engenharia Química é apresentada na seção seguinte.

A identificação dessas quatro engenharias como ramos distintos e principais não se baseia apenas em números, mas também no fato de que as disciplinas estudadas no decorrer da graduação em cada uma dessas engenharias são distintas o suficiente para garantir um currículo separado. Há uma inevitável coincidência de conteúdos entre os cursos, particularmente entre as engenharias Mecânica e Civil. Essa coincidência relaciona-se à mecânica dos fluidos e do sólido [11]. Entretanto, mesmo para os conteúdos coincidentes, a abordagem e o tratamento dos tópicos e objetivos educacionais em geral diferem em cursos distintos. Um indivíduo que obtenha um grau de bacharel em um desses cursos, não será facilmente capaz de passar para o estudo de pós-graduação nos outros três cursos sem despender uma quantidade substancial de tempo, talvez equivalente aos anos como júnior e sênior de um graduado de quatro anos, e ainda fazer matérias obrigatórias do curso para cobrir deficiências. Isso contrasta com o restante dos cursos de Engenharia vistos na Figura 1.6.

Com a possível exceção da Engenharia de Materiais e Metalúrgica, um indivíduo com um grau de bacharel em um dos quatro grandes cursos de Engenharia pode, com sucesso, continuar os estudos de pós-graduação em muitos outros cursos de Engenharia sem necessidade de disciplinas adicionais substanciais para atender a pré-requisitos. Um engenheiro civil, mecânico ou químico pode continuar a estudar e praticar a Engenharia Ambiental. Um engenheiro mecânico pode se tornar um engenheiro industrial, de manufatura, aeroespacial ou nuclear. Da mesma forma, um engenheiro químico pode obter graduação em engenharia nuclear, biológica/agrícola ou de petróleo. Muitos engenheiros, particularmente ao longo das duas últimas décadas, têm mudado seus campos para a Ciência da Computação no nível de pós-graduação. Vários programas de Engenharia Biomédica operam somente em nível de pós-graduação e admitem estudantes com graduação em Engenharia Mecânica ou Química.

1.3 Definindo a Engenharia Química

Assim como em relação à Engenharia, não dispomos prontamente de uma definição clara e concisa que contemple a essência de um engenheiro químico. O Instituto Americano de Engenheiros Químicos (*American Institute of Chemical Engineers,* AIChE), que constitui a sociedade profissional de engenheiros químicos nos Estados Unidos, define engenheiros químicos como se segue:

Indivíduos que utilizam as ciências e a matemática, em especial a química, a bioquímica, a matemática aplicada e os princípios da Engenharia para tomar ideias de laboratório ou conceituais e transformá-las em produtos de valor agregado e de custo compensador, produtos seguros (inclusive ambientalmente) e em processos de ponta.

Essa definição é ampla e clara o bastante para abarcar todas as atividades nas quais um engenheiro químico se engaja, mas ainda não é suficientemente específica para distingui-la dos outros cursos de Engenharia. Ao mencionar a Bioquímica, a definição também demonstra uma tendência em direção às ciências biológicas ou às ciências da vida que não reflete a ocupação da vasta maioria de engenheiros químicos.

Uma definição alternativa e mais concisa da Engenharia Química é apresentada por Morton M. Denn [12]:

> Engenharia Química é o campo da ciência aplicada que emprega processos de estimativa de durabilidade de substâncias químicas, físicas e bioquímicas para o benefício da humanidade.

O termo *ciência aplicada* carrega o significado de levar ideias laboratoriais ou conceituais a uma escala maior. A Engenharia Química difere das outras engenharias por ter a base científica na química *e* nas ciências físicas e matemáticas. O conceito de *processos de taxa* está no coração da definição anterior. Engenharia Química, de acordo com essa definição, é o campo que lida com as taxas de processos físico-químicos que envolvem transformações de espécies moleculares. A definição dá ênfase aos processos e em suas taxas. Embora o processo ou a taxa de transformação sejam de importância crítica, e afetem a economia de um empreendimento de Engenharia, esse é, em última instância, o resultado da transformação, ou seja, o resultado desejado. Em outras palavras, o consumidor e a sociedade estão interessados no produto que pode fornecer um serviço necessário e não nos detalhes de como aquele produto é obtido.

O benefício ou a melhoria da humanidade é um tema comum na maior parte das definições de Engenharia. Como previamente mencionado, o termo é muito geral e a Engenharia não é a única ocupação que trabalha para o bem da humanidade. Apesar das deficiências, uma combinação de ambas as definições transmite a essência do engenheiro químico como profissão. Um indivíduo pode ser identificado como engenheiro químico se os seguintes descritores puderem resumir adequadamente suas atividades:

- O indivíduo está engajado em um empreendimento de Engenharia; isto é, trabalha no sentido de aplicar conhecimento científico na produção de artigos tangíveis e intangíveis, comercialmente disponíveis para a sociedade em geral.

- O empreendimento de Engenharia está baseado na transformação de espécies, envolvendo a reestruturação de ligações (forças) entre as espécies. Essa reestruturação ocorre normalmente em nível atômico, ou seja, envolve reações químicas que resultam em produtos distintos das espécies iniciais. No entanto, a transformação pode simplesmente envolver separações ou reestruturação de ligações físicas entre diferentes espécies. Nenhuma espécie molecular nova é gerada em tais transformações. Em outras palavras, as transformações envolvem a alteração das afinidades entre espécies elementares e/ou moleculares.

A Engenharia Química, em geral, lida dessa forma com sistemas nos quais ocorrem reações químicas. Essas reações químicas são invariavelmente acompanhadas por separações físicas. As separações físicas, como será explicado em capítulos subsequentes, desempenham um papel na determinação da economia do processo. Os engenheiros químicos usam o seu conhecimento de ciência e de Matemática para assegurar que reações e separações em nível de laboratório possam ser escalonadas em nível industrial.

Historicamente, alguém pode argumentar que as pessoas que fermentaram bebidas diversas foram os primeiros engenheiros químicos, precedendo mesmo os engenheiros civis. Entretanto, a Engenharia Química surgiu como uma profissão distinta no final do século XIX e começo do século XX [12]. O desenvolvimento do curso resultou de uma demanda crescente de produtos químicos e de combustíveis tanto para atividades em tempos de paz (fertilizantes, itens de consumo) como em tempos de guerra (explosivos). Tecnologias e produtos desenvolvidos durante as guerras mundiais levaram a produtos químicos industriais adicionais. Os desenvolvimentos subsequentes e as necessidades sociais têm visto a Engenharia Química englobar uma miríade de indústrias, que variam de semicondutores, têxtil, farmacêutica, agrícola e de alimentos até a energia, biotecnologia e medicina [13]. A Engenharia Química é um campo altamente versátil, pleno de desafios e oportunidades em praticamente todas as facetas da atividade humana.

1.4 Atribuições e Responsabilidades de um Engenheiro Químico

Um engenheiro químico realiza uma série de diferentes tarefas na indústria química ou em uma organização engajada no negócio químico. As tarefas e as responsabilidades do engenheiro químico descritas nesta seção baseiam-se no conceito de engenharia como o processo de transformação da ciência em tecnologia.

Considere o caso da fabricação de um novo produto químico ou de um novo processo de produção de um produto químico já existente. Ir da conceitualização à operação comercial é um processo extremamente complexo e intricado, e qualquer empreendimento passa, em geral, pelos seguintes estágios [14]:

1. Conceitualização e fase inicial
2. Avaliação econômica preliminar
3. Desenvolvimento de dados necessários para o projeto final
4. Avaliação econômica final
5. Projeto detalhado
6. Aquisição e construção
7. Início e execução experimental
8. Produção

Um fluxograma simplificado para os vários estágios de um projeto típico são mostrados na Figura 1.7.

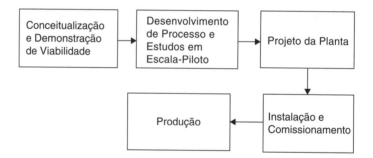

FIGURA 1.7 Engenharia de uma planta química.

O primeiro estágio nesse desenvolvimento consiste na conceitualização da ideia para o novo produto ou processo, com base na literatura técnica existente. Antes de uma organização comprometer recursos financeiros e outros para qualquer novo empreendimento, a organização conduz uma análise econômica preliminar para sondar sua viabilidade econômica. Se o empreendimento for julgado economicamente atrativo, a organização passa ao estágio seguinte: a coleta das informações necessárias. Vários experimentos em laboratório são geralmente conduzidos para demonstrar a viabilidade da ideia em escala de laboratório. Investigações subsequentes são conduzidas em escalas maiores para assegurar resultados repetitivos e reprodutíveis. Um processo integrado é desenvolvido para comercialização pela identificação das matérias-primas e das etapas dos processos, inclusive aquelas necessárias para o tratamento de efluentes.

A etapa-chave, ou possivelmente o processo inteiro, é operado em nível-piloto para confirmar a viabilidade. A organização conduz uma análise econômica acurada e refinada, usando os dados coletados. Se o projeto ainda for comercialmente atrativo, uma planta em escala plena é projetada por meio dos princípios científicos e de engenharia e de dados experimentais. Os equipamentos necessários são fabricados ou adquiridos de vendedores, e instalados; a planta é comissionada. Modificações e ajustes finos dos processos e das operações são invariavelmente necessários antes do início da produção contínua desejada em escala comercial.

Um engenheiro químico está envolvido em todas essas atividades. Dependendo de suas responsabilidades, o papel do engenheiro pode incluir uma ou mais das combinações a seguir:

- *Engenheiro de pesquisa e de desenvolvimento*: Um engenheiro envolvido nos estágios iniciais do diagrama mostrado na Figura 1.7 é chamado *engenheiro de pesquisa e de desenvolvimento (P&D)*. O componente de pesquisa da posição envolve normalmente o trabalho com um químico para investigar o conceito-chave na balança de bancada. O componente de desenvolvimento envolve conceitualização do processo baseado na etapa-chave. O engenheiro é responsável por identificar a sequência de etapas do início e do final do processo de produção, avaliando as alternativas e conduzindo investigações em grandes escalas. Dependendo da organização e da complexidade do processo, um engenheiro pode se engajar somente em pesquisa, pode conduzir somente trabalho de desenvolvimento ou ainda ambos. O engenheiro de P&D projeta e executa trabalho experimental, supervisiona funcionários, coordena a coleção e análise de dados e troca conhecimento com os membros da equipe de projeto, inclusive as equipes de Química e de Engenharia. O engenheiro de P&D é essencialmente o *expert* da equipe no assunto em questão, desenvolvendo soluções para vários desafios. Uma pós-graduação (de preferência um doutorado) é altamente desejável para um indivíduo exercer a função de engenheiro de P&D.

- *Engenheiro de planta-piloto*: As investigações de laboratório resultam, em geral, em poucos gramas de produtos, enquanto o processo comercial pode produzir milhares de toneladas de produto por dia. O processo de laboratório assim tem de ser escalonado por várias ordens de grandeza. Antes do início da construção de uma planta em escala completa, requerendo substancial investimento financeiro, o processo inteiro é inevitavelmente testado nas plantas-pilotos tendo uma capacidade de uma ou duas ordens de grandeza menor do que aquela da planta em escala completa. Essas plantas-pilotos servem a duas finalidades: primeiro, fornecem a validação do projeto da planta e a confirmação da habilidade de organização para operar com sucesso o processo em larga escala; segundo, ajudam a identificar os desafios que aparecem com o escalonamento do processo. Por exemplo, o aquecimento ou o resfriamento de um material não é geralmente um problema em balança de bancada, mas a transferência efetiva de energia pode se transformar em um desafio em uma escala maior. Da mesma forma, enquanto a separação de sólidos por filtração pode ser uma questão simples no laboratório, pode limitar a eficiência de um processo e ser um gargalo quando escalonada. A operação da planta-piloto informa acerca de tais problemas técnicos potenciais e fornece uma oportunidade de inventar e testar soluções viáveis para esses problemas. Engenheiros de planta-piloto operam essas plantas, descobrindo problemas potenciais e inventando, testando e aperfeiçoando soluções para esses problemas antes que problemas se manifestem na planta de produção.

- *Engenheiro de projeto*: O dimensionamento dos equipamentos de processo e a especificação das condições operacionais para o processo estão entre as responsabilidades do engenheiro de projeto. Um engenheiro de projeto, no campo da Engenharia Química, é principalmente um *engenheiro de projeto de processos*[4] que faz cálculos detalhados de energia e de escoamentos de materiais, especifica as capacidades dos equipamentos e determina a disposição da planta. O engenheiro de projeto faz interface com os engenheiros de P&D e de planta-piloto para obter dados e informações, e interfaces com vendedores e fabricantes de modo a finalizar as especificações dos equipamentos do processo. Também desenvolve estimativas de custo para o processo. As tarefas de fabricação de equipamentos, de desenvolvimento de infraestrutura e de instalações são executadas por engenheiros mecânicos, civis e elétricos. O engenheiro de projeto interage com esses engenheiros e fornecedores para assegurar que a planta instalada obedeça às especificações de projeto.

- *Engenheiro de comissionamento*: Um engenheiro envolvido no início de uma nova planta é o engenheiro de comissionamento. Tem a responsabilidade de assegurar que várias unidades do processo funcionem como projetado, e que a planta seja capaz de entregar o produto com a pureza e a qualidade especificadas na capacidade nominal de projeto. Após os problemas iniciais serem

---

[4] Em outros campos, um engenheiro de projeto pode ser um engenheiro de projeto de *produto*, que cria projetos de diferentes produtos, como um telefone novo ou um aplicativo.

12   Capítulo 1

resolvidos e a planta estar operando satisfatoriamente, o engenheiro de comissionamento passa a responsabilidade para o pessoal da produção.

- *Engenheiro de fabricação/produção*: Um engenheiro de fabricação/produção fornece suporte para operação de fabricação, monitorando diariamente as operações, de modo a assegurar que as operações obedeçam ao projeto do processo. Investiga os desvios do processo, os problemas, e explora continuamente as oportunidades de aumentar o lucro por meio do aumento de capacidade, das melhorias da eficiência e das reduções de custos. O engenheiro de fabricação/produção é responsável pela segurança da planta, pela qualidade e confiança do produto e pelos custos de operação sob sua responsabilidade. Adicionalmente, o engenheiro de fabricação/produção trabalha em cooperação com os departamentos de operações, de engenharia, de manutenção, de qualidade e outros, a fim de assegurar a confiabilidade da planta na consecução dos objetivos de produção. Algumas plantas podem empregar indivíduos que não sejam engenheiros químicos para inspecionar a operação da planta e sua produção. Nesse caso, pode haver um engenheiro químico associado com a planta; esses *engenheiros de planta* são responsáveis por melhorar a produtividade do processo, otimizar as operações e resolver quaisquer problemas que afetem a operação da planta. Uma instalação pode ter um número de engenheiros que respondam por tais ações, os chamados *engenheiros de serviços técnicos*. Todas as plantas de processo empregam também *engenheiros de manutenção*, que asseguram a continuidade da operação de vários equipamentos por meio da manutenção e reparo rotineiros de equipamentos danificados. Esses engenheiros são tipicamente engenheiros mecânicos ou elétricos e os engenheiros de produção, de planta e de serviços técnicos interagem de perto com eles.

Organizações menores ou processos simples podem não exigir um pessoal distinto para realizar os diferentes trabalhos descritos. O mesmo indivíduo pode realizar múltiplas tarefas, assumindo a responsabilidade das investigações laboratoriais até o comissionamento. Contrariamente, grandes organizações ou processos complexos podem ter várias pessoas para cada etapa. A comercialização do processo é sempre uma tarefa de uma equipe, com o engenheiro de P&D, o engenheiro da planta-piloto, o engenheiro de processo e o engenheiro de comissionamento trocando informações e refinando/otimizando o processo. Uma organização pode também terceirizar muitas das atividades, contratando P&D de uma entidade, conseguindo projetos de firmas especializadas e tendo plantas comissionadas por outra entidade.

Além dessas tarefas relacionadas a processos e a plantas, muitos engenheiros químicos podem trabalhar como engenheiros de vendas ou de *marketing*. Muitas companhias contratam serviços de um indivíduo para comercializar seus produtos, serviços e equipamentos junto a outras indústrias. Esse indivíduo tem de ter um entendimento global de engenharia do produto/serviço particular oferecido, sendo chamado normalmente de *engenheiro de vendas*, *engenheiro de vendas técnicas*, *engenheiro de marketing* ou variações disso. Um engenheiro de vendas necessita de competência técnica e excelentes habilidades de comunicação; facilidade para interagir com pessoas, para entender as necessidades do cliente e trabalhar de perto com a equipe que desenvolve produtos e serviços em resposta às suas necessidades. Saber cultivar relações é uma habilidade absolutamente essencial a essas posições. Um engenheiro de vendas gasta, invariavelmente, uma quantidade considerável de tempo viajando, visitando clientes no território que lhe é atribuído e desenvolvendo uma base de clientes para as companhias.

Apesar da natureza diferente de responsabilidades, todas as posições de engenharia podem ser denominadas simplesmente como *engenheiros de processo*, que é o título mais comum para os trabalhos anunciados na indústria química. A próxima seção descreve brevemente as várias indústrias e outros setores da economia que empregam engenheiros químicos.

1.5   Emprego de Engenheiros Químicos

O Departamento Americano do Trabalho mantém um amplo conjunto de dados de trabalho e de estatísticas econômicas em seu Escritório de Estatísticas do Trabalho (www.bls.gov). As informações de carreiras sobre atribuições, formação educacional, treinamento, remuneração e perspectivas atuais e futuras de praticamente todas as funções podem ser encontradas em *Occupational Outlook Handbook* (www.bls.gov/ooh), publicado pelo Escritório. O manual lista uma quantidade considerável de indústrias – químicas, de combustíveis, energia, alimentos, medicamentos, eletrônica, moda, ciências da vida, biotecnologia e muitas outras – nas quais os engenheiros químicos encontram emprego. O manual lista também a remuneração média para empregos em Engenharia Química como em torno de US$ 96.400,00 (relativa a 2014), e projeta um crescimento anual de 2 % no número de empregos. O manual provavelmente subestima o número exato de empregos de Engenharia Química, com um número mais realista calculado a partir da soma de graduados ao longo de uma média de 40 anos [15]. A *National Science Foundation* (www.nsf.gov) estima o número total de engenheiros químicos, em 2002, que trabalham em todas as ocupações, em aproximadamente 200 mil pessoas [15].

As maiores empregadoras de engenheiros químicos são as indústrias de processos químicos, compostas de indústrias de compostos químicos, combustíveis, empresas de P&D associadas, de Engenharia e serviços ambientais [15]. A colocação inicial dos novos graduados em Engenharia Química obedece também a essa distribuição. De acordo com a pesquisa de colocação inicial de graduados em 2015, realizada pela AIChE [16], aproximadamente metade dos graduados optou por carreiras industriais, e aproximadamente um quarto dos bacharéis escolheu dar prosseguimento aos estudos. Embora a maioria dos que passaram à pós-graduação continuassem no campo da Engenharia Química, muitos escolheram campos diferentes da Engenharia ou mesmo da Medicina para maiores estudos. Com relação àqueles que optaram por carreiras industriais, o setor de produtos químicos foi a escolha dominante, seguida por combustíveis, serviços de engenharia e biotecnologia, conforme mostrado na Figura 1.8.

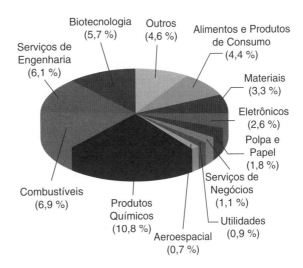

FIGURA 1.8 Colocação inicial de graduados em Engenharia Química de 2013 a 2014.
Fonte: CEP News Update, "AIChE's Initial Placement Survey: Where is the Class of 2015?" *Chemical Engineering Progress*, Vol. 111, No. 12, 2015, pp. 5-6.

Essa distribuição é ligeiramente diferente das escolhas dos graduados de 2014, dos quais metade ainda optou pelas carreiras industriais com produtos químicos como a escolha dominante, mas uma fração significativamente maior optou por trabalhos no setor de combustíveis, e o setor de biotecnologia não foi tão dominante, ficando atrás do setor de alimentos [17].

Tradicionalmente, os engenheiros químicos buscam carreiras nos setores industriais relativos a produtos químicos e a combustíveis. Entretanto, ao longo das duas últimas décadas, cada vez mais pessoas são atraídas pelas indústrias farmacêuticas, biomédicas e microeletrônicas [18]. De uma perspectiva histórica, podemos olhar para trás na Engenharia Química, até o início do século XX, e reconhecer umas poucas "épocas de ouro" dos cursos – tempos de descobertas, desenvolvimentos e crescimento industrial sem precedentes [19]. Os dez anos de 1915 a 1925 e as décadas dos anos 1950 e 1960 são períodos que exibem essas características. É, naturalmente, impossível prever o futuro; no entanto, o ambiente atual é caracterizado por possíveis ilimitadas oportunidades para a Engenharia Química, em função de desenvolvimentos nas ciências biológicas moleculares, Tecnologia da Computação e da Informação. Os engenheiros químicos, por causa da amplitude e da profundidade de sua preparação, são idealmente posicionados para entrar nessa nova época de ouro e encontrar soluções para desafios nas áreas ambiental, de recursos, de energia, de alimentos, de saúde e em muitos outros campos.

Dados de salário e de benefícios para engenheiros químicos são regularmente coletados pelas sociedades profissionais de indivíduos associados com campos relacionados à Química – a AIChE, assim como a American Chemical Society (ACS, www.acs.org). A Figura 1.9 mostra os salários médios iniciais de engenheiros químicos inexperientes formados nos últimos 10 anos [20]. Esses salários superaram ligeiramente a inflação. Como esperado, os salários também exibem um pequeno decréscimo, coincidindo com a desaceleração geral da economia em torno de 2009 a 2011.

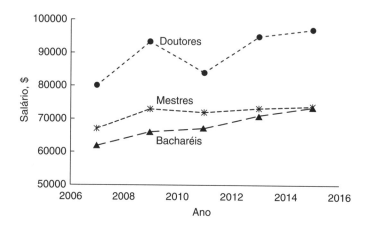

FIGURA 1.9 Salários médios iniciais de engenheiros químicos inexperientes formados.
Fonte: Marchant, S., and C. Marchant, *Starting Salaries of Chemists and Chemical Engineers: 2014 Analysis of the American Chemical Society's Survey of New Graduates in Chemistry and Chemical Engineering*, American Chemical Society, Washington, D.C., 2015.

Os salários médios iniciais de engenheiros químicos estão em segundo lugar, abaixo apenas dos salários de engenheiros de petróleo no nível de bacharéis. Entretanto, os engenheiros químicos comandam os mais altos salários no nível de mestrado [21]. Os salários médios de engenheiros químicos tendo menos de 6 anos de experiência, mostrados na Figura 1.10, são baseados nos dados coletados pela AIChE mediante pesquisa bienal de salários [22].

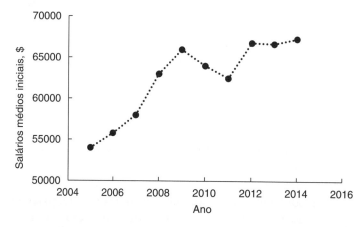

FIGURA 1.10 Salários médios de engenheiros químicos com menos de seis anos de experiência [22].

Fonte: *Chemical Engineering Progress*, "2007 AIChE Salary Survey", Vol. 103, No. 8, 2007, pp. 25-30; "2009 AIChE Salary Survey", Vol. 105, Ns. 8, 2009, pp. 26-32; "2011 AIChE Salary Survey", Vol. 107, No. 6, 2011, pp. S1-S13; "2011 AIChE Salary Survey", Vol. 107, No. 6, 2011, pp. S1-S13; "2013 AIChE Salary Survey", Vol. 109, No. 6, 2013, pp. S1-S17; "2015 AIChE Salary Survey", Vol. 111, No. 6, 2015, pp. S1-S20.

Pode ser visto que uma pós-graduação geralmente se traduz em salário maior para o engenheiro químico, embora esse efeito não seja tão acentuado em relação aos graduados em mestrado, como o é em relação aos que têm o título de doutor. As diferenças nos salários de bacharéis e mestres foram insignificantes em 2015. Além disso, a desaceleração econômica impactou claramente aqueles com graus avançados mais do que aqueles com grau de bacharel, cujos salários não mostraram redução alguma. Em contraste, os salários de engenheiros com Ph.D. foram impactados significativamente. As pesquisas bianuais fornecem um conjunto de dados valiosos e extensivos, em que informações adicionais baseadas em regiões, setores industriais, experiência e muitos outros fatores estão disponíveis.

1.6 Resumo

Engenharia, como uma profissão, envolve transformar ciência em tecnologia para o benefício da humanidade. As engenharias Mecânica, Elétrica, Civil e Química são os quatro maiores cursos de Engenharia, responsáveis por cerca de metade dos títulos de bacharelado em Engenharia conferidos nos Estados Unidos. A Engenharia Química é o ramo de Engenharia que trata da transformação de espécies em nível molecular. Um engenheiro químico é um indivíduo versátil que pode servir em diferentes funções em uma organização, com responsabilidades que vão da pesquisa a vendas técnicas. Cerca de metade dos graduados em Engenharia Química entra na força de trabalho no setor industrial, com o setor químico oferecendo oportunidades predominantes de emprego. Desenvolvimentos recentes indicam um crescimento contínuo em oportunidades para engenheiros nos campos relacionados às ciências biológicas. Um engenheiro químico, em função da amplitude e profundidade de sua formação e treinamento, está idealmente posicionado para tirar vantagem dessas oportunidades e desempenhar um papel importante na abordagem dos desafios que a sociedade enfrenta.

Referências

1. Besterfield-Sacre, M., C. J. Altman, and L. J. Shuman, "Characteristics of Freshman Engineering Students: Models for Determining Student Attrition in Engineering," *Journal of Engineering Education*, John Wiley and Sons, Vol. 86, No. 2, 1997, pp. 139–149.

2. Kemper, J. D., and B. R. Sanders, *Engineers and Their Profession*, Fifth Edition, Oxford University Press, New York, 2001.

3. Burghardt, M. D., *Introduction to the Engineering Profession*, Second Edition, Prentice Hall, Upper Saddle River, New Jersey, 1997.

4. Landis, R. B., *Studying Engineering: A Road Map to a Rewarding Career*, Fourth Edition, Discovery Press, Los Angeles, 2013.

5. Shackelford, J. F., *Introduction to Materials Science for Engineers*, Seventh Edition, Prentice Hall, Upper Saddle River, New Jersey, 2009.

6. Smith, H. S., *The World's Great Bridges*, Harper and Row, New York, 1965.

7. Hauck, G. F. W., "The Structural Design of the Pont du Gard," *Journal of Structural Engineering*, Vol. 112, No. 1, 1986, pp. 105–120.

8. Kenoyer, J. M., *Ancient Cities of the Indus Valley Civilization*, Oxford University Press, Oxford, U.K., 1998.

9. Chondros, T. G., "Archimedes life works and machines," *Mechanism and Machine Theory*, Vol. 45, No. 11, 2010, pp. 1766–1775.

10. Yoder, B. L., "Engineering by the Numbers," https://www.asee.org/papers-and-publications/publications/college-profiles/15EngineeringbytheNumbers Part1.pdf.

11. Muslih, I., D. B. Meredith, and A. S. Kuzmar, "Overlap Between Mechanical and Civil Engineering Undergraduate Education," American Society of Engineering Education, 2005 IL/IN Sectional Meeting, April 2005, Dekalb, Illinois, Paper D-T1-2.

12. Denn, M. M., *Chemical Engineering: An Introduction*, Cambridge University Press, Cambridge, U.K., 2012.

13. Solen, K. A., and J. N. Harb, *Introduction to Chemical Engineering: Tools for Today and Tomorrow*, Fifth Edition, John Wiley and Sons, New York, 2011.

16 Capítulo 1

14. Peters, M., K. Timmerhaus, and R. West, *Plant Design and Economics for Chemical Engineers*, Fifth Edition, McGraw-Hill, New York, 2012.

15. Self, F., and E. Eckholm, "Employment of Chemical Engineers," *Chemical Engineering Progress*, Vol. 99, No. 1, 2002, pp. 22S–25S.

16. CEP News Update, "AIChE's Initial Placement Survey: Where Is the Class of 2015?" *Chemical Engineering Progress*, Vol. 111, No. 12, 2015, pp. 5–6.

17. CEP News Update, "AIChE's Initial Placement Survey: Where Is the Class of 2014?" *Chemical Engineering Progress*, Vol. 110, No. 11, 2014, pp. 5–6.

18. Himmelblau, D. M., and J. B. Riggs, *Basic Principles and Calculations in Chemical Engineering*, Eighth Edition, Prentice Hall, Upper Saddle River, New Jersey, 2012.

19. Westmoreland, P. R., "Opportunities and Challenges for a Golden Age of Chemical Engineering," *Frontiers of Chemical Engineering Science*, Vol. 8, No. 1, 2014, pp. 1–7.

20. Marchant, S., and C. Marchant, *Starting Salaries of Chemists and Chemical Engineers: 2014 Analysis of the American Chemical Society's Survey of New Graduates in Chemistry and Chemical Engineering*, American Chemical Society, Washington, D.C., 2015.

21. National Association of Colleges and Employers, "Top-Paid Engineering Majors at the Bachelor's and Master's Levels," 2015, http://naceweb.org/s03182015/top-paid-engineering-majors.aspx.

22. *Chemical Engineering Progress*, "2007 AIChE Salary Survey," Vol. 103, No. 8, 2007, pp. 25–30; "2009 AIChE Salary Survey," Vol. 105, No. 8, 2009, pp. 26–32; "2011 AIChE Salary Survey," Vol. 107, No. 6, 2011, pp. S1–S13; "2013 AIChE Salary Survey," Vol. 109, No. 6, 2013, pp. S1–S17; "2015 AIChE Salary Survey," Vol. 111, No. 6, 2015, pp. S1–S20.

Problemas

1.1 Discuta as similaridades e diferenças entre engenharia e tecnologia.

1.2 Pesquise a literatura e liste dez definições diferentes de engenharia. Use qualquer fonte, inclusive aquelas (*websites*, livros) mencionadas na seção de "Referências". Discuta as características comparativas de três definições alternativas. Qual você prefere? Por quê?

1.3 Quantos engenheiros se graduaram com o grau de bacharel ao longo dos últimos cinco anos nos Estados Unidos? Que cursos exibem as mais altas e mais baixas taxas de crescimento? Como esses cursos se equiparam às tendências da Engenharia Química?

1.4 Use os dados disponíveis no Escritório de Estatística do Trabalho para comparar o crescimento projetado nos empregos para os quatro maiores cursos de Engenharia.

1.5 Ao longo dos últimos cinco anos, quais foram as tendências na posição dos graduados recentes em Engenharia Química? Que setores mostraram as maiores taxas de crescimento? Que setores mostraram taxas negativas de crescimento?

1.6 Qual das responsabilidades do engenheiro químico é mais atraente para você? Por quê?

1.7 Quais foram as épocas de ouro da Engenharia Química, de acordo com a referência 19?

1.8 Quais das novas aplicações emergentes de Engenharia Química são atrativas para você? Que características fazem as oportunidades nesses campos desejáveis para você?

CAPÍTULO 2
Indústrias Químicas e Afins

*A indústria química é de importância estratégica para
o desenvolvimento sustentável das economias nacionais.*

– Organização Internacional do Trabalho[1]

Os engenheiros químicos têm tradicionalmente encontrado emprego nas indústrias químicas e afins, e estas indústrias continuam a ser seus maiores empregadores. As indústrias químicas e afins compreendem um dos mais importantes setores de transformação da economia de uma nação. Entretanto, apesar de sua significância, as indústrias não são bem entendidas pelo público em geral, parcialmente porque apenas uma pequena fração da produção dessas indústrias é um produto para o consumidor; o grosso dessa produção é matéria-prima para outras indústrias. Este capítulo apresenta uma visão geral das indústrias químicas e afins, com o objetivo de propiciar aos estudantes de Engenharia Química um entendimento de sua fonte mais provável de oportunidades de emprego.

A seção 2.1 descreve a classificação das indústrias com uma breve introdução para os sistemas usados pelos Estados Unidos e outros governos para monitorar e analisar a economia. As indústrias químicas e relacionadas são descritas nas seções 2.2 e 2.3, respectivamente, seguidas por uma discussão das maiores companhias químicas na seção 2.4. A seção 2.5 descreve alguns dos importantes produtos químicos e a seção 2.6 descreve as características gerais da indústria química. Os leitores se tornarão familiarizados com o significado das indústrias químicas e afins na economia de uma nação, assim como poderão valorizar o papel indispensável dos produtos químicos na sociedade moderna.

2.1 Classificação das Indústrias

Antes de se aventurar na natureza das indústrias químicas e afins e entender o seu papel, é instrutivo observar o sistema de classificação usado pelos governos para analisar e rastrear os vários setores da economia das nações. O governo dos Estados Unidos desenvolveu um sistema padrão nos anos 1930, chamado de Classificação Industrial Padrão (Standard Industrial Classification – SIC) para classificar indústrias. O sistema SIC foi também adotado por outros países. A maioria dos negócios e setores industriais é representada por um código numérico SIC de quatro dígitos, com base em características comuns. Esses códigos SIC são hierárquicos, com os dois primeiros dígitos representando o principal negócio/setor industrial e o terceiro e quarto dígitos representando as subclassificações e especializações dentro do setor principal (https://www.osha.gov/pls/imis/sic_manual.html).

Os Estados Unidos mudaram para um sistema de classificação mais novo – o Sistema de Classificação das Indústrias Norte-Americanas (North American Industry Classification System – NAICS) – desde o final dos anos 1990 (www.census.gov/eos/www/naics). Os códigos NAICS são números de seis dígitos, baseados na estrutura hierárquica de cima para baixo, similar ao sistema SIC. Cada código SIC tem um único código NAICS correspondente no sistema mais novo. Ambos os códigos SIC e NAICS são usados por várias entidades nos Estados Unidos. Os códigos SIC e NAICS das indústrias de relevância primária para os engenheiros químicos são mostrados na Tabela 2.1.

---

[1] Organização Internacional do Trabalho (www.ilo.org/global/industries-and-sectors/chemical-industries/lang--en/index.htm).

18 Capítulo 2

TABELA 2.1 Classificação das Indústrias Químicas e Afins

Sistema SIC		NAICS	
Código	Indústria	Código	Indústria
26	Produtos de Papel e Afins	322	Produtos de Papel
28	Produtos Químicos e Afins	324	Produtos de Petróleo e de Carvão
29	Produtos de Petróleo e de Carvão	325	Produtos Químicos
30	Produtos de Borracha e Plásticos Diversos	326	Produtos Plásticos e de Borracha

Para as indústrias de transformação, foram atribuídos códigos começando com 31, 32 ou 33, segundo o NAICS. Produtos químicos e afins pertencem ao setor das indústrias de transformação, com os produtos químicos tendo o código NAICS começando com 325. As contribuições combinadas de produtos químicos, de petróleo/carvão, de papel e de borracha somam aproximadamente US 670 bilhões nos Estados Unidos, correspondendo aproximadamente a 33 % de toda a produção em 2012. Os produtos químicos sozinhos (código SIC 28/código NAICS 325) responderam por quase 18 % do setor de transformação[2].

Produtos Químicos são subclassificados em Químicos Inorgânicos Básicos, Gases Industriais, Químicos Orgânicos Básicos, Produtos de Fertilizantes, Produtos de Polímeros, Farmacêuticos e muitos outros. Algumas das produções importantes da Indústria Química (código NAICS 325) e Indústrias Afins (códigos NAICS 322, 324 e 326) estão descritas brevemente nas seções seguintes.

2.2 A Indústria Química

A indústria química produz um vasto número de produtos químicos para servir às necessidades da sociedade. Os produtos químicos que partilham características comuns são agrupados e classificados sob os mesmos códigos NAICS para a análise de seu impacto econômico. Os produtos químicos são amplamente classificados em sete categorias: Produtos Químicos Inorgânicos Básicos, Gases Industriais, Produtos Químicos Orgânicos Básicos e Petroquímicos, Produtos de Fertilizantes, Produtos de Polímeros, Produtos Farmacêuticos e Outros Produtos Químicos. Uma breve descrição de cada uma dessas classes de produtos químicos é apresentada nas subseções seguintes.

2.2.1 Produtos Químicos Inorgânicos Básicos

Os produtos químicos produzidos em grandes quantidades e usados principalmente em processos industriais subsequentes são chamados de *produtos químicos básicos*. Produtos químicos inorgânicos básicos são, como o nome indica, compostos sem carbono, embora o dióxido de carbono e os carbonatos inorgânicos sejam incluídos nessa categoria. Aproximadamente 40 % dos 50 produtos químicos mais importantes são produtos químicos inorgânicos básicos [1]. Em geral, sete dos dez maiores produtos químicos produzidos no mundo são inorgânicos: ácido sulfúrico, nitrogênio, oxigênio, cloro, ácido fosfórico, amônia e hidróxido de sódio. Nitrogênio e oxigênio são categorizados sob o nome de Gases Industriais, enquanto amônia é categorizada sob Produtos Fertilizantes. Os outros quatro produtos químicos são considerados Produtos Químicos Inorgânicos Básicos. Quase todos os produtos químicos inorgânicos são produtos industriais; isto é, são usados na produção de outros produtos químicos e produtos para consumo. Por exemplo, o maior uso de ácido sulfúrico está na produção de fertilizantes à base de fosfato. Da mesma forma, soda cáustica (hidróxido de sódio) e cloro são usados na fabricação de produtos químicos orgânicos e na indústria de papel e celulose.

---

[2] Departamento de Comércio dos Estados Unidos, Escritório de Dados de Análise Econômica (*Bureau of Economic Analysis Data*).

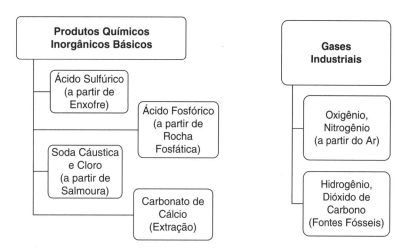

FIGURA 2.1 Principais produtos químicos inorgânicos básicos e gases industriais.

2.2.2 Gases Industriais

Com exceção do cloro, que é considerado um produto químico inorgânico básico, outros gases industrialmente significativos têm sua própria categoria distinta. Dos gases industriais, os mais importantes são: oxigênio, nitrogênio, hidrogênio e dióxido de carbono. Oxigênio e nitrogênio são obtidos do ar, principalmente por meio de liquefação e destilação criogênicas. O uso de nitrogênio (e de hidrogênio) é dominado pela fabricação de amônia. Nitrogênio é também usado no aumento da recuperação de petróleo (EOR) e na manutenção da atmosfera inerte em processos. Outra aplicação significativa do hidrogênio é no ajuste da razão carbono/hidrogênio em hidrocarbonetos, em particular os combustíveis para transportes. Oxigênio puro é usado na fabricação de produtos químicos, inclusive os metálicos, e em aplicações médicas. Dióxido de carbono, como um gás industrial, é formado como subproduto da fabricação de hidrogênio. Seu uso dominante é em refrigeração, na indústria de alimentos e na fabricação de produtos químicos. A Figura 2.1 fornece uma visão geral bem ampla dos produtos químicos inorgânicos básicos e dos gases industriais.

2.2.3 Produtos Químicos Orgânicos Básicos e Petroquímicos

Quase todos os produtos químicos orgânicos produzidos pela indústria química são obtidos a partir de sete produtos químicos básicos: metano, etileno, propileno, butadieno, benzeno, tolueno e xileno. Metano é o constituinte principal do gás natural. Embora algumas fontes secundárias estejam disponíveis para o restante dos produtos orgânicos básicos, são invariavelmente obtidos de petróleo, e os produtos químicos obtidos de petróleo são coletivamente chamados de *petroquímicos*. Etileno é o produto químico orgânico produzido em maior volume no mundo, seguido pelo propileno. O maior uso desses produtos é na fabricação de polímeros, como polietileno, polipropileno, polibutadieno e borrachas e poliésteres, poli(tereftalato de etileno), PET, e poli(tereftalato de butileno), PBT. Os outros produtos químicos importantes a partir desses incluem óxido de etileno e cloreto de vinila, óxido de propileno e álcool isopropílico, ciclo-hexano, diisocianato de tolueno e anidrido ftálico. Muitos desses produtos químicos derivados são, na verdade, usados na fabricação de outros compostos orgânicos, inclusive polímeros, como poli(cloreto de vinila) (PVC) e poliuretanos.

A Figura 2.2 apresenta uma visão geral dos produtos químicos orgânicos e petroquímicos. O nível superior na representação hierárquica mostra as diferentes fontes dos produtos químicos básicos. Como mencionado previamente, petróleo (óleo cru) é a fonte principal para os produtos químicos; contudo, esses produtos, particularmente o metano, são também obtidos a partir do carvão. O nível intermediário na figura mostra os sete produtos químicos orgânicos básicos; metano está separado principalmente para indicar que é obtido predominantemente do gás natural. O nível inferior fornece uma breve visão do mundo dos petroquímicos: de intermediários, como

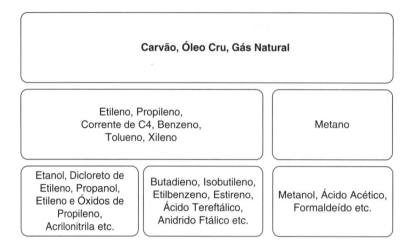

FIGURA 2.2 Visão geral dos produtos químicos orgânicos básicos e petroquímicos.

butadieno, dicloreto de etileno, acrilonitrila, formaldeído e inúmeros outros que são precursores de um grande número de produtos químicos, que são objetos usados por quase todos os indivíduos.

2.2.4 Produtos Fertilizantes

Indústrias de fertilizantes são componentes vitais na economia de uma nação. Porém, o significado de produtos fertilizantes não pode ser medido meramente pelo valor econômico que agregam. A sustentabilidade de produção de alimentos é criticamente dependente da disponibilidade de fertilizantes. Nesse sentido, a produção de fertilizantes é o empenho mais importante da indústria química. Produtos fertilizantes utilizam produtos químicos inorgânicos e orgânicos básicos e gases industriais como descrito anteriormente. Os produtos fertilizantes pertencem principalmente a uma das duas maiores classes: fertilizantes nitrogenados e fertilizantes fosfatados. Os fertilizantes nitrogenados incluem produtos, como nitrato de amônio, sulfato de amônio e ureia; os fertilizantes fosfatados incluem fosfatos de amônio e superfosfatos. A Figura 2.3 fornece uma visão geral dos produtos fertilizantes que são indispensáveis para satisfazer às demandas de alimentos da população humana sempre crescente.

FIGURA 2.3 Visão geral dos produtos fertilizantes.

Fertilizantes fosfatados são baseados no ácido fosfórico formado pela reação da matéria-prima rocha fosfática com ácido sulfúrico, um produto químico inorgânico básico, como previamente mencionado. Fertilizantes nitrogenados são baseados na amônia, que é por sua vez formada pelos gases industriais nitrogênio e hidrogênio. A maior parte dos produtos fertilizantes disponíveis no mercado é caracterizada por um rótulo de três números, que representam o teor do elemento com relação ao nitrogênio, fósforo e potássio (N-P-K)[3]. O nível desejado de potássio em determinado produto é obtido misturando quantidades apropriadas de potassa (geralmente cloreto de potássio,

---

[3] Os números para P e K na verdade se referem às porcentagens de P_2O_5 e K_2O, respectivamente.

embora o termo *potassa* seja usado de diversas formas para se referir a carbonato, hidróxido, cloreto ou óxido de potássio [1]) no produto.

2.2.5 Produtos Poliméricos

Os polímeros estão entre alguns dos mais úteis e valiosos produtos da indústria química. Em geral, polímeros são classificados como plásticos e resinas ou como borrachas. Um material plástico é definido como uma substância orgânica polimérica sólida e de alta massa molar, e envolve tipicamente a fabricação ou o processamento do material em fase líquida [2]. Plástico e resina incluem produtos químicos, como poliolefinas (polietileno/polipropileno), poliésteres (PET, PBT), poliamidas (náilon) e resinas baseadas em formaldeído. As borrachas são, similarmente, polímeros tendo uma alta massa molar, mas em contraste com plástico e resina, exibem um comportamento elástico, sendo frequentemente chamadas de *elastômeros* [1]. Borrachas incluem borracha sintética, látex, borracha nitrílica, silicone e outras.

O setor de polímeros é inevitavelmente ligado aos produtos químicos orgânicos básicos e aos petroquímicos. A maioria dos polímeros é formada tanto pelas reações de adição (envolvendo a adição da molécula do monômero à cadeia do polímero) como pelas reações de condensação (envolvendo grupos de reação pertencentes a duas unidades diferentes de monômeros). A maioria das poliolefinas, como polietileno, polipropileno e PVC, é formada pelas reações de polimerização por adição. Sob aquecimento, tais polímeros tipicamente amolecem e fundem sem decomposição e podem ser ressolidificados em novas formas sem perder suas características poliméricas. Esses polímeros são chamados de *termoplásticos* [1]. Resinas fenólicas, como resina fenol-formaldeído e poliésteres, como PET, são formadas por reações de condensação. Esses polímeros caracterizam-se por fortes ligações químicas de reticulação das unidades. Decompõem-se em geral sob aquecimento e, diferentemente dos termoplásticos, não podem ser reconstituídos sob resfriamento. A Figura 2.4 mostra alguns dos polímeros importantes. A figura oferece somente uma breve visão do mundo dos polímeros e não inclui outros produtos de igual significância.

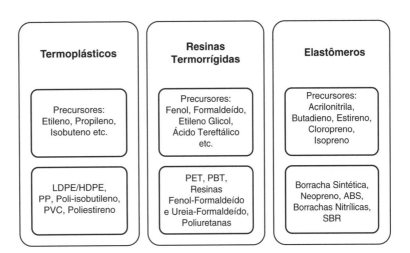

FIGURA 2.4 Classificação e exemplos de polímeros. ABS, acrilonitrila-butadieno-estireno; LDPE, polietileno de baixa densidade; HDPE, polietileno de alta densidade; PBT, poli(tereftalato de butileno); PET, poli(tereftalato de etileno); PVC, poli(cloreto de vinila); SBR, borracha de estireno-butadieno.

O setor de polímeros da indústria química inclui a fabricação não somente do polímero (poliéster, por exemplo), mas também de fibras e filamentos baseados nesses polímeros. Polímeros são produtos químicos altamente versáteis, com propriedades marcantes que permitem ser moldados em filmes finos, redes flexíveis, móveis rígidos, tecido e inúmeros outros produtos que os tornam universais na sociedade moderna.

22 Capítulo 2

2.2.6 Produtos Farmacêuticos

O setor farmacêutico da indústria química envolve a manufatura de (1) compostos medicinais não formulados e (2) formulações farmacêuticas (tabletes, pomadas etc.) que podem ser administrados como doses. Assim como para o setor de fertilizantes, o significado desse setor vai além do mero valor monetário para a economia. Produtos farmacêuticos são geralmente produzidos em quantidades muito menores que outros produtos previamente descritos. No entanto, são produtos de valor agregado que puxam um preço substancialmente para o alto. Os produtos também têm uma estrutura muito mais complexa que os produtos químicos simples discutidos anteriormente.

2.2.7 Outros Produtos Químicos

Embora a maioria dos produtos químicos possa ser classificada como produtos industriais (produtos usados para outros processos industriais), uma fração significativa da produção da indústria química consiste em produtos usados diretamente pelos consumidores. Incluem sabões e detergentes, perfume e cosméticos, aromas, pesticidas, tintas para paredes, tintas para impressão e assim por diante.

2.3 Indústrias Relacionadas

Engenheiros químicos desempenham papeis críticos em muitas outras indústrias, inclusive aquelas listadas na Tabela 2.1. Essas indústrias e seus produtos são descritos nas subseções seguintes.

2.3.1 Produtos do Papel

Indústrias classificadas sob código NAICS 322 estão envolvidas na manufatura de produtos de papel. Essas indústrias incluem fábricas de celulose que convertem madeira e biomassa em celulose e indústrias de papel que consomem essa celulose para manufaturar vários tipos de papel, papel jornal, cartão e produtos para consumidores, como caixas de papelão, sacolas de papel, papel higiênico e muitos outros. Essas indústrias usam grandes quantidades de produtos químicos e envolvem processos similares aos das indústrias químicas.

2.3.2 Petróleo e Produtos do Carvão

Petróleo, o resultado de transformações de matéria orgânica ao longo de milhões de anos, é uma mistura de um grande número de compostos. Esse material cru tem de ser refinado e separado em produtos valiosos, como combustíveis para transporte, orgânicos básicos e outros produtos químicos. Produtos derivados do petróleo, listados sob o código NAICS 324, incluem gasolina, combustível para jatos, querosene, óleos combustíveis, óleos lubrificantes, graxas, asfalto e produtos asfálticos. Produtos de carvão incluem os de forno de coque e de alto-forno (exceto para aqueles feitos em siderúrgicas), como coque, óleo cru e assim por diante. O crescimento da Engenharia Química como um curso distinto de Engenharia deve-se em grande parte a essas necessidades de processamento e de refino do petróleo [2]. O processamento de fontes fósseis convencionais, como petróleo e carvão, assim como de fontes não convencionais, como areias betuminosas e óleo de xisto, cria muitas oportunidades de emprego para os engenheiros químicos.

2.3.3 Plásticos e Produtos de Borracha

Os engenheiros químicos encontram emprego não somente nas indústrias de polímeros, mas também naquelas que convertem esses polímeros em produtos acabados, variando de sacolas de supermercado, garrafas plásticas e filmes para pneus, mangueiras, tubos e cintos de borracha. Essas indústrias são classificadas com o código NAICS 326, diferentemente dos produtos poliméricos descritos na seção 2.2.5, que são classificados sob o código 325.

2.3.4 Outras Indústrias Relacionadas

Além dessas três indústrias mais intimamente relacionadas, os princípios e as operações de Engenharia Química são também encontrados em diversas outras indústrias e processos, e geram oportunidades de emprego para os engenheiros químicos. Essas indústrias incluem fábricas de cerâmica e vidro, indústrias de semicondutores, produtos alimentares e processamento, de energia e indústrias nucleares, empresas de controle do meio ambiente e da poluição e várias outras.

2.4 As 50 Maiores Companhias Químicas

A Tabela 2.2 mostra as 50 maiores companhias químicas internacionais com base nos mais recentes dados da *C&E News* [3]. As 50 maiores companhias químicas dos Estados Unidos são mostradas na Tabela 2.3 [4].

As seguintes informações importantes podem ser feitas em relação à indústria química baseada nas informações provenientes dessas duas tabelas, em dados similares de anos anteriores, assim como a partir das páginas das companhias:

TABELA 2.2 As 50 Maiores Companhias Químicas*

Classificação		Companhia	Vendas de 2015 em Bilhões de Dólares	Vendas de Produtos Químicos como % das Vendas Totais	País Sede
2015	2014				
1	1	BASF	63,7	81,5	Alemanha
2	2	Dow Chemical[a]	48,8	100	Estados Unidos
3	3	Sinopec	43,8	13,9	China
4	4	SABIC	34,3	87,0	Arábia Saudita
5	6	Formosa Plastics	29,2	63,9	Taiwan
6	9	Ineos	28,5	100	Suíça
7	5	ExxonMobil	28,1	10,8	Estados Unidos
8	7	LyondellBasell Industries	26,7	81,5	Holanda
9	11	Mitsubishi Chemical	24,3	77,1	Japão
10	8	DuPont[a]	20,7	82,4	Estados Unidos
11	13	LG Chem	18,2	100	Coreia do Sul
12	15	Air Liquide	17,3	95,3	França
13	17	Linde	16,8	84,5	Alemanha
14	16	AkzoNobel	16,5	100	Holanda
15	21	Toray Industries	15,5	89,3	Japão
16	20	Evonik Industries	15,0	100	Alemanha
17	24	PPG Industries	14,2	92,9	Estados Unidos
18	14	Braskem	14,2	100	Brasil
19	23	Yara	13,9	100	Noruega
20	—	Covestro	13,4	100	Alemanha
21	18	Sumitomo Chemical	13,3	76,6	Japão
22	22	Reliance Industries	12,9	29,8	Índia
23	25	Solvay	12,3	100	Bélgica
24	10	Bayer	11,5	30,2	Alemanha
25	19	Mitsui Chemicals	11,1	100	Japão
26	29	Praxair	10,8	100	Estados Unidos
27	31	Shin-Etsu Chemical	10,6	100	Japão
28	26	Lotte Chemicals	10,4	100	Coreia do Sul

(continua)

(continuação)

Classificação			Vendas de 2015 em Bilhões de Dólares	Vendas de Produtos Químicos como % das Vendas Totais	País Sede
2015	2014	Companhia			
29	32	Huntsman Corp.	10,3	100	Estados Unidos
30	33	Syngenta	9,9	74,0	Suíça
31	28	DSM	9,9	100	Holanda
32	38	Air Products & Chemicals	9,9	100	Estados Unidos
33	39	Eastman Chemical	9,6	100	Estados Unidos
34	27	Chevron Phillips Chemical	9,2	100	Estados Unidos
35	41	Mosaic	8,9	100	Estados Unidos
36	35	Lanxess	8,8	100	Alemanha
37	34	Borealis	8,5	100	Áustria
38	43	Arkema	8,5	100	França
39	36	Asahi Kasei	8,4	51,7	Japão
40	37	Sasol	8,3	57,1	África do Sul
41	30	SK Innovation	8,2	19,2	Coreia do Sul
42	42	DIC	7,1	100	Japão
43	45	Hanwha Chemical	7,1	100	Coreia do Sul
44	—	Lubrizol	7,0	100	Estados Unidos
45	49	Ecolab	6,9	50,7	Estados Unidos
46	47	Indorama	6,9	100	Tailândia
47	50	Johnson Matthey	6,5	39,8	Reino Unido
48	—	Honeywell	6.5	16,8	Estados Unidos
49	40	PTI Global Chemical	6,4	54,6	Tailândia
50	—	PotashCorp	6,3	10 0	Canadá

*Baseado nos dados de *C&E News* [3].

[a]Dow Chemical Company e E. I. du Pont de Nemours anunciaram planos de fusão em dezembro de 2015. Em 2017, essa operação foi concluída, gerando assim a DowduPont, uma das maiores companhias de produtos químicos de todos os tempos.

TABELA 2.3 **As 50 Maiores Companhias dos Estados Unidos***

Classificação			Vendas de 2015 em Bilhões de Dólares	Estado Sede
2015	2014	Companhia		
1	1	Dow Chemical	48,8	Michigan
2	2	ExxonMobil	28,1	Texas
3	3	DuPont	20,7	Delaware
4	4	PPG Industries	14,2	Pensilvânia
5	6	Praxair	10,7	Connecticut
6	7	Huntsman	10,3	Texas
7	8	Air Products	9,9	Pensilvânia
8	9	Eastman Chemical	9,6	Tennessee
9	5	Chevron Phillips	9,2	Texas
10	10	Mosaic	8,9	Minnesota

(continua)

(continuação)

Classificação		Companhia	Vendas de 2015 em Bilhões de Dólares	Estado Sede
2015	2014			
11	13	Lubrizol	7,0	Ohio
12	11	Ecolab	6,8	Minnesota
13	12	Honeywell	6,5	Nova Jersey
14	—	Chemours	5,7	Delaware
15	14	Celanese	5,7	Texas
16	15	Dow Corning	5,6	Michigan
17	18	Monsanto	4,8	Missouri
18	21	Westlake Chemical	4,5	Texas
19	20	CF Industries	4,3	Illinois
20	16	Hexion	4,1	Ohio
21	17	Trineso	4,0	Pensilvânia
22	19	Occidental Petroleum	3,9	Texas
23	28	Albemarle	3,7	Louisiana
24	22	Ashland	3,4	Kentucky
25	23	FMC Corp.	3,3	Pensilvânia
26	26	W.R. Grace	3.1	Maryland
27	25	Cabot Corp.	2,9	Massachusetts
28	24	Axiall	2,7	Geórgia
29	27	Momentive	2,3	Nova York
30	37	Olin	2,1	Missouri
31	29	Newmarket	2,1	Virgínia
32	31	H.B. Fuller	2,1	Minnesota
33	34	Stepan	1,8	Illinois
34	30	Chemtura	1,7	Pensilvânia
35	33	Americas Styrenics	1,6	Texas
36	32	Cytec Industries	1,5	Nova Jersey
37	36	Kronos Worldwide	1,3	Texas
38	35	Sigma-Aldrich	1,2	Missouri
39	39	Ferro Corp.	1,1	Ohio
40	38	Kraton Polymers	1,0	Texas
41	44	Innospec	1,0	Colorado
42	45	Koppers	0,97	Pensilvânia
43	43	Ingevity	0,97	Carolina do Sul
44	40	Reichhold	0,95	Carolina do Norte
45	—	Arizona Chemical	0,80	Flórida
46	47	PolyOne	0,80	Ohio
47	46	Innophos	0,79	Nova Jersey
48	48	Emerald Performance Materials	0,70	Ohio
49	50	Mineral Technologies	0,62	Nova York
50	49	Omnova	0,61	Ohio

*Baseado nos dados de *C&E News* [4].

26 Capítulo 2

- *A indústria química é um empreendimento global*: A lista das 50 maiores globais pode ser dominada pelas companhias sediadas nos Estados Unidos, Alemanha e Japão, mas todos os continentes e um grande número de países têm representantes na lista, que inclui nações desenvolvidas, como França, Suíça e Holanda, e economias emergentes, como China, Brasil e Índia. Além disso, embora as companhias possam ter sedes em determinado país, por certo têm significativa presença global. Por exemplo, companhias, como BASF e SABIC, têm operações substanciais nos Estados Unidos e contrariamente, companhias americanas, como a Dow e a DuPont têm produção e instalações de pesquisa e de desenvolvimento em muitos países. Geograficamente, nos Estados Unidos, as maiores companhias químicas estão localizadas próximas da costa leste e sul (estados na fronteira do Golfo do México), com uma presença substancial na região Centro Oeste (Minnesota, Missouri, Michigan) também. Essas regiões também se orgulham de ter a maior concentração da indústria de óleo e de gás, e a conexão entre as duas indústrias deve estar clara. Afinal, a indústria química obtém a maior parte de sua matéria-prima dos produtos orgânicos da indústria de óleo e gás.

- *A indústria química é madura*: Praticamente, todas as companhias na lista de 2015 das 50 maiores também aparecem na lista de 2014 e nas classificações para anos anteriores (não mostrados na tabela). Além disso, para a maioria, não há mudanças drásticas nas classificações das companhias. As poucas estreantes que aparecem estão geralmente próximas da base das classificações. Observação similar pode ser feita em relação à lista das 50 maiores companhias químicas dos Estados Unidos.

- *Operações químicas constituem uma pequena fração para as companhias de óleo*: A maior parte das grandes companhias de óleo – ExxonMobil, Sinopec, BP, Shell e outras – são também grandes fabricantes de produtos químicos. Entretanto, o negócio químico para essas companhias é reduzido pelas receitas das operações de óleo e gás. Como visto na Tabela 2.2, o negócio químico contribui em geral com menos de 10 % da receita dessas companhias.

- *As companhias químicas são bem diversificadas*: As companhias químicas têm uma ampla faixa de portfólio de produtos. Companhias, como a DuPont e Dow, geram produtos químicos que têm aplicabilidade geral em muitos setores industriais, assim como em produtos específicos para aplicações em determinadas indústrias, variando de automóveis à alimentação animal, de alimentos e bebidas a cuidado hospitalar e várias outras.

2.5 Produtos Químicos Importantes

Os Estados Unidos ocupam uma posição superior entre os fabricantes de produtos químicos, considerando aproximadamente 1/5 dos produtos químicos produzidos no mundo [5]. O valor total dos itens químicos produzidos nos Estados Unidos em 2010 foi de 701 bilhões de dólares, e o setor de manufatura de produtos químicos contribuiu para a maior fração das exportações dos Estados Unidos. A Tabela 2.4 mostra os volumes de produção de alguns dos produtos químicos importantes em 2010 [6].

As seguintes subseções fornecem uma visão geral das tecnologias de manufatura para alguns desses produtos químicos importantes e suas aplicações.

2.5.1 Ácido Sulfúrico

Ácido sulfúrico é de longe o produto químico de maior volume produzido pela indústria química, e a produção de ácido sulfúrico é um excelente indicador da economia de uma nação. A produção anual norte-americana de ácido sulfúrico é de aproximadamente 36 milhões de toneladas [5]. O *processo de contato* da fabricação de ácido sulfúrico envolve a oxidação catalítica de dióxido de enxofre, sendo um exemplo clássico de um processo químico [2]. A Figura 2.5 mostra um diagrama de um processo simplificado para um processo de contato. O enxofre fundido é alimentado em um queimador de enxofre e é convertido em dióxido de enxofre pela sua queima com o ar. A etapa-chave no processo é a conversão do dióxido de enxofre a trióxido de enxofre, uma reação que pode ser realizada economicamente pelo uso de um catalisador barato de pentóxido de vanádio (V_2O_5).

TABELA 2.4 Volumes de Produção de Produtos Químicos Importantes em 2010*

Categoria do Produto	Produto Químico	Volume de Produção, Milhões de Toneladas Métricas
Produtos Químicos Inorgânicos Básicos	Ácido sulfúrico	32,6
	Ácido fosfórico	9,4
	Cloro	9,7
	Soda cáustica (hidróxido de sódio)	7,5
	Barrilha (carbonato de sódio)	10,6
Gases Industriais	Nitrogênio	31,6
	Oxigênio	26,5
	Dióxido de carbono	7,9
	Hidrogênio	3[a]
Amônia e Fertilizantes	Amônia	10,3
	Fosfatos de amônio	12,1
	Nitrato de amônio	6,9
	Ureia	5,1
Produtos Químicos Orgânicos Básicos	Etileno	24,0
	Propileno	7,8
	Hidrocarbonetos C4 (butilenos e butadieno)	6,5
	Benzeno	6,0
	Xilenos	9,7

**Baseado em dados do Departamento de Energia dos Estados Unidos [6].

[a]Isso não reflete uma produção cativa para produção de outros produtos químicos.

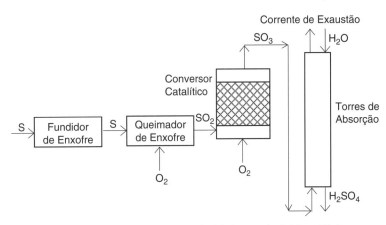

FIGURA 2.5 Diagrama do processo de fabricação do ácido sulfúrico.

O projeto do reator catalítico para conduzir essa reação representa uma aplicação clássica dos princípios de Engenharia Química. A absorção de trióxido de enxofre em água resulta em ácido sulfúrico; entretanto, as torres de absorção são operadas de tal modo que o trióxido de enxofre que sai do reator catalítico entra primeiro em contato com o ácido sulfúrico altamente concentrado (> 98 %) em vez de água. A absorção direta do trióxido de enxofre em água não é efetiva, uma vez que trióxido de enxofre com água resulta na formação de uma nuvem ácida [2]. Tipicamente, duas torres de absorção são usadas na maioria dos processos; isso é conhecido como processo de *dupla absorção de duplo contato* (DCDA).

O enxofre, matéria-prima para o processo, era obtido a partir de minas de enxofre e de calcário poroso sulfuroso. Atualmente, o enxofre associado com fontes fósseis (petróleo bruto azedo, carvão com alto teor de enxofre) assim como minérios de pirita fornecem a demanda de enxofre para o ácido sulfúrico. Uma grande porcentagem de ácido sulfúrico produzido é usada na manufatura de fertilizantes fosfatados, com outros usos que consistem na fabricação de uma variedade de produtos químicos, purificação de petróleo e decapagem de metais [1].

2.5.2 Soda Cáustica e Cloro

A eletrólise de salmoura (solução de cloreto de sódio) resulta em dois produtos químicos inorgânicos que são as principais produções das indústrias de cloro-álcalis: soda cáustica (hidróxido de sódio) e cloro [2]. O processo de fabricação para esses dois produtos químicos é um dos poucos exemplos de aplicação de energia elétrica para produzir um produto químico principal. A produção de alumínio é outro exemplo. Um processo de eletrólise envolve acoplar as reações de oxidação e de redução; nesse processo, o íon cloreto é oxidado para gás cloro elementar, que é acompanhado pela redução (e divisão concomitante) da água, resultando no íon hidróxido. É também liberado gás hidrogênio no processo. Dois tipos diferentes de células eletrolíticas são usados no processo: *células de diafragma* ou *de membrana*, em que as câmaras de redução e de oxidação são separadas por uma barreira, e as células de *mercúrio*, em que dois compartimentos distintos são usados para efetuar a conversão. As Figuras 2.6 e 2.7 mostram os esquemas de ambas as células, diafragma/membrana e mercúrio, respectivamente, com as reações constitutivas mostradas.

A oxidação de cloro em células de mercúrio é acompanhada pela redução do íon sódio em sódio elementar sobre um cátodo de mercúrio, conduzindo à formação de amálgama de sódio. O amálgama escoa então para uma câmara decompositora em que o sódio elementar é oxidado de volta a íon sódio, com a formação do íon hidróxido constituindo a reação de redução. As células

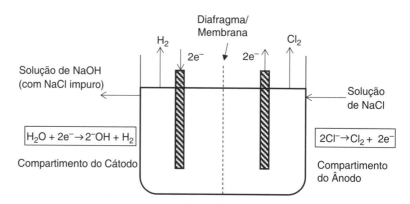

FIGURA 2.6 Representação esquemática da célula diafragma/membrana usada na indústria cloro-álcali.

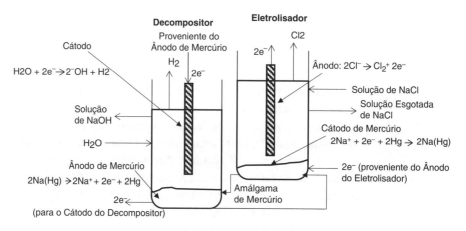

FIGURA 2.7 Representação esquemática da célula de mercúrio usada na indústria cloro-álcali.

de diafragma/membrana constituem a maioria dos eletrolisadores, em grande parte devido a problemas ambientais relacionados ao mercúrio.

A soda cáustica é usada em grande número de indústrias, e a fabricação de papel e celulose e de produtos químicos orgânicos é responsável por aproximadamente 40 % de seu uso [1]. Outras aplicações significativas incluem sabões e detergentes, refino de petróleo, tratamento de água e têxteis. Cloro, originalmente considerado como um subproduto do processo de eletrólise por causa de seu uso limitado, é agora frequentemente considerado o produto principal por seu uso na manufatura de produtos químicos orgânicos. É usado extensivamente nas etapas intermediárias de processamento em processos orgânicos, não estando frequentemente presente no produto final. A síntese de óxido de propileno a partir de propileno via processo de clorohidrina é um exemplo típico em que o cloro é usado nas etapas intermediárias. O maior uso isolado do cloro é na síntese de dicloreto de etileno, a maioria do qual acaba transformado em PVC. Outros usos significativos de cloro incluem o branqueamento de papel e celulose, a síntese ou a fabricação de compostos inorgânicos e o tratamento de água.

2.5.3 Nitrogênio e Oxigênio

O nitrogênio é um dos produtos químicos mais importantes produzidos em grandes quantidades no mundo, principalmente na conversão em amônia, sem o que seria impossível alimentar a crescente população de humanos. Nitrogênio e oxigênio estão abundantemente presentes no ar; entretanto, o processo para separar os dois e obter produtos de alta pureza é bem complexo. A produção em larga escala dos dois é acompanhada pela destilação criogênica do ar a temperaturas de ~83 K (– 190 °C) [1]. Antes de a mistura ser submetida à destilação, o ar necessita estar isento de impurezas, o que inclui particulados e outros componentes, como dióxido de carbono, água, traços de orgânicos e outros, que tornam o processo bem complicado. Além disso, uma quantidade substancial de energia necessita ser gasta na liquefação do ar e o resfriamento da alimentação do processo é desafiador, em particular porque comprimir ar gera calor adicional. O resfriamento do ar a baixas temperaturas causa também a formação de sólidos – gelo e gelo seco – que necessita ser controlado e removido apropriadamente.

A maior parte do nitrogênio produzido é usada para uso "cativo"; ou seja, é produzido especificamente para a fabricação de amônia [2]. Entretanto, existem várias outras aplicações de nitrogênio, muitas em decorrência de sua natureza não reativa. O nitrogênio fornece uma atmosfera inerte para muitos processos em que a presença de uma espécie, como oxigênio, vapor de água e outros, é altamente indesejável. O nitrogênio é também usado para EOR, em que é bombeado para reservatórios de óleo para manter a pressão e forçar o óleo a sair do poço em sistemas de recuperação.

Oxigênio puro, produzido juntamente com nitrogênio, é valioso por causa de sua reatividade. Oxidação é um processo comum nas indústrias químicas e em outras e o uso de oxigênio em vez de ar tem várias vantagens, inclusive maiores eficiências e temperaturas mais altas de processamento. Além disso, volumes significativamente menores de gás necessitam ser manuseados. Um dos maiores usos de oxigênio puro é na indústria do aço, em que é usado em forno básico a oxigênio ou em altos-fornos. Oxigênio puro é também usado na síntese de óxidos de etileno e de propileno e em tochas de oxiacetileno para soldas e corte de metais [2].

2.5.4 Hidrogênio e Dióxido de Carbono

O segundo elemento necessário à síntese da amônia é o hidrogênio, de longe o elemento mais abundante no sistema solar e, em base molar, o quarto elemento mais abundante na Terra [7,8]. Contudo, quase todo esse hidrogênio está ligado em compostos químicos e o hidrogênio molecular é obtido a partir desses compostos – hidrocarbonetos ou água. A reforma a vapor do metano é o processo dominante de produção de hidrogênio, responsabilizando-se por cerca de 48 % do hidrogênio produzido globalmente [9]. As reações fundamentais envolvidas no processo são as seguintes:

$$CH_4 + H_2O \rightarrow CO + 3H_2 \qquad (2.1)$$

$$CO + H_2O \rightarrow CO_2 + H_2 \qquad (2.2)$$

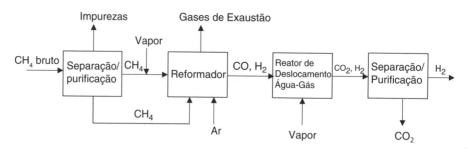

FIGURA 2.8 Produção de hidrogênio por processos de reforma a vapor.

Os reagentes e produtos de ambas as reações estão em fase gasosa. Ambas as reações são reversíveis também. Porém, somente as reações desejadas (as diretas) são mostradas nas equações. A primeira equação representa a reação de reforma a vapor e praticamente todo hidrocarboneto pode estar sujeito a essa reação para obter hidrogênio. A segunda reação é chamada de reação de *deslocamento* água-gás, que resulta em hidrogênio adicional ao mesmo tempo em que converte o monóxido de carbono em dióxido de carbono. A mistura gasosa é então normalmente separada por meio de uma combinação dos processos de absorção (de dióxido de carbono) e de separação por membrana. A Figura 2.8 mostra um fluxograma simplificado para a produção de hidrogênio.

O metano necessário para as reações de reforma é obtido do gás natural, que está sujeito a várias operações de separação e purificação para a remoção de impurezas que incluem compostos de enxofre e muitos outros. Operações similares são necessárias quando outros hidrocarbonetos são usados como matérias-primas. A reação de reforma a vapor é altamente *endotérmica*, e o calor necessário para a reação é tipicamente obtido pela queima de parte do metano. O produto de reação – a mistura monóxido de carbono-hidrogênio – é chamada de *gás de síntese* ou *singás* e está sujeita à reação de deslocamento água-gás, tipicamente conduzida em dois estágios. Tanto a reação de reforma como a de deslocamento água-gás são reações catalíticas. O estágio final no processo envolve etapas complicadas de separação e de purificação, resultando em hidrogênio e dióxido de carbono.

Invariavelmente, todo o hidrogênio produzido é para consumo cativo – para a conversão em amônia ou para aumentar o teor de hidrogênio e remover impurezas em operações de refinaria. É também usado na produção de outros compostos químicos, como o metanol. Hidrogenação é uma etapa comum de reação em muitas sínteses orgânicas. O gás de síntese, uma mistura de monóxido de carbono e de hidrogênio em várias proporções, pode ser usado na produção de combustíveis para meios de transporte pelo processo de Fischer-Tropsch [2].

Como pode ser visto a partir da figura, dióxido de carbono é um subproduto do processo de reforma a vapor. Grandes quantidades de dióxido de carbono são também geradas pela combustão dos combustíveis fósseis. No entanto, a maior parte desse dióxido de carbono geralmente é liberada na atmosfera. O dióxido de carbono é usado também para EOR, mas seu maior uso é na refrigeração. Outros usos significativos envolvem a carbonatação de bebidas, a manutenção de atmosfera inerte e a fabricação de produtos químicos [1].

2.5.5 Amônia

O processo de fabricação de amônia requer gases nitrogênio e hidrogênio altamente puros, que são produzidos por meio dos dois significativos processos de produção descritos previamente. A destilação criogênica de ar resulta no nitrogênio necessário para a síntese de amônia e o hidrogênio requerido é invariavelmente gerado pela reforma a vapor do metano (gás natural). Embora ambos os processos, por si próprios, representem uma marcante manifestação de desafios na Engenharia, o processo de síntese de amônia representa uma conquista da Engenharia Química. A equação para a reação em fase gasosa é simplesmente:

$$0,5\, N_2(g) + 1,5\, H_2(g) = NH_3(g) \qquad (2.3)$$

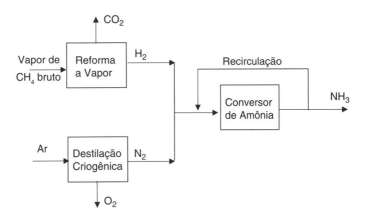

FIGURA 2.9 Fluxograma simplificado do processo de síntese de amônia.

Entretanto, a reação é reversível; isto é, o produto amônia tende a se decompor, voltando a nitrogênio e hidrogênio. A reação tem de ser feita em temperatura alta o suficiente para ter uma taxa de reação razoável. Contudo, aumentar a temperatura resulta em limitar a conversão dos reagentes ou a formação de amônia, uma vez que a reação reversa começa a se tornar mais favorável. Além disso, nitrogênio e hidrogênio irão reagir apenas lentamente na ausência de um catalisador, e muitos cientistas e engenheiros eminentes despenderam tempo, esforço e dinheiro consideráveis na investigação da reação até que um catalisador adequado – ferro com vários promotores – pudesse ser descoberto por Fritz Haber. Um avanço adicional de Engenharia foi feito por Carl Bosch [10]. Um diagrama simplificado de blocos do processo para a síntese de amônia é mostrado na Figura 2.9. Um ponto chave a se notar no processo é que os produtos gasosos que saem do conversor são recirculados para o reator depois da recuperação da amônia.

Como mencionado anteriormente, o uso dominante da amônia é o de obter fertilizantes: todo o N nos fertilizantes é derivado da amônia, desde o íon amônio a nitrato via ácido nítrico. A amônia, por meio do ácido nítrico, encontra aplicações em explosivos. É também usada na síntese de polímeros, via ureia em resinas de formaldeído ou via vários outros precursores em náilon.

2.5.6 Barrilha (Carbonato de Sódio)

Barrilha é um dos produtos químicos inorgânicos de maior volume, como pode ser visto na Tabela 2.4. O seu maior uso é na indústria de vidro, uma vez que 90 % de todo o vidro é soda-cal-sílica [1]. A barrilha, em razão de sua natureza alcalina, compete com a soda cáustica nas aplicações relacionadas a essa natureza alcalina. Isso envolve a fabricação de sabão/detergente e outros produtos químicos, assim como a indústria de papel e celulose. A barrilha, sendo um álcali mais brando que a soda cáustica, pode ser preferida em aplicações que não requerem condições fortemente alcalinas. A soda cáustica é preferida em processos que requerem um álcali mais forte e em processos em que a evolução de dióxido de carbono não puder ser tolerada ou for indesejável.

Historicamente, a barrilha foi produzida pelo *processo LeBlanc*, que foi substituído pelo processo amônia-soda ou *processo Solvay*. O processo Solvay é um exemplo refinado de aplicação dos princípios de Engenharia Química, com as principais reações sendo [1]:

$$2NH_4OH + 2CO_2 \rightarrow 2NH_4HCO_3 \tag{2.4}$$

$$2NH_4HCO_3 + 2NaCl \rightarrow 2NaHCO_3 + 2NH_4Cl \tag{2.5}$$

$$2NaHCO_3 \rightarrow Na_2CO_3 + CO_2 + H_2O \tag{2.6}$$

O dióxido de carbono necessário para a reação é obtido da decomposição do carbonato de cálcio. O óxido de cálcio formado na reação é hidratado para formar hidróxido de cálcio. Cloreto de amônio gerado na segunda reação, como mostrado pela equação 2.5, reage com o hidróxido de

32 Capítulo 2

cálcio, gerando a amônia necessária para a primeira reação. Assim, a amônia é completamente reciclada e não consumida no processo e a reação líquida é entre o cloreto de sódio e o carbonato de cálcio, como segue:

$$2NaCl + CaCO_3 \rightarrow Na_2CO_3 + CaCl_2 \qquad (2.7)$$

Apesar da qualidade refinada e do uso de matéria-prima barata, o processo Solvay é raramente utilizado nos Estados Unidos por causa das grandes reservas de sesquicarbonato de sódio ($Na_2CO_3 \cdot NaHCO_3 \cdot 2H_2O$) em Wyoming, que de imediato resultam em um material que dificilmente necessita de qualquer processamento para obter o produto. A solução de mineração dos depósitos, em que o material é dissolvido no subsolo *in situ* e a solução é bombeada para cima, reduziu significativamente o custo, tornando o processo Solvay antieconômico.

2.5.7 Etileno e Propileno

Como pode ser visto na Tabela 2.4, etileno é de longe o produto químico orgânico básico de maior volume produzido. Quase todo o etileno produzido no mundo é derivado do petróleo cru, com algum sendo obtido de gás natural. A destilação do petróleo cru resulta em um número de frações diferentes que variam de metano a asfalto e coque. Em geral, as frações, classificadas em função do aumento no número de carbonos, são gases de refinaria (alcanos C1-C4), gasolina, nafta, querosene, diesel, gasóleo, óleo combustível, lubrificantes, graxas, asfalto e coque [2]. Muito pouco da fração leve é etileno, que é produzido a partir de etano, propano, nafta e outros hidrocarbonetos por meio de um processo chamado de *craqueamento*. Craqueamento é um processo versátil em refinarias por meio do qual ligações moleculares em hidrocarbonetos são clivadas e rearranjadas para obter os produtos desejados. O craqueamento usando catalisadores, em geral em um leito fluidizado catalítico, é usualmente feito para obter gasolina [11]. Os alquenos mais leves, como etileno e propileno, são obtidos pelo craqueamento térmico (também chamado de *craqueamento a vapor*) na ausência de um catalisador a ~1600 °F [1]. O craqueamento a vapor de etano, propano, gás liquefeito de petróleo e nafta resulta em etileno. Propileno é também obtido no processo, exceto quando o material na entrada é o etano.

Quase todo o etileno produzido finalmente acaba em um polímero – diretamente em polietilenos de baixa e de alta densidades ou indiretamente em glicol e poliésteres, por meio do óxido de etileno, em PVC, pelo cloreto de vinila, ou em um número de produtos poliméricos, por meio do estireno. Da mesma forma, uma grande fração de propileno acaba como um polímero, tanto diretamente, como polipropileno, ou indiretamente por meio do óxido de propileno e acrilonitrila. Propileno é também convertido a intermediários, como cumeno e álcool isopropílico, que são processados depois em outros produtos químicos.

2.5.8 Benzeno, Tolueno e Xilenos

Tolueno não aparece na Tabela 2.4, mas é incluído aqui com a discussão de benzeno e xilenos, uma vez que os três estão presentes na fração aromática do petróleo refinado. A reforma catalítica da nafta, o processo usado para obter benzeno e xilenos, também resulta em tolueno. Embora, por meio da hidrodealquilação, uma grande porcentagem de tolueno seja convertida em benzeno, que é mais valioso, o tolueno é largamente usado como solvente orgânico e matéria-prima para trinitrotolueno, sendo também convertido a diisocianato de tolueno para sintetizar poliuretanas. Benzeno, combinado com etileno, forma etilbenzeno, que é desidrogenado a estireno e finalmente convertido em polímeros. A hidrogenação de benzeno resulta em ciclo-hexano, um solvente e um precursor para náilon 6 e náilon 66. Outros produtos químicos significativos, obtidos a partir do benzeno, incluem cumeno e anilina, que são convertidos depois a outros produtos químicos, inclusive polímeros. A fração de xileno consiste de meta (*m*-xileno), orto (*o*-xileno) e para (*p*-xileno), em ordem crescente de importância. *p*-Xileno é o material inicial para ácido tereftálico e tereftalato de dimetil. Tanto o ácido como o éster são convertidos em poliésteres, PET e PBT, que são aplicados em fibras, garrafas, componentes automotivos e muitos outros. Em geral, o *o*-xileno é convertido em anidrido ftálico, um intermediário para a síntese de plastificantes. A maior parte do *m*-xileno é usualmente convertida em outros dois isômeros.

Em adição a esses produtos químicos, vários outros produtos químicos de alto volume podem ser prontamente reconhecidos a partir de dados comerciais. Os livros *Indústrias de Processamento Químico*, de Shreve [2], e *Survey of Industrial Chemistry* [1] oferecem informações mais abrangentes acerca de um grande número de produtos químicos e devem ser as primeiras fontes a serem consultadas para tais finalidades.

2.6 Características das Indústrias Químicas

As plantas e processos nas indústrias de processamento químico possuem as seguintes características mais importantes:

- *Grande capacidade de produção*: As capacidades médias de produção de plantas voltadas para a fabricação de produtos químicos a granel, como ácido sulfúrico, amônia e etileno, podem facilmente alcançar milhares de toneladas por dia (tpd). A maior planta de ácido sulfúrico dos Estados Unidos tem uma capacidade de produzir 4500 toneladas de ácido por dia. Uma planta que produz 100 tpd de ácido sulfúrico é classificada como pequena. O tamanho médio de uma unidade de etileno é cerca de 2500 tpd. Muitos processos químicos se beneficiam da economia de escala; ou seja, os custos de capital e de operação não aumentam linearmente com a capacidade, fazendo com que unidades maiores sejam mais lucrativas do que unidades menores. O grande tamanho das unidades significa também que a indústria é altamente intensiva em capital [1].

- *Operação contínua*: Quase todas as plantas que fabricam produtos químicos operam em modo contínuo e em regime estacionário, em que as condições são invariantes em relação ao tempo. Produtos farmacêuticos e de química fina, produzidos em menores quantidades, são frequentemente produzidos em processos em batelada. Mesmo para essas plantas, embora a reação possa ser conduzida em um reator em batelada, o processamento subsequente pode ser executado em um modo contínuo.

- *Alta produtividade*: Uma consequência da operação contínua é o alto grau de automação nos processos químicos. Cada vez mais, as etapas de processamento são controladas e executadas por computadores, requerendo uma intervenção mínima do operador. A combinação da economia de escala e do alto grau de automação resultou em menores requerimentos de potência humana, aumentando por sua vez a produtividade dos funcionários quando medida pela métrica de volume de produção por empregado na planta.

- *Diversidade de produtos*: A indústria fabrica praticamente um número ilimitado de produtos com características amplamente variadas. Os produtos podem ser gasosos, líquidos ou sólidos; orgânicos ou inorgânicos; voláteis ou não voláteis; ácidos, básicos ou neutros; solúveis ou insolúveis em água; biodegradáveis ou persistentes; e muitas outras propriedades contrastantes. As aplicações mostram também extremos marcantes: de fertilizantes e drogas para salvar vidas a pesticidas e desfolhantes; de cosméticos a solventes que dissolvem metais e tintas, e assim por diante. As saídas de diferentes processos podem não compartilhar quaisquer características, mas os processos podem ser passíveis de análise e de projeto com base nos mesmos princípios fundamentais de Engenharia Química.

- *Consumo e integração de energia*: A indústria química é a maior consumidora de energia. O órgão norte-americano, *Energy Information Administration of the U.S. Department of Energy*, mantém dados exaustivos sobre todos os aspectos da energia nos Estados Unidos. De acordo com os dados de suas pesquisas sobre consumo de energia para manufatura (*Manufacturing Energy Consumption Surveys* – MECS), a indústria química considera 25 % a 30 % da energia consumida pelo setor de transformação. A maioria dos processos químicos apresenta muitas etapas que requerem entrada de energia (calor/eletricidade) e muitos que liberam energia térmica. Indústrias químicas procuram lidar com esses fluxos de energia efetivamente, integrando-os por entre as várias unidades.

As indústrias químicas diferem significativamente de outras indústrias de manufaturamento, em relação aos três seguintes aspectos:

- *Funcionalidade uniforme dos produtos no escalonamento e na divisão*: Os produtos de saída das indústrias químicas retêm suas características físicas e químicas depois da divisão física, até o nível molecular. Produtos de outras indústrias transformadoras perdem suas características e funcionalidades definidoras, se divididas em partes. Por exemplo, máquinas, motores, ferramentas e computadores deixam de ser produtos comerciais se divididos em partes. A corrente de produtos químicos pode ser dividida em muitas divisões ou escalonadas para tamanhos menores de qualquer nível, sem perder qualquer característica quando comparada à corrente original.

- *A continuidade verdadeira de operações*: Os processos contínuos nas indústrias químicas operam de uma maneira verdadeiramente contínua; isto é, com uma frequência infinita de formação de produtos ou sem interrupção na corrente de saída. Muitas outras indústrias transformadoras podem operar também continuamente 24 horas por dia, 365 dias do ano (exceto para manutenção). No entanto, a saída está invariavelmente na forma de objetos distintos que são produzidos na mesma frequência com um decurso de tempo entre as unidades de saída.

- *Uniformidade nas propriedades e usos dos produtos*: As características de um produto químico são essencialmente independentes do fabricante e do processo de fabricação. Por exemplo, o ácido acético produzido pela carbonilação do metanol é virtualmente indistinguível daquele produzido pela oxidação do etileno. Produzidos pela BP Chemicals ou Millennium Chemicals, suas propriedades e aplicações são praticamente idênticas. Produtos de outras indústrias de transformação retêm sua identidade (fabricante, modelo etc.) e diferem em grau muito maior em relação a diferentes fabricantes.

As indústrias químicas e afins são um mosaico de indústrias com produtos que não têm qualquer semelhança com outro e ainda dividem muitas características unificadoras. Com seu alcance global, a indústria química oferece uma oportunidade para um engenheiro em praticamente qualquer lugar do mundo. O Conselho Químico Americano (*American Chemical Council*, ACC, www.americanchemistry.com), uma associação de comércio de companhias engajadas no negócio de produtos químicos, estima que o negócio de química suporta 25 % do produto doméstico bruto dos Estados Unidos. A Figura 2.10 mostra o crescimento no negócio de produtos químicos ao longo dos últimos 6 anos, com sua contribuição em 2015 sendo 801 bilhões de dólares, refletindo uma taxa de crescimento médio anual de ~2,5 % desde 2010. De acordo com a ACC, cada emprego no setor químico gerou aproximadamente 6,3 outros empregos na economia [12].

Até mesmo a mais breve introdução a apenas algumas das dezenas de milhares de produtos químicos e processos químicos para fabricação deve deixar claro a larga variedade de desafios enfrentados por um engenheiro químico. A formação de um engenheiro químico tem de capacitá-lo para lidar com qualquer tipo de reação ou de separação e com qualquer produto químico

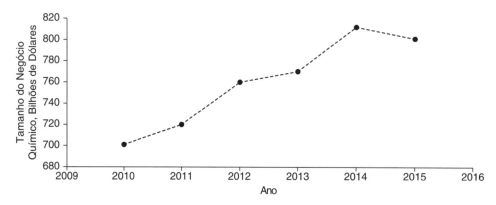

FIGURA 2.10 Crescimento do negócio químico de 2010 a 2015.

que contribua para a rentabilidade da empresa dentro das restrições legais, éticas e morais impostas pela sociedade. O modo como isso é executado pelos programas de Engenharia Química será descrito no próximo capítulo.

2.7 Resumo

Indústrias químicas e afins desempenham um papel importante na economia de uma nação e são o maior constituinte do setor de transformação. Embora a maior fração da produção da indústria química seja usada como matéria-prima para outras indústrias, a indústria também gera muitos produtos para consumidores, vitais para a sociedade. A natureza global da indústria química pode ser entendida a partir das maiores companhias químicas do mundo. As características distintivas da indústria química oferecem oportunidades desafiadoras para o profissional de Engenharia.

Referências

1. Chenier, P. J., *Survey of Industrial Chemistry*, Second Revised Edition, VCH, Weinheim, Germany, 1992.
2. Austin, G. T., *Shreve's Chemical Process Industries*, Fifth Edition, McGraw-Hill, New York, 1984.
3. Tullo, A. H., "C&EN's Global Top 50," *C&E News*, Vol. 94, No. 30, 2016, pp. 32–37.
4. Tullo, A. H., "Top 50 U.S. Chemical Producers," *C&E News*, Vol. 94, No. 19, 2016, pp. 16–19.
5. Office of Energy Efficiency and Renewable Energy (EERE), "Chemicals Industry Profile," http://energy.gov/eere/amo/chemicals-industry-profile, webpage accessed August 26, 2015.
6. Brueske, S., C. Kramer, and A. Fisher, "Bandwidth Study on Energy Use and Potential Energy Saving Opportunities in U.S. Chemical Manufacturing," Office of Energy Efficiency and Renewable Energy (EERE) Report, June 2015.
7. Emsley, J., *The Elements*, Third Edition, Oxford University Press, Oxford, England, U.K., 2000.
8. Stewart, P. J., "Abundance of the elements—A new look," *Education in Chemistry*, Vol. 50, No. 1, 2003, pp. 23–24.
9. Bhat, S. A., and J. Sadhukhan, "Process intensification aspects for steam methane reforming: An overview," *AIChE Journal*, Vol. 55, No. 2, 2009, pp. 408–422.
10. Ertl, G., "The Arduous Way to the Haber-Bosch Process," *ZAAC*, 2012, pp. 487–489.
11. Vogt, E. T. C., and B. M. Weckhuysen, "Fluid catalytic cracking: Recent development in the grand old lady of zeolite catalysis," *Chemical Society Reviews*, Vol. 44, 2015, pp. 7342–7370.
12. American Chemistry Council (ACC), *2015 Guide to the Business of Chemistry*, www.americanchemistry.com.

Problemas

2.1 Discuta o papel da indústria química na sociedade, focando os aspectos socioeconômicos.

2.2 Quais são alguns dos produtos químicos importantes categorizados como "outros produtos químicos" (seção 2.2.7)?

2.3 Aspirina é um dos produtos farmacêuticos mais importantes fabricados em grandes quantidades. Quais são as matérias-primas necessárias? Como o processo de fabricação da aspirina difere daquele do ácido sulfúrico?

2.4 Selecione quaisquer duas companhias daquelas listadas nas Tabelas 2.2 e 2.3. Quais são alguns dos produtos importantes produzidos por essas companhias? Esses produtos são intermediários ou finais para o consumidor?

2.5 Prepare sumários descrevendo o processo de fabricação e aplicações para os produtos químicos importantes, de alta produção, não explicitamente discutidos neste capítulo: hidróxido de cálcio, ácido fosfórico, ácido nítrico, metano, acetileno e butadieno.

2.6 O gás de síntese é uma *commodity* importante que é valiosa como combustível e como matéria-prima para sintetizar produtos químicos. Quais são algumas aplicações importantes do gás de síntese? Examine o processo de Fischer-Tropsch.

2.7 Quais são os produtos poliméricos importantes (diferentes das poliolefinas e poliésteres)? Quais são as matérias-primas (monômeros) para a síntese desses polímeros (poliamidas, poliuretanas etc.)? Que tipos de reações sofrem esses produtos?

36 Capítulo 2

2.8 Selecione quaisquer cinco produtos químicos importantes. Colete informações relacionadas aos maiores fabricantes, ao volume de produção, à tecnologia de fabricação, às capacidades típicas das plantas, aos usos e a qualquer outro aspecto para construir um banco de dados abrangente.

2.9 Discuta as similaridades e diferenças entre as indústrias químicas e outras indústrias transformadoras.

2.10 Como o consumo de energia no setor químico se compara com aquele do resto da economia? Que produtos químicos representam a maior parte da energia consumida?

CAPÍTULO 3

Fazendo um Engenheiro Químico

Somente quando comecei a estudar Engenharia Química na Faculdade de Agricultura em Oregon pude compreender que eu mesmo deveria descobrir alguma coisa nova sobre a natureza do mundo.

– Linus Pauling[1]

A evolução da profissão de Engenharia e o estabelecimento da Engenharia Química como um curso de Engenharia separado e distinto foram descritos no Capítulo 1, "A Profissão de Engenharia Química". A amplitude das opções de carreira para engenheiros químicos nas indústrias químicas e afins foi apresentada no Capítulo 2, "Indústrias Químicas e Afins". Transformar um indivíduo em um profissional produtivo em qualquer uma das indústrias químicas e afins descritas no capítulo anterior é um desafio significativo. Por incrível que pareça, as faculdades e as universidades engajadas na educação de Engenharia Química conseguem realizar essa tarefa desafiadora, convertendo ex-alunos do ensino médio em engenheiros químicos em apenas quatro anos. A fim de entender como isso é alcançado, vale a pena olhar primeiro um típico processo químico.

3.1 Uma Planta de Processo Químico: Síntese de Amônia

A síntese da amônia a partir de nitrogênio e hidrogênio é frequentemente o processo químico considerado o mais importante para a humanidade e legitimamente o é [1]. O nitrogênio elementar está envolvido em cada nível da função biológica de todos os organismos vivos. Apesar da reserva inesgotável de nitrogênio diatômico molecular na atmosfera, a maior limitação para o crescimento de seres vivos é a disponibilidade de nitrogênio elementar para os processos bioquímicos básicos em um ser vivo, uma vez que muitos poucos dos organismos vivos têm habilidade para fixar nitrogênio molecular. As bactérias pertencentes à família *Rhizobia* são os micro-organismos mais importantes capazes de fixar nitrogênio, convertendo-o em amônia nas condições ambientes. O crescimento da agricultura, e consequentemente do suprimento de alimentos, foi limitado no passado pela disponibilidade de tais bactérias para reabastecer o nitrogênio do solo usado pelas culturas. A síntese industrial da amônia permitiu à humanidade superar essa limitação, tornando possível alimentar e sustentar os bilhões de seres humanos que habitam a Terra [2].

Por um longo tempo, foi considerado impossível efetuar uma reação sintética entre nitrogênio e hidrogênio a uma taxa que tornasse o processo acessível para a exploração comercial. Várias eminentes personalidades, inclusive Ostwald[2] e Nernst[3], conduziram investigações detalhadas sem muito sucesso. Finalmente, Fritz Haber, um químico alemão, demonstrou em seu laboratório que era possível obter rendimentos razoáveis de amônia pelo uso de catalisador

---

[1] Amplamente considerado um dos grandes cientistas da História, Linus Pauling foi duplamente laureado com o Nobel de Química, em 1954, e da Paz, em 1962. Fonte da citação: Marinacci, B., *Linus Pauling in His Own Words*, Simon and Schuster, Nova York, 1995.

[2] Wilhelm Ostwald recebeu o Prêmio Nobel de Química em 1909, por contribuições nos campos da catálise, do equilíbrio e da cinética.

[3] Walther Nernst recebeu o Prêmio Nobel de Química em 1920, por contribuições nos campos da termodinâmica e da eletroquímica.

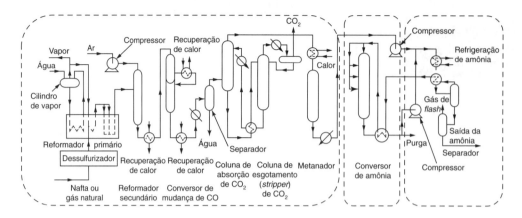

FIGURA 3.1 Planta do processo de síntese de amônia.
Fonte: Austin, G. F., *Shreve's Chemical Process Industries*, 5ª edição, McGraw-Hill, Nova York, 1984.

ferro-níquel [3]. Essa descoberta deu a Haber o Prêmio Nobel de Química em 1918.[4] A comercialização da reação para produção em massa de amônia foi completada com o envolvimento de Carl Bosch, levando ao processo Haber-Bosch, que é a base da produção de fertilizantes no mundo. Bosch foi agraciado com o Prêmio Nobel de Química em 1931 (juntamente com Friedrich Bergius) por seu trabalho pioneiro na química de alta pressão [4].

Um fluxograma simplificado[5] do processo de produção de amônia é mostrado na Figura 3.1 [5]. A mistura nitrogênio-hidrogênio é alimentada continuamente no conversor de amônia, que é um reator catalítico no qual ocorre a reação de síntese da amônia. A corrente do produto, que consiste em amônia e reagentes não reagidos, é continuamente retirada do reator. Essa corrente do produto que sai do reator não é útil nessa forma, pois os processos subsequentes baseados em amônia (produção de ácido nítrico e fertilizantes etc.) requerem amônia pura. Além disso, os reagentes não reagidos são também valiosos e necessitam ser recuperados. A seção de separações de produto realiza ambos os objetivos – gera o produto puro da amônia e recupera os reagentes não reagidos a fim de reciclá-los no reator.

Assim como os processos que utilizam amônia requerem amônia pura, a reação de síntese de amônia requer que os reagentes nitrogênio e hidrogênio sejam puros. Os processos mostrados a montante do conversor de amônia são requeridos apenas para essa finalidade. Nem nitrogênio e nem hidrogênio, embora abundantes, ocorrem naturalmente na forma pura. Nitrogênio está presente como uma espécie molecular, mas misturado com oxigênio no ar. Hidrogênio é encontrado inevitavelmente em uma forma abundante – em compostos com oxigênio e carbono. O processo predominante para a obtenção de hidrogênio é a reforma a vapor de hidrocarbonetos (principalmente metano). Essencialmente, ligações carbono-hidrogênio em hidrocarbonetos são clivadas pela formação de monóxido de carbono e depois de dióxido de carbono. A energia requerida no processo é obtida pela combustão do hidrocarboneto. O oxigênio necessário para a combustão é obtido do ar, cujo consumo gera nitrogênio. Separações adicionais são conduzidas para remover todos os outros componentes, gerando finalmente a corrente desejada de reagentes, que pode ser alimentada no conversor de amônia.

Os vários processos e operações conduzidos na planta de amônia podem ser agrupados em três blocos, conforme mostrado na figura: processamento da matéria-prima, reação da amônia e separação do produto. O conversor de amônia – o reator – é o coração do processo. No entanto, várias outras operações desempenham igualmente papéis vitais para tornar o processo

---

[4] Uma consequência não intencional e infeliz dessa habilidade de sintetizar amônia foi que a Alemanha foi capaz de sintetizar nitrato de amônio, necessário para explosivos e munição, um desenvolvimento que prolongou a Primeira Guerra Mundial (Max Perutz, *I Wish I Had Made You Angry Earlier, Essays on Science, Scientists and Humanity*, Cold Spring Harbor Laboratory Press, Cold Spring Harbor, Nova York, 2003).

[5] Um fluxograma é uma representação esquemática do processo, mostrando vários equipamentos usados no processo e as correntes de entrada e de saída de materiais nesses equipamentos.

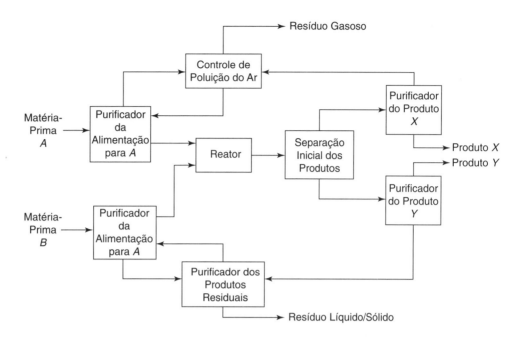

FIGURA 3.2 Diagrama de blocos generalizado de uma planta de um processo químico.

Fonte: Luyben, W. L., and L. A. Wenzel, *Chemical Process Analysis: Mass and Energy Balances*, Prentice Hall, Englewood Cliffs, Nova Jersey, 1988.

funcional. Como pode ser visto a partir desse fluxograma, o reator por si só é somente um pequeno componente do processo global. Essa observação relacionada à síntese de amônia pode ser estendida a praticamente qualquer planta de um processo químico. Um diagrama de blocos generalizado (em que qualquer etapa de processamento é representada por um bloco em lugar do símbolo representativo do equipamento) para um processo químico típico é mostrado na Figura 3.2 [6].

O processo é baseado na reação entre as espécies A e B para obter os produtos X e Y. A alimentação de material para a planta consiste em matérias-primas que contêm os reagentes A e B. Dependendo da composição da matéria-prima (em relação aos reagentes), haverá uma sequência de operações para a obtenção do nível aceitável de pureza na corrente de alimentação para o reator. Como visto da figura, em geral uma sequência separada de etapas de purificação processa cada corrente de matéria-prima, resultando em um reagente puro que é alimentado no reator. Os reagentes de pureza desejada são alimentados no reator e submetidos às condições apropriadas de processamento – temperatura, pressão, tempo de reação e assim por diante – para serem convertidos em produtos. Uma reação desejada é invariavelmente acompanhada por um número de reações colaterais. Além disso, alguma fração dos reagentes é quase sempre deixada nas reações. A corrente de saída do reator – a corrente de produto bruto – consiste nos produtos desejados, nos reagentes não convertidos e nos produtos resultantes das reações paralelas. Essa corrente de produto bruto é então submetida a outra sequência de operações para separar as correntes do produto. Se a corrente do produto bruto contiver quantidades significativas de reagentes não convertidos, esses podem ser separados e reciclados de volta para o estágio de reação. Correntes desprovidas de qualquer valor comercial são descartadas para o ambiente, depois de tratamento adequado para assegurar o cumprimento das relevantes regulamentações ambientais estabelecidas para a proteção da saúde humana e do meio ambiente.

Um indivíduo empregado como engenheiro químico em um processo como esse deve ser capaz de lidar com as responsabilidades associadas a cada etapa do processo. Deve ter conhecimento suficiente para enfrentar desafios de modo a assegurar um bom funcionamento da planta desde o início do processamento da matéria-prima até a formulação final do produto e descarte das correntes de resíduos. Essas funções e responsabilidades, baseadas nos vários aspectos técnicos de processamento de materiais, são descritas na seção seguinte.

40 Capítulo 3

3.2 Responsabilidades e Funções de um Engenheiro Químico

As responsabilidades e funções mais importantes de um engenheiro químico em uma planta de processo químico podem ser identificadas com base na discussão prévia:

- *Projeto e operação do reator*: O reator químico é a unidade-chave do processo em que as matérias-primas são convertidas nos produtos desejados. O sucesso do processo depende do funcionamento eficiente e econômico do reator. Um engenheiro químico deve ser capaz de obter as informações fundamentais acerca da taxa intrínseca de reação e sua dependência com os parâmetros do sistema. Com base nessas informações, o engenheiro deve especificar o tipo e o tamanho do reator que seria usado para conduzir a reação. Deve ser capaz de entender o efeito dos parâmetros de operação sobre a reação e de manipular as condições para obter a taxa de produção desejada e a composição e pureza desejadas do produto.

- *Projeto e operação de um equipamento de separação*: A maior parte das unidades em uma planta de processo visa à realização de separação física de componentes: obtenção de reagentes com a pureza desejada a partir de matérias-primas disponíveis; recuperação do produto desejado proveniente da corrente de produto que sai do reator; e remoção de poluentes a partir das correntes de resíduos antes de serem descartados no meio ambiente. Em geral, nenhuma reação química ou mudanças na espécie molecular ocorrem nas unidades de separação. Todavia, as separações reativas, nas quais as separações são afetadas pela incorporação de uma reação química no esquema de separação, não são incomuns. Um engenheiro químico deve ser capaz de quantificar a natureza de interações entre vários componentes de qualquer corrente, identificar a técnica de separação, obter dados termodinâmicos e cinéticos fundamentais e projetar os equipamentos para realizar qualquer separação necessária no processo. Deve ser capaz de manipular os parâmetros operacionais para obter a pureza desejada nas correntes separadas.

- *Projeto e operação de equipamentos de transferência de massa e de energia*: Até mesmo um olhar superficial em uma planta química revelará uma série de unidades interconectadas com uma rede impressionante de tubos. Essa rede é necessária para transferir grandes quantidades de material pelas várias etapas de processamento. Um engenheiro químico deve ser capaz de projetar e operar um sistema eficiente de execução dessas transferências. Esse sistema irá incluir normalmente bombas, compressores e tubulação para a transferência de fluidos – gases e líquidos. As transferências de materiais sólidos podem ser efetuadas dissolvendo-os ou suspendendo-os em líquidos apropriados e bombeando as soluções ou lamas. Os sólidos podem também ser transportados pneumaticamente, com o uso de gases ou esteiras transportadoras. Plantas de processos químicos envolvem também a transferência de grandes quantidades de energia exigidas nas separações e na condução de reações. Um engenheiro químico deve também ser capaz de projetar sistemas de transferência de energia para as correntes e das correntes de processo, a fim de atingir e manter as unidades de processos em suas temperaturas de projeto desejadas. Como mencionado no Capítulo 2, o setor químico é um dos setores da economia que mais consome energia. A maioria dos processos químicos faz uso intensivo de energia, cujo custo o engenheiro químico precisa reduzir projetando e operando apropriadamente os equipamentos de transferência de energia.

- *Controle do processo*: Todas as etapas em um processo químico – tanto as separações físicas como as reações químicas – são geralmente projetadas para ocorrer em condições específicas. Desvios dessas condições operacionais de projeto resultam inevitavelmente na formação de produtos fora de qualidade ou em separações incompletas de componentes. A manutenção das condições da planta de processo (pressão, temperatura, taxas de escoamento, concentrações etc.) em seus pontos de ajuste (*setpoints*) é absolutamente crítica para cumprir com as especificações de qualidade do produto e atingir uma operação eficiente da planta. Um engenheiro químico precisa ser capaz de projetar e ajustar o sistema de controle para assegurar que o processo opere conforme projetado e que ações corretivas sejam tomadas para neutralizar quaisquer perturbações no âmbito das unidades de processamento. Essas ações corretivas devem permitir que a unidade de processamento retorne ao seu *setpoint* em um razoável espaço de tempo, de modo que as perturbações não se propaguem por toda a planta.

Cada processo químico é único com respeito às espécies envolvidas, às reações e às separações; contudo, a análise de cada etapa está baseada na unificação dos princípios científicos e de Engenharia. A formação de um engenheiro químico não envolve ensinamentos específicos de um determinado processo, mas sim a transmissão do conhecimento desses princípios e conceitos de unificação que podem ser aplicados a qualquer processo. O currículo que realiza esse objetivo educacional é descrito na próxima seção.

3.3 Currículo de Engenharia Química

Os componentes essenciais de um currículo de Engenharia Química são apresentados nas seções que se seguem. Os cursos correspondentes a cada uma das quatro responsabilidades são descritos em primeiro lugar, seguidos da descrição da ciência da Engenharia, de cursos especializados nos fundamentos da Engenharia Química e cursos básicos de Ciências e Matemática, que servem como base para a formação de Engenharia. O papel e a contribuição dos cursos gerais de formação são igualmente descritos.

3.3.1 Disciplinas Avançadas de Engenharia Química

As disciplinas avançadas de Engenharia Química são normalmente ensinadas no terceiro e quarto anos do curso. Os estudantes são expostos aos conceitos básicos de projeto de reatores, processos de separação e de transporte e controle de processos. Além dessas disciplinas, os estudantes geralmente cursam várias disciplinas técnicas eletivas com base em seus interesses. Uma disciplina de projeto de final de curso, em que se exige dos estudantes que sintetizem os conceitos de todas as disciplinas, é um requisito essencial para todos os cursos de Engenharia Química.

3.3.1.1 Engenharia das Reações Químicas

A disciplina listada, mais frequentemente chamada de *Engenharia das Reações Químicas* ou *Cinética das Reações Químicas*, explica e ensina o projeto de reatores químicos. A essência do problema de projeto é explicada simplesmente como segue: *Deseja-se produzir certa quantidade de um produto químico determinada pela demanda do mercado. Pede-se ao engenheiro que especifique o tamanho do reator e as condições operacionais para a produção do produto químico na taxa desejada.*

Com a finalidade de resolver esse problema de projeto, o engenheiro necessita entender os fatores que governam a *taxa de reação*, que, em geral, é definida em termos da quantidade que reage por unidade de tempo e por unidade de medida do tamanho do reator. A *cinética intrínseca* da reação é dependente das concentrações de espécies envolvidas na reação, assim como da temperatura. Os fatores adicionais que desempenham um papel na determinação da taxa real e da taxa observada no reator podem incluir a taxa e o padrão de escoamento, a velocidade de agitação e assim por diante.

A disciplina de reator e engenharia de reações ensina aos estudantes os conceitos e as técnicas fundamentais relacionadas ao projeto de reatores. O resultado desejado da disciplina é a competência, da parte do estudante, de projetar e analisar reatores químicos para os diferentes tipos de reatores empregados nos processos químicos. A seguir estão alguns dos principais conceitos dados na disciplina:

- *Determinação da cinética intrínseca*: O estudante aprende a quantificar a taxa de reação e os fatores que determinam essa taxa. Os parâmetros na expressão de taxa (equação que representa a relação entre a taxa e os fatores que a afetam) precisam ser determinados experimentalmente, e o estudante aprende a conduzir experimentos no laboratório para essa finalidade, assim como a analisar e a interpretar os dados obtidos.

- *Projeto de reatores*: Os tipos de reatores usados na indústria química podem ser categorizados com base em uma série de critérios diferentes: se são operados em modo batelada, no qual as condições variam com o tempo, ou em modo contínuo, em que as condições são invariantes e o sistema encontra-se em estado estacionário; se os reatores operam em condições isotérmicas (de temperatura constante) ou heterotérmicas (com a temperatura variando com relação ao tempo e à posição no interior do reator); se a reação é homogênea (única fase) ou heterogênea (duas ou mais fases); e assim por diante. A Figura 3.3 mostra o esboço esquemático de reatores em batelada e contínuos usados na indústria química [7]. As caraterísticas operacionais de reatores em batelada e contínuos são qualitativa e quantitativamente diferentes. O projeto de reatores em batelada envolve a determinação do tamanho e do tempo da batelada, enquanto o projeto de reatores contínuos envolve a determinação do tamanho do reator e do tempo de residência. Os reatores contínuos são ainda classificados de acordo com o padrão de escoamento. As equações de projeto para os reatores com escoamento misturado (conteúdos bem misturados) são diferentes de reatores com escoamentos segregados (conteúdos não intermisturados). Um grande número de reações industriais está relacionado com reações heterogêneas fluido-sólido, sendo o sólido um catalisador. Diversas outras reações que envolvem uma fase sólida são não catalíticas; isto é, o sólido participa na reação. Cada um desses casos requer uma abordagem distinta para o projeto de reator que o estudante de Engenharia Química precisa entender e dominar.

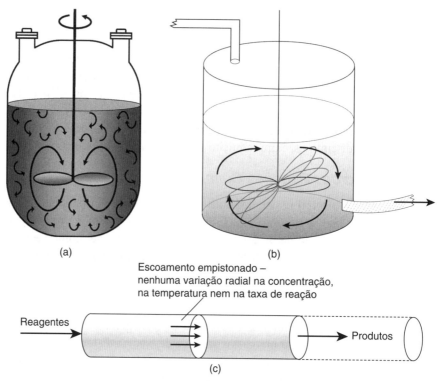

FIGURA 3.3 Reatores em batelada e contínuo – (a) reator em batelada, (b) reator contínuo de tanque agitado, (c) reator tubular de escoamento empistonado (*plug flow*).
Fonte: Fogler, F. S., *Elementos de Engenharia das Reações Químicas*, 4ª edição, LTC, Rio de Janeiro, 2009.

- *Análise das características de escoamento:* O reator com escoamento misturado e o reator com escoamento segregado representam reatores ideais de escoamento. O padrão real de escoamento em reatores operacionais não obedece frequentemente ao padrão idealizado de escoamento. O estudante tem de aprender a modelar o padrão de escoamento e a desenvolver técnicas analíticas para identificar o desvio da idealidade para prever acuradamente a extensão da reação e implementar as medidas corretivas.

Os conceitos generalizados aprendidos nessa disciplina capacitam o engenheiro químico a aplicar o conhecimento em todos os sistemas de reatores, passando de uma única reação homogênea a reações múltiplas em sistemas complexos, como reações mediadas por enzimas de substâncias complexas em sistemas biológicos.

3.3.1.2 Processos de Separação

Chamada variadamente de *Operações Unitárias* ou *Operações de Transferência de Massa*, a disciplina de *Processos de Separação* trata das separações físicas de componentes, e é tão importante para um estudante de Engenharia Química como a disciplina de projeto de reatores. Essa disciplina ensina os estudantes a solucionarem uma série de desafios de separação:

- Separação de componentes provenientes da matéria-prima de modo a obter uma alimentação no reator com a pureza desejada
- Remoção de contaminantes indesejáveis provenientes da corrente de produto bruto, de modo que as especificações requeridas do produto sejam atendidas
- Recuperação de componentes valiosos provenientes da corrente de resíduo antes de a corrente ser descartada no meio ambiente

O estudante, depois dessa disciplina (ou disciplinas) sobre separações, será capaz de tomar uma decisão relativa ao tipo de processo de separação e projeto de equipamentos para realizar a separação desejada. A seguir, têm-se as técnicas de separação mais comuns empregadas na indústria química:

- *Destilação*: Destilação é a técnica mais comum utilizada pela indústria química para separar componentes miscíveis que existem na fase líquida sob certas condições. A destilação está baseada em diferentes volatilidades (facilidade de vaporização) dos componentes da mistura. Por exemplo, uma coluna de destilação usada no refino de petróleo permite-nos separar gasolina de diesel (e combustível de aviação e outros componentes). Da mesma forma, a separação etanol-água pode ser afetada pela destilação. A Figura 3.4 mostra um esquema geral de uma coluna de destilação [8].

A alimentação F da coluna é separada em destilado D e base B. A energia necessária para a separação é fornecida pelo refervedor na base da coluna para gerar uma corrente de vapor. Essa corrente de vapor é contatada com uma corrente líquida que escoa de forma descendente ao longo da coluna. Um condensador localizado no topo da coluna condensa o vapor no topo, retornando parte do líquido condensado para a coluna. O produto destilado no topo é preferencialmente enriquecido nos componentes mais voláteis da alimentação, enquanto o produto de fundo é enriquecido nos componentes menos voláteis. A Figura 3.5 mostra um sistema de três colunas de destilação, usadas para a recuperação de solvente em uma planta de produtos químicos.

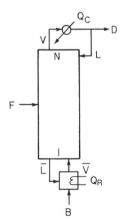

FIGURA 3.4 Esquema de uma coluna de destilação.
Fonte: Wankat, P. C., *Separation Process Engineering*, 3ª edição, Prentice Hall, Upper Saddle River, Nova Jersey, 2012.

FIGURA 3.5 Planta química com três colunas de destilação.
Fonte: Wankat, P. C., *Separation Process Engineering*, 3ª edição, Prentice Hall, Upper Saddle River, Nova Jersey, 2012.

- *Absorção/Esgotamento de Gás*: As operações de absorção e de esgotamento envolvem a transferência de um componente de uma fase para outra. A remoção de um gás contaminante (como o H_2S ou óxidos sulfurosos) de uma corrente gasosa (antes de expelir a corrente para a atmosfera), por sua absorção em uma solução alcalina, é um exemplo de absorção gasosa. O esgotamento (*stripping*) é o oposto da absorção, em que um gás dissolvido é retirado de um líquido. Essas operações baseiam-se na manipulação da afinidade do componente-alvo de uma fase para a outra. A Figura 3.6 mostra um esquema de um sistema absorção-esgotamento.

O gás a ser tratado para a remoção de um componente é alimentado na base da coluna de absorção, na qual entra em contato com um solvente que dissolve preferencialmente o componente. O solvente necessário para a absorção é regenerado na coluna de esgotamento, em que o solvente que sai da coluna de absorção, que é enriquecido no componente, entra em contato

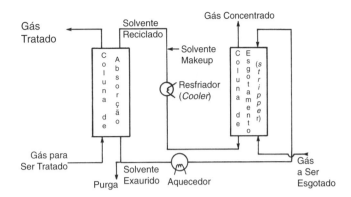

FIGURA 3.6 Sistema absorção-esgotamento.
Fonte: Wankat, P. C., *Separation Process Engineering*, 3ª edição, Prentice Hall, Upper Saddle River, Nova Jersey, 2012.

com o gás a ser esgotado. A coluna de esgotamento opera em uma temperatura mais alta. Consequentemente, o componente dissolvido no solvente é transferido para a fase gasosa.

- *Extração líquido-líquido*: Uma corrente líquida é frequentemente purificada pela transferência da impureza para outra corrente líquida que é imiscível com a corrente de alimentação. Assim como com absorção/esgotamento, a manipulação das condições operacionais permite ao engenheiro modificar a afinidade do componente de interesse. Em geral, mas nem sempre, uma corrente líquida é aquosa, enquanto a outra é orgânica. A Figura 3.7 mostra um esquema conceitual da separação por meio da extração líquido-líquido que usa dois dispositivos diferentes de contato.

  Na unidade misturador-decantador, mostrada à esquerda, as duas fases imiscíveis são agitadas em conjunto para promover a mistura e a transferência do componente de interesse. As duas fases são separadas na unidade de decantação sob a influência da gravidade, graças à vantagem das diferenças de densidade. As fases leve e pesada são removidas de localizações diferentes na unidade de decantação. A mistura de fases e a transferência resultante do componente são realizadas com a promoção de uma superfície de contato por meio de um recheio ou de estágios em uma coluna pulsada. A pulsação da coluna resulta na regeneração da superfície, promovendo a transferência do componente. As fases são separadas, conforme mostrado na figura.

- *Adsorção*: Um componente é removido da fase fluida (gás ou líquido) pelo contato do fluido com um sólido. O componente é preferencialmente sorvido para a superfície do sólido e essencialmente removido do líquido. O princípio do ciclo de adsorção com modulação de pressão, usado para retirar uma impureza contaminando um gás, é mostrado na Figura 3.8.

  O gás que contém a impureza é colocado em contato com o adsorvente em uma coluna a alta pressão. O adsorvente sorve preferencialmente a impureza removendo-a do gás, que é coletado no produto gasoso a altas pressões (P_H). A coluna de adsorção opera em um modo batelada; ou seja, o adsorvente se torna progressivamente saturado pela impureza, perdendo a capacidade de

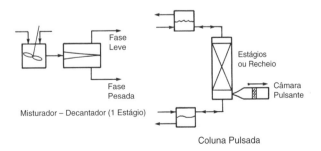

FIGURA 3.7 Extração líquido-líquido.
Fonte: Wankat, P. C., S*eparation Process Engineering*, 3ª edição, Prentice Hall, Upper Saddle River, Nova Jersey, 2012.

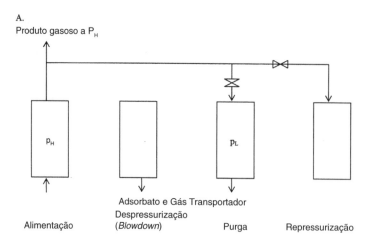

FIGURA 3.8 Princípio da adsorção com modulação de pressão.
Fonte: Wankat, P. C., *Separation Process Engineering*, 3ª edição, Prentice Hall, Upper Saddle River, Nova Jersey, 2012.

limpar o gás. Nesse ponto, o escoamento do gás de alimentação é interrompido e a pressão da coluna é reduzida. O terceiro estágio consiste em purgar a coluna nessa pressão baixa (P_L), em que a impureza coletada pelo adsorvente é dessorvida ou removida, regenerando a capacidade da coluna. O último estágio é a repressurização da coluna para alta pressão de modo a repetir o ciclo.

- *Evaporação e secagem*: Uma corrente diluída em relação ao soluto está frequentemente sujeita à evaporação para concentração. Por exemplo, uma solução cáustica diluída é o primeiro produto na fabricação de soda cáustica (NaOH). Progressivamente, soluções concentradas (50 %, 70 % etc.) são obtidas por evaporação. A secagem envolve a continuação dessa remoção de solvente até o limite extremo, deixando para trás somente o soluto puro. O solvente pode ser aquoso (como na maioria dessas operações) ou orgânico. Essas operações consumem quantidades significativas de energia e um evaporador ou um secador projetado impropriamente pode impactar contrariamente à economia da planta.

- *Separações por membranas*: A Figura 3.9 ilustra o princípio de separações usando membranas. As membranas são barreiras semipermeáveis entre duas fases, e a separação de uma mistura é baseada na transferência preferencial de um ou mais componentes por essa barreira.

  O esquema à esquerda mostra uma unidade em escoamento cruzado, em que o componente que se transfere pela membrana é varrido do sistema por meio de um gás de transporte. Os componentes que não se difundem pela membrana saem da unidade como retentado. O esquema à direita na Figura 3.9 mostra uma unidade com membranas de fibras ocas, em que o permeado se difunde nas paredes dos tubos a partir da corrente de retentado-alimentação que escoa no interior dos tubos. Aplicações importantes de separações com membranas incluem a separação nitrogênio-oxigênio e a dessalinização.

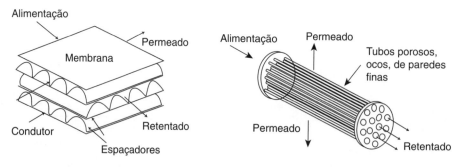

FIGURA 3.9 Separação usando membranas.
Fonte: Wankat, P. C., *Separation Process Engineering*, 3ª edição, Prentice Hall, Upper Saddle River, Nova Jersey, 2012.

Vários outros processos importantes de separação – troca iônica, separações eletroquímicas, cristalização e assim por diante – são também estudados nessa disciplina. Os conceitos generalizados cobertos pela disciplina fornecem a base para um engenheiro químico projetar e operar um esquema de separação para todas as misturas.

3.3.1.3 Fenômenos de Transporte

Quase todos os currículos de Engenharia Química apresentam uma sequência de duas (se o sistema for semestral) ou três (se o sistema for trimestral) disciplinas com o termo *transporte* no nome da disciplina. Essas disciplinas são normalmente oferecidas no terceiro ano do programa e denominam-se *Processos de Transporte e de Taxa* na Universidade de Idaho. *Fenômenos de Transporte* é um nome comum usado em muitas outras instituições. Os três fenômenos de transporte cobertos nessas disciplinas são transporte de momento, transporte de energia e transporte de massa [9].

Essas disciplinas estabelecem a base teórica para o entendimento dos processos que ocorrem em sistemas químicos. Todos os processos, quer envolvam um simples escoamento de fluido, a transferência de calor ou um componente, ocorrem no nível molecular. O mecanismo de transferência das quantidades envolvidas – momento, calor e massa – são análogos entre si. A análise teórica e os resultados quantitativos obtidos a partir do exame dos processos de nível molecular para transferência de momento podem ser estendidos e aplicados aos outros dois fenômenos de transporte.

Em geral, essas disciplinas começam com a descrição matemática dos fenômenos associados com o escoamento de fluidos. A similaridade entre o comportamento de fluidos e a transferência de energia/massa é usada para estender o modelo matemático de transporte de momento para transporte de energia e de massa. Essa análise quantitativa fornece a chave para entender os fatores que governam a taxa de transferência de quantidades de interesse.

Os tópicos cobertos em transporte de momento incluem uma descrição fundamental de viscosidade e de forças cisalhantes em um fluido, a quantificação de turbulência e de perdas friccionais e os balanços de energia em sistemas fluidos. Os processos que ocorrem na fronteira de um fluido são examinados de um ponto de vista microscópico ou molecular. Os transportes de energia e de massa baseiam-se nesses conceitos para vincular a transferência de calor e de massa aos processos moleculares nos fluidos. A Figura 3.10 fornece uma visão geral dos tópicos de fenômenos de transporte e alguns conceitos importantes.

O comportamento do sistema em nível macroscópico pode sempre estar ligado a parâmetros mensuráveis, tais como temperatura, taxa de escoamento e assim por diante, por meio do procedimento de tentativa e erro. As relações empíricas obtidas por meio desse exercício têm utilidade e validade limitadas para situações específicas. O estudo de fenômenos de transporte que ocorrem em nível microscópico fornece uma base teórica para explicar o comportamento de um sistema em nível macroscópico. Relações entre quantidades observadas e parâmetros de sistema, desenvolvidas com base nessa análise teórica, são cientificamente válidas, e têm aplicabilidade geral

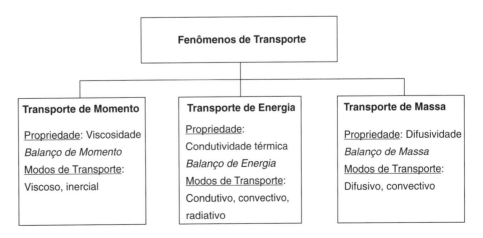

FIGURA 3.10 Visão geral dos fenômenos de transporte.

em outros sistemas. As disciplinas de fenômenos de transporte equipam assim um estudante com o conhecimento para analisar qualquer situação baseada em ciência sólida. Esse conhecimento concede uma habilidade para prever com exatidão a resposta de um sistema a mudanças de parâmetros operacionais e consequentemente uma habilidade para aumentar a eficiência de operações, quer se trate de separações, transferência de calor, ou simplesmente escoamento de materiais. As ferramentas quantitativas adquiridas pelo estudante são usadas no projeto de equipamentos para transferência de calor, para escoamento de fluidos e de separação.

3.3.1.4 Controle de Processos

A maior parte das plantas de processo operam em modo contínuo e em estado estacionário. Manter as condições de uma planta em valores especificados de projeto é essencial para que se possa atender às especificações dos produtos. Ao mesmo tempo, nenhuma etapa de processamento está imune de perturbações experimentadas por causa de variações na qualidade das correntes de matéria-prima, mau funcionamento de unidades (falha na bomba, falta de energia elétrica etc.), flutuações na taxa de escoamento na entrada e muitos outros fatores. Um engenheiro químico precisa entender o impacto de tais perturbações sobre a saída do processo e ser capaz de imaginar e implementar medidas corretivas para controlar o processo no âmbito da tolerância aceita pelo *setpoint* (ponto de ajuste) do processo. A disciplina sobre controle de processos tem como objetivo equipar o estudante com o conhecimento dos princípios e das técnicas de controle de processos.

Controlar um processo requer compreender o comportamento estímulo-resposta da unidade desse mesmo processo. Controlar o processo requer a modificação dessa função de transferência pela adição de um elemento de controle ao processo. O estudante aprende a desenvolver *funções de transferência* – descrições quantitativas da variação na saída de um processo em função de uma variação nas condições de entrada – para a unidade de processo. O elemento de controle capacita o operador da planta a *manipular* uma variável para mantê-la *controlada* no ponto desejado de operação. Esse princípio de controle de processo é explicado qualitativamente no exemplo a seguir.

Considere um tanque de retenção com entrada e saída contínuas de uma corrente líquida. Deseja-se controlar o nível de líquido no tanque por um valor estabelecido. Está claro que qualquer variação na taxa da corrente de entrada, se não controlada, provocará variações no nível do líquido. Quando o escoamento de entrada aumenta, a estratégia de controle deve resultar em um maior escoamento na saída. O oposto tem de ocorrer quando o escoamento na entrada diminui. Isso pode ser feito pela instalação de uma válvula na linha de saída que pode ser aberta ou fechada com base nas perturbações. O nível no tanque é a variável *controlada*, o nível desejado é o *setpoint* e o escoamento na saída (mais exatamente, a posição da válvula) é a variável *manipulada*. O esquema de controle é mostrado na Figura 3.11 [10].

A função de transferência para o processo descrever a relação entre a variável controlada e a alimentação (escoamento na entrada) é desenvolvida, e a variação desejada na variável manipulada é quantificada com base nessa função de transferência. O processo é monitorado pela realização de certas medidas. A variável *medida* pode ou não ser idêntica à variável controlada. Nesse caso, o

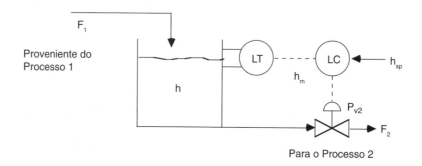

FIGURA 3.11 Controle do nível de líquido em um tanque de processo.
Fonte: Bequette, B. W., *Process Control: Modeling, Design and Simulation*, Prentice Hall, Upper Saddle River, Nova Jersey, 2003.

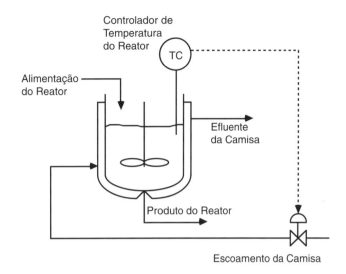

FIGURA 3.12 Controle de temperatura para um reator.
Fonte: Bequette, B. W., *Process Control: Modeling, Design and Simulation*, Prentice Hall, Upper Saddle River, Nova Jersey, 2003.

nível de líquido ou a taxa de escoamento na entrada pode servir como a variável medida. Pode ser visto que várias estratégias alternativas são possíveis para controlar o nível de líquido. Talvez seja possível manipular a taxa de escoamento com a instalação de uma válvula de controle na linha de entrada, com a instalação de um retentor de transbordamento ou pela adição de uma corrente de composição ao sistema. A unidade de processo a montante do tanque de retenção pode requerer um escoamento definido para operar e, neste caso, a taxa de escoamento na saída não pode ser uma variável manipulada. Assim, é necessário planejar uma estratégia alternativa. Temperatura, pressão e concentração estão entre as outras variáveis frequentemente controladas em processos químicos. A Figura 3.12 mostra um esquema de controle para manter a temperatura de um reator no *setpoint* desejado, por meio da manipulação da taxa de escoamento do meio de transferência de calor na camisa do reator.

Em todos os casos, a abordagem do controle do processo é a mesma: desenvolver a função de transferência para quantificar as relações e planejar um algoritmo que mude a variável manipulada a fim de contrabalançar a perturbação. Controlar processos em batelada envolve uma complexidade adicional de dependência com o tempo. Aqui, o *setpoint* (o valor desejado da variável de controle) pode variar com o tempo, diferentemente dos processos contínuos. Apesar dessa complicação, um algoritmo de controle e a estratégia de controle podem ser desenvolvidos ao longo das mesmas linhas.

3.3.1.5 Disciplinas Eletivas

Além das disciplinas essenciais, um estudante de Engenharia Química terá, em geral, de três a cinco disciplinas técnicas de Engenharia Química e de áreas relacionadas como disciplinas eletivas. As ofertas de disciplinas variam entre as instituições, dependendo da especialidade e dos interesses do corpo docente. Disciplinas relacionadas com Materiais, como disciplinas em corrosão, engenharia de polímeros e materiais cerâmicos, são comuns se o programa de Engenharia Química estiver diretamente alinhado com a Ciência e a engenharia de materiais. Vários departamentos de Engenharia Química têm experiência em áreas relativas à Biologia, e as eletivas disponíveis são engenharia bioquímica, bioenergia e disciplinas biomédicas. Os estudantes podem também ter como eletivas disciplinas relevantes para a engenharia do meio ambiente, engenharia de petróleo, semicondutores e engenharia nuclear.

As atividades de Engenharia relacionadas com a área biológica ou com as ciências da vida têm crescido de modo exponencial recentemente, como visto no gráfico de graduados em Engenharia do Capítulo 1. Um grande número de departamentos de Engenharia Química tem respondido a

50 Capítulo 3

essa tendência, incorporando disciplinas relevantes a seus programas. Muitos currículos exigem um curso de bioengenharia oferecido no departamento ou disciplina de Biologia, Microbiologia, Biologia molecular ou Bioquímica proveniente de outros departamentos e programas, enquanto vários outros sugerem tal disciplina com veemência. Esta tendência reflete-se tanto nos nomes de muitos departamentos de Engenharia Química nos Estados Unidos, que são chamados agora de *departamentos de Engenharia Química e Bioquímica* (ou variação disso), como na ênfase dada a aspectos da ciência da vida da Engenharia Química, segundo a definição do Instituto Americano de Engenheiros Químicos (AIChE), expressa no Capítulo 1.

3.3.1.6 Projeto de Processo

Como já mencionado, um projeto de final de curso no último ano do programa completa a educação formal de um engenheiro químico. Isso é feito na Universidade de Idaho ao longo de uma sequência de cursos em dois semestres denominados *Análise e Projeto de Processos I* e *II*. Normalmente, um estudante recebe um projeto abrangente que requer a aplicação de conceitos aprendidos em outras disciplinas bem como a apresentação de uma solução detalhada. O estudante invariavelmente é solicitado a submeter um documento técnico e fazer uma apresentação para a turma, para a faculdade ou para uma audiência mais ampla. O projeto pode ser uma atribuição individual ou em grupo e pode envolver a construção de protótipos de trabalho e a realização de experimentos de demonstração. O escopo do projeto pode ser tão amplo quanto projetar uma planta completa para a produção de um produto químico, ou pode ser muito específico e focado, como a remoção de um contaminante particular de uma corrente específica de efluente.

Os estudantes aprendem normalmente os fundamentos de projeto de processo e a economia da planta na parte inicial da disciplina, no começo do último ano. A estimação do custo de unidades de processo, responsável pelos custos de capital e de operação, o fluxo de caixa e a análise de investimento e de retorno são alguns dos tópicos cobertos nessa disciplina [11]. Os estudantes aprendem as técnicas para atribuir valor econômico às atividades de Engenharia. Os estudantes podem também adquirir experiência trabalhando com programas computacionais comerciais de simulação de processos usados pelas indústrias. A disciplina de projeto é, portanto, a etapa final na preparação de um estudante para a carreira de Engenharia Química. É usual para uma indústria privada ou para um setor público, que emprega engenheiros, concordar em fornecer problemas reais de Engenharia relativos aos seus negócios como problemas seniores de projeto a grupos de estudantes. Tais entidades podem participar do projeto de processo por meio de financiamento ou orientação conforme o caso. Tais problemas do mundo real são com frequência particularmente benéficos ao processo de aprendizagem.

Os estudantes matriculados nessas disciplinas avançadas devem ter a preparação acadêmica necessária, o que é alcançado por meio das disciplinas fundamentais da Engenharia Química e da Ciência de Engenharia.

3.3.2 Disciplinas de Fundamentos de Engenharia Química

A base para as disciplinas avançadas de Engenharia Química reside nos segundo e terceiro anos do programa por intermédio de duas disciplinas fundamentais de Engenharia Química: *Balanço de Massa e de Energia* e *Termodinâmica para Engenharia Química*. Ambas as disciplinas são descritas nas seções a seguir.

3.3.2.1 Balanço de Massa e de Energia

Programada para o segundo ano do programa, essa disciplina é possivelmente a mais importante no currículo de Engenharia Química. O título da disciplina é geralmente Balanço de Massa e de Energia, podendo algumas vezes ser *Princípios de Engenharia Química*, *Introdução a Processos Químicos* ou alguma variação disso. Simplificando, a disciplina visa a ensinar aos estudantes as técnicas para conduzir as auditorias materiais e de energia no processo. O balanço de massa envolve considerar as quantidades de materiais que escoam para dentro e para fora de uma unidade do processo, de uma sequência de unidades e de toda a planta. O balanço de energia é, similarmente,

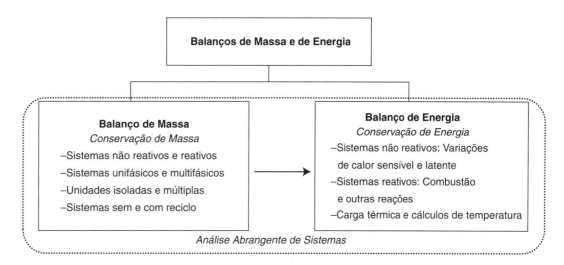

FIGURA 3.13 Visão geral da disciplina de Balanço de Massa e de Energia.

a quantificação de taxas de energia na entrada e na saída do sistema para a qual a análise é conduzida. Em essência, a disciplina ensina aos estudantes como aplicar os princípios de *conservação de massa* e de *conservação de energia* nas unidades em processos químicos. Essas unidades podem envolver sistemas reacionais ou não reacionais, assim como sistemas unifásicos e multifásicos. A Figura 3.13 apresenta uma visão geral da disciplina.

Em geral, a disciplina começa com o conceito de balanços de massa, e a aplicação desse conceito a uma única etapa em um sistema simples e não reacional. Tópicos subsequentes incluem combinações complexas de unidades não reacionais, uma única unidade envolvendo reações, uma combinação de unidades reacionais e não reacionais, efeitos de energia sem envolver reação e efeitos de energia em sistemas reacionais [12].

Um estudante, depois de completar com sucesso a disciplina, deve ser capaz de determinar acuradamente a massa, o volume, a temperatura e a composição de cada corrente de material que escoa para dentro e para fora de uma unidade de processo. O processo que ocorre no âmbito da unidade pode ser uma simples mistura, uma separação física ou uma reação complexa. As correntes de processo podem ser sólidas, líquidas, gasosas ou qualquer combinação dessas correntes. Do mesmo modo, o estudante deve ser capaz de determinar com exatidão as taxas de energia na entrada e na saída das unidades.

Quantificar as correntes de massa e de energia conectadas a uma unidade de processo é um pré-requisito para projetar essa unidade. Os princípios do projeto e as técnicas são ensinados nas disciplinas avançadas de Engenharia Química previamente descritas. É claro que, a menos que o estudante adquira competência em resolver os balanços de massa e energia, não estará em posição de aprender os tópicos avançados da Engenharia Química. A disciplina de Balanço de Massa e de Energia fornece um indicador da habilidade do estudante para ser um engenheiro químico e de servir frequentemente como uma "passagem" para a continuidade do Programa de Engenharia Química.

3.3.2.2. Termodinâmica para Engenharia Química

Uma disciplina em termodinâmica para Engenharia é requerida de estudantes de todas as engenharias. Além disso, os estudantes de Engenharia Química cursam, em geral no primeiro semestre do terceiro ano, uma disciplina especializada de termodinâmica denominada Termodinâmica para Engenharia Química. A termodinâmica é a ciência da Engenharia que lida com a interconversão entre trabalho e energia. O conceito de equilíbrio é parte integrante da termodinâmica, e a essência da Termodinâmica para Engenharia Química é o estudo de fenômenos de equilíbrio nos sistemas químicos. Equilíbrio pode ser entendido como o estado de um sistema no qual nenhuma variação é esperada; isto é, o sistema está em um estado estável. Dessa forma, qualquer sistema que não esteja em equilíbrio irá tender a se movimentar em direção ao equilíbrio. A força-motriz de qualquer processo é o desvio do equilíbrio.

A Termodinâmica para Engenharia Química ajuda os estudantes a definir equilíbrio em termos de grandezas termodinâmicas, tais como entalpia, entropia, energia livre e assim por diante, e a relacionarem essas grandezas termodinâmicas a propriedades mensuráveis do sistema, tais como pressão, temperatura, volume e composição [13]. Os estudantes aprendem acerca de variações nas grandezas termodinâmicas associadas com vários processos químicos e como quantificar essas variações a partir do comportamento volumétrico de substâncias. O comportamento volumétrico refere-se à relação pressão-volume-temperatura da substância. A lei dos gases ideais é a equação mais simples que descreve o comportamento volumétrico. A maior parte das substâncias, como não são gases ideais, requer equações mais complexas, e os estudantes aprendem sobre o comportamento de gases não ideais e as equações que descrevem esse comportamento.

Os estudantes aprendem a aplicar as leis da termodinâmica a sistemas químicos – substâncias puras e misturas, sistemas unifásicos e multifásicos, sistemas reacionais e não reacionais. A Figura 3.14 fornece uma visão geral da disciplina.

Os conceitos aprendidos em Termodinâmica para Engenharia Química são aplicados a disciplinas avançadas, em particular aos processos de separação e cinética, e fornecem a base teórica para projetos de processos e equipamentos.

3.3.3 Disciplinas de Ciências da Engenharia

O segundo ano do currículo também apresenta os cursos de Ciência da Engenharia que são comuns a quase todos os cursos de Engenharia. Os princípios e conceitos aprendidos nessas disciplinas servem como pré-requisitos para disciplinas avançadas da Engenharia. Um estudante de Engenharia Química também ganha exposição a outros cursos de Engenharia e está em uma posição de criar interfaces com engenheiros civis, elétricos e mecânicos, como seria invariavelmente obrigado a fazer no decorrer de sua carreira profissional.

3.3.3.1 Mecânica dos Fluidos

Tubulação é a característica mais abundante em uma planta química. Processos químicos geralmente envolvem altas taxas de escoamento de materiais, e são essenciais para o estudante entender os fenômenos físicos que ocorrem nos sistemas fluidos. A disciplina de *Mecânica dos Fluidos* ensina aos estudantes a aplicação dos princípios de conservação de massa e de energia em sistemas fluidos. Os dois componentes de Mecânica dos Fluidos são *estática dos fluidos*, os fenômenos associados aos fluidos em repouso, e *dinâmica dos fluidos*, os fenômenos associados aos fluidos em movimento. Os sistemas fluidos são analisados em um nível macroscópico; ou seja, em termos de propriedades globais observáveis do material. Os balanços de energia focam geralmente a energia mecânica – cinética e potencial – do sistema, com as contribuições da energia térmica desempenhando um papel significativo.

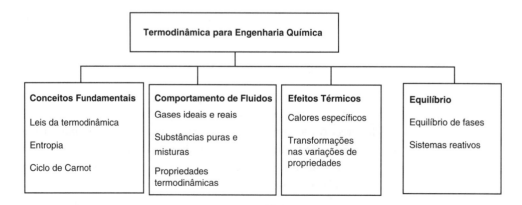

FIGURA 3.14 Visão geral da disciplina de Termodinâmica para Engenharia Química.

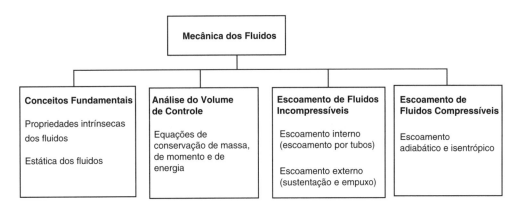

FIGURA 3.15 Visão geral da disciplina de Mecânica dos Fluidos.

Os estudantes adquirem um entendimento das forças que atuam nos elementos de um fluido parado e em movimento. Esse entendimento é útil para determinar forças e pressão em fluidos estacionários, assim como as necessidades de energia e de potência de sistemas em escoamento. Custos substanciais incorrem em processos químicos pelo simples fato de se moverem materiais de uma unidade de processo para outra. A Figura 3.15 fornece uma visão geral dessa disciplina.

Os conceitos aprendidos em Mecânica dos Fluidos são pré-requisitos para as disciplinas de fenômenos de transporte, que analisam os sistemas de um nível microscópico ou molecular. A disciplina de Mecânica dos Fluidos ajuda os estudantes a entenderem o comportamento macroscópico dos fluidos. As disciplinas de fenômenos de transporte aprofundam-se na explanação desse comportamento por intermédio da análise dos processos microscópicos que ocorrem no fluido.

3.3.3.2 Termodinâmica para Engenharia

Como já mencionado, a *termodinâmica* é o ramo da ciência que lida com a interconversão entre energia e trabalho. Os engenheiros, em um nível muito básico, são indivíduos que lidam com motores – máquinas e processos – a fim de obter trabalho útil para o benefício da sociedade. Esse trabalho é obtido às custas de energia, e os engenheiros necessitam ter conhecimentos fundamentais dos conceitos que governam a relação entre energia e trabalho. A *Termodinâmica para Engenharia* ensina os estudantes as *leis da termodinâmica* e as aplicações dessas leis a vários sistemas. Os estudantes aprendem também sobre as grandezas termodinâmicas (entalpia, entropia, energia livre etc.), como já mencionado, e as variações nessas grandezas em vários tipos de processos. O processo pode ser *isotérmico* (ocorrendo a uma temperatura constante), *isobárico* (a uma pressão constante) ou *isocórico* (a um volume constante). Os engenheiros constroem ciclos de conversão de potência que consistem em combinações desses e de outros processos. Esses conceitos são então aplicados à análise de energia ou de ciclos de conversão de potência que envolvem uma sequência cíclica de processos diferentes. A disciplina cobre também uma análise macroscópica de processos de troca térmica. Uma visão geral da disciplina de Termodinâmica para Engenharia é mostrada na Figura 3.16.

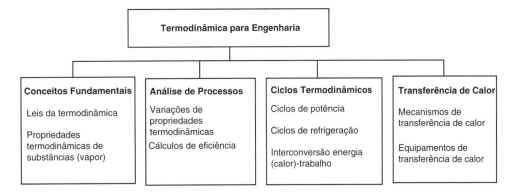

FIGURA 3.16 Visão geral da disciplina de Termodinâmica para Engenharia.

54 Capítulo 3

Os conceitos cobertos em Termodinâmica para Engenharia são pré-requisitos para as disciplinas como Termodinâmica para Engenharia Química e Fenômenos de Transporte. Pode-se ver que os tópicos cobertos na disciplina de Termodinâmica para Engenharia são mais gerais em natureza do que aqueles cobertos por Termodinâmica para Engenharia Química. Embora alguns cursos de Engenharia Química obedeçam a esse arranjo das duas disciplinas, vários outros cursos podem ter simplesmente duas disciplinas de termodinâmica para Engenharia Química com as áreas dos tópicos correspondendo aproximadamente àquelas anteriormente descritas. Se a primeira disciplina de Termodinâmica para Engenharia for dada pelo professor do curso de Engenharia Química com as inscrições restritas principalmente para o curso de Engenharia Química, então é normalmente chamada de *Termodinâmica para Engenharia Química I*. Se a disciplina for oferecida por qualquer professor da faculdade de Engenharia, com inscrição aberta para todos os estudantes de Engenharia, a disciplina irá aparecer, em geral, como *Termodinâmica para Engenharia*. A despeito do arranjo específico, as duas disciplinas fornecem uma discussão dos conceitos fundamentais de Termodinâmica para Engenharia e sua aplicação nos sistemas de Engenharia Química.

3.3.3.3 Estática para Engenharia e Circuitos Elétricos

Estudantes de Engenharia Química são usualmente expostos aos conceitos relativos à Engenharia Civil e à Engenharia Elétrica ao longo das disciplinas, como *Estática para Engenharia* e *Circuitos Elétricos*. Os estudantes aprendem sobre balanço de forças em corpos rígidos, equilíbrio, resistência e estruturas de materiais e assim por diante, na disciplina de Estática para Engenharia. Os estudantes aprendem como analisar treliças e armações e outras estruturas de suporte de carga. Esse conhecimento é útil no projeto de equipamentos de processos químicos em que o engenheiro químico tem de levar em consideração a demanda de carga que um equipamento irá impor à estrutura de suporte.

Do mesmo modo, a disciplina de Circuitos Elétricos expõe os estudantes de Engenharia Química aos conceitos relacionados a sistemas elétricos. Os estudantes aprendem a analisar o comportamento estacionário e transiente de energia elétrica e os sistemas de potência. Esse conhecimento é também útil no projeto de processos e de equipamentos em que o engenheiro químico precisa considerar os requisitos elétricos impostos pela unidade.

3.3.3.4 Programação Computacional

A maioria dos cursos de Engenharia Química requer que os estudantes tenham uma disciplina de Ciência da Computação, geralmente uma disciplina de linguagem de programação. Historicamente, a maioria dos engenheiros estudava programação em FORTRAN, mas a ênfase mudou para outras linguagens e *softwares* mais novos nos últimos anos. Os estudantes geralmente têm cursos em linguagens de programação, como Visual Basic, C/C++, MATLAB ou em outras linguagens de *software*. Independente da linguagem específica, os estudantes aprendem na disciplina sobre o desenvolvimento de algoritmos e formulação de códigos. Essas habilidades são inestimáveis para qualquer engenheiro, uma vez que o crescente poder computacional permite que o engenheiro enfrente problemas de crescente complexidade.

O sucesso nessas disciplinas fundamentais, por sua vez, é baseado nas disciplinas de ciência básica e de Matemática, programadas nos dois primeiros anos do currículo. Estas disciplinas são descritas a seguir.

3.3.4 Disciplinas de Fundamentos de Ciência e de Matemática

Os estudantes de Engenharia Química fazem várias disciplinas de Química, Física e Matemática durante o primeiro e segundo anos.

3.3.4.1 Disciplinas de Química

A maioria dos estudantes das outras engenharias cursa talvez uma disciplina de Química; comumente no primeiro semestre do primeiro ano. Estudantes de Engenharia Química cursam um número significativamente maior de disciplinas de Química. As disciplinas no primeiro ano de estudo expõem os estudantes a conceitos da Química Geral e Inorgânica. Os dois ou três semestres seguintes envolvem ensinamentos em Química Orgânica e Físico-química. Após completar essas disciplinas, o estudante deve ter o conhecimento das seguintes áreas:

- Cinética e termodinâmica
- Equilíbrio
- Ácidos e bases
- Eletroquímica
- Química nuclear
- Síntese e propriedades dos compostos orgânicos
- Bioquímica
- Mecânica quântica

Cada disciplina consiste nas aulas teórica e prática (no laboratório), dando aos estudantes uma oportunidade de ganhar tanto o conhecimento conceitual como prático.

Além dessas disciplinas requeridas, os estudantes podem cursar mais disciplinas de Química para satisfazer às exigências das disciplinas eletivas de Ciência. Os estudantes de Engenharia Química de várias instituições podem ser capazes de trabalhar essas disciplinas adicionais de Química em seus planos de estudo para atender aos requisitos do grau de bacharel em Química.

3.3.4.2 Disciplinas de Física

Os estudantes de Engenharia Química fazem, em geral, duas disciplinas de Física cursadas até o terceiro semestre. Os tópicos cobertos nessas disciplinas incluem o seguinte:

- Cinemática e dinâmica
- As leis de Newton
- Atrito
- Equilíbrio estático
- Forças gravitacional e central
- Momento
- Campos e potencias elétricos
- Magnetismo
- Circuitos de AC/DC, capacitância e indutância

Como nas disciplinas de Química, essas disciplinas têm também aulas teóricas e de laboratório.

3.3.4.3 Disciplinas de Matemática

Os estudantes de Engenharia Química, como os outros estudantes de Engenharia, cursam geralmente uma sequência de três semestres de disciplinas de Matemática que cobrem vários tópicos de geometria analítica e cálculo. Os tópicos cobertos nessas disciplinas incluem funções, limites e continuidade, séries, integração e diferenciação, vetores, equações algébricas e transcendentais, técnicas numéricas, geometria cônica e sólida e assim por diante. Essas disciplinas são geralmente pré-requisitos para uma disciplina sobre equações diferenciais, que é uma das disciplinas mais importantes na formação de um engenheiro. Os estudantes aprendem equações diferenciais de primeira ordem e ordens mais elevadas; problemas de valor inicial e de contorno; técnicas de solução para equações, inclusive soluções em série e transformadas de Laplace e sistemas de equações lineares. Essas equações diferenciais são representativas dos outros modelos matemáticos de sistemas encontrados no campo da Engenharia.

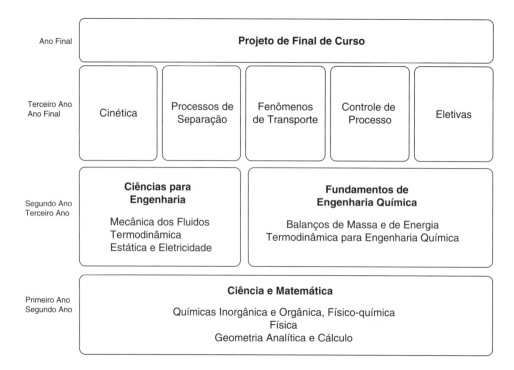

FIGURA 3.17 Hierarquia de disciplinas técnicas no currículo de Engenharia Química.

A relação entre as várias disciplinas de Ciência e de Engenharia que são essenciais à formação de um engenheiro químico é resumida na Figura 3.17.

3.3.5 Disciplinas Gerais de Educação

Além dessas disciplinas técnicas, um número apropriado de formação geral, Humanidades e disciplinas de Ciências Sociais é absolutamente essencial para completar a educação de um engenheiro químico. Duas dessas disciplinas desempenham um papel quase tão importante em uma carreira individual quanto qualquer uma das disciplinas técnicas: *Economia* e *Comunicação*.

Uma disciplina de Economia é essencial para o engenheiro entender a força-motriz máxima para a maior parte, se não todas as atividades profissionais com que estará envolvido. Considerações econômicas desempenham um papel maior na avaliação de tecnologias e de processos alternativos e frequentemente ditam a escolha final. A disciplina fornece ao engenheiro não somente um entendimento da interação da economia com a tecnologia, mas também uma perspectiva acerca do papel do engenheiro químico em um contexto social.

A competência em engenharia das reações, termodinâmica, fenômenos de transporte e separações é vista como uma qualificação essencial pela indústria. Entretanto, a habilidade de comunicação é um talento igualmente importante que um empregador procura em seu potencial empregado [14]. Os engenheiros químicos devem interagir e se comunicar com uma larga faixa de pessoas com diversos níveis de conhecimento técnico. Eles precisam se comunicar com engenheiros químicos e outros engenheiros, gerentes técnicos e administradores, pessoal de vendas/propaganda e de finanças, operadores de plantas, técnicos, dentre outros. O engenheiro químico deve ser capaz de transmitir suas ideias clara e sucintamente para todas essas pessoas. Um engenheiro químico descobrirá rapidamente que ideias lógicas e tecnicamente sólidas que beneficiam o processo precisam ser articuladas apropriadamente mesmo em um grupo homogêneo de engenheiros químicos para que sejam aceitas. Uma disciplina que ajuda a desenvolver habilidades de comunicação escrita e oral é uma obrigação para um engenheiro químico emergente.

Economia e Comunicação são provavelmente as duas disciplinas mais importantes de formação geral, mas o valor das outras disciplinas de formação geral não pode ser subestimado. As disciplinas de humanas e de ciência social, em cursos como Filosofia, História, Sociologia e assim por diante, são absolutamente essenciais à formação holística de um indivíduo. Essas disciplinas fornecem uma estrutura moral e ética para os pensamentos e ações da pessoa, apresentam o contexto de desenvolvimento das sociedades e promovem entendimento e apreciação da diversidade de pontos de vista, fornecendo ainda muitos outros benefícios que podem contribuir para um engenheiro químico mais bem formado.

3.4 Resumo

A formação de um engenheiro químico começa com as disciplinas de química fundamental, de Física e de Matemática. Estes cursos conduzem o estudante para os cursos de Ciência da Engenharia e Engenharia Química fundamental. As disciplinas avançadas de Engenharia Química ensinam os estudantes a projetar os equipamentos de processos químicos e a controlar o processo para expandir gradualmente essas disciplinas de base. A disciplina de projeto de final de curso capacita o estudante a sintetizar o conhecimento técnico a fim de resolver problemas de valor para a sociedade. Um estudante que complete esses estudos terá experimentado um currículo intelectualmente desafiador, que o levará a uma carreira profissionalmente satisfatória e gratificante, e irá prepará-lo para ser um membro que contribui e constrói para a sociedade.

Referências

1. Leigh, G. H., *The World's Greatest Fix: A History of Nitrogen and Agriculture*, Oxford University Press, Oxford, England, U.K., 2004.
2. Smil, V., *Enriching the Earth: Fritz Haber, Carl Bosch and the Transformation of World Food Production*, MIT Press, Cambridge, Massachusetts, 2001.
3. Ertl, G., "The Arduous Way to the Haber-Bosch Process," *ZAAC*, 2012, pp. 487–489.
4. Doraiswamy, L. K., and D. Üner, *Chemical Reaction Engineering: Beyond the Fundamentals*, CRC Press, Boca Raton, Florida, 2014.
5. Austin, G. T., *Shreve's Chemical Process Industries*, Fifth Edition, McGraw-Hill, New York, 1984.
6. Fogler, H. S., *Elements of Chemical Reaction Engineering*, Fourth Edition, Prentice Hall, Upper Saddle River, New Jersey, 2005.
7. Wankat, P. C., *Separation Process Engineering*, Third Edition, Prentice Hall, Upper Saddle River, New Jersey, 2012.
8. Luyben, W. L., and L. A. Wenzel, *Chemical Process Analysis: Mass and Energy Balances*, Prentice Hall, Englewood Cliffs, New Jersey, 1988.
9. Thomson, W. J., *Introduction to Transport Phenomena*, Prentice Hall, Upper Saddle River, New Jersey, 2000.
10. Bequette, B. W., *Process Control: Modeling, Design and Simulation*, Prentice Hall, Upper Saddle River, New Jersey, 2003.
11. Peters, M. S., K. D. Timmerhaus, and R. E. West, *Plant Design and Economics for Chemical Engineers*, Fifth Edition, McGraw-Hill, New York, 2011.
12. Himmelblau, D. M., and J. B. Riggs, *Basic Principles and Calculations in Chemical Engineering*, Eighth Edition, Prentice Hall, Upper Saddle River, New Jersey, 2012.
13. Kyle, B. G., *Chemical and Process Thermodynamics*, Third Edition, Prentice Hall, Upper Saddle River, New Jersey, 1999.
14. CEP Update, "How Well Are We Preparing ChE Students for Industry?" *Chemical Engineering Progress*, Vol. 110, No. 4, 2014, pp. 4–6.

Problemas

3.1 Compare o currículo do grau de bacharelado de sua instituição com o currículo de outras duas faculdades. Quais são as semelhanças? Quais são as maiores diferenças?

3.2 Quais são as eletivas diferentes disponíveis em sua instituição? Quais áreas você gostaria de ver oferecidas como eletivas? Por quê?

3.3 Compare os processos de fixação de nitrogênio por micro-organismos e por via sintética.

3.4 Baseado na descrição de reatores em batelada e contínuos, explique a operação possível de um reator semibatelada.

58 Capítulo 3

3.5 Como uma operação de esgotamento (*stripping*) se compara com uma operação de absorção? Quais as semelhanças e as diferenças?

3.6 Explique o que se entende por variáveis controladas e manipuladas, com a ajuda de um exemplo proveniente do dia a dia, como a operação de um piloto automático de um carro.

3.7 Como uma disciplina de Termodinâmica para Engenharia prepara os estudantes para a disciplina de Termodinâmica para Engenharia Química?

3.8 Descreva o conceito de equilíbrio com a ajuda de um exemplo.

3.9 O corpo humano é uma máquina incrível, que executa continuamente várias operações de separação. Dê um exemplo de separação por membrana que ocorre no corpo humano.

3.10 Discuta o significado da contribuição das disciplinas de Humanidades e de Ciências Sociais na educação de Engenharia.

| CAPÍTULO 4 | Introdução a Cálculos em Engenharia Química |

*Não se justifica que homens excelentes percam horas como escravos
calculando o que poderia ser seguramente relegado a qualquer
outra pessoa se máquinas fossem usadas.*

– Gottfried Wilhelm von Leibniz[1]

A Engenharia Química, como todas as engenharias, é um campo quantitativo; ou seja, requer soluções precisas de problemas de alta complexidade matemática. Um engenheiro químico tem de ser capaz de *modelar* – desenvolver expressões matemáticas quantitativas que descrevem os processos e os fenômenos – qualquer sistema de interesse e *simular* – resolver as equações – o modelo. As soluções assim obtidas permitem ao engenheiro projetar, operar e controlar os processos. As disciplinas descritas no Capítulo 3, "Construindo um Engenheiro Químico", permitem que os estudantes tenham uma base teórica para modelar os processos. A natureza das equações resultantes e as ferramentas usadas para resolver as equações são apresentadas neste capítulo.

4.1 Natureza dos Problemas Computacionais de Engenharia Química

Engenheiros químicos lidam com múltiplas equações que variam de complexidade, de equações lineares simples a equações diferenciais parciais altamente complexas. As técnicas de soluções variam adequadamente de simples cálculos a grandes programas computacionais. A classificação dos problemas baseados na natureza matemática será apresentada nas seções seguintes.

4.1.1 Equações Algébricas

As equações algébricas compreendem o grupo mais comum de problemas em Engenharia Química. *Equações algébricas lineares* são equações algébricas nas quais todos os termos são tanto uma constante como uma variável de primeira ordem [1]. A linha reta é representada por uma equação algébrica linear. As equações algébricas lineares são frequentemente encontradas em problemas de equilíbrio de fase associados com processos de separação. A Figura 4.1 é uma representação de uma operação de separação em que uma corrente líquida de alta pressão é alimentada para um tambor *flash* no qual a pressão do sistema é reduzida, resultando na formação de uma corrente de vapor e de líquido que existem no tambor. As composições da corrente de líquido e de vapor dependem das condições do processo e um engenheiro químico tem de calcular essas composições.

As equações que governam o sistema são:

$$\sum_{i=1}^{n} x_i = 1 \qquad (4.1)$$

$$\sum_{i=1}^{n} y_i = 1 \qquad (4.2)$$

$$y_i = K_i x_i \text{ para } i = 1..n \qquad (4.3)$$

---

[1] A fama de Leibniz como o coinventor de cálculo ofuscou suas contribuições em muitos outros campos, inclusive aqueles no campo da computação. Foi um dos pioneiros mais antigos no desenvolvimento de calculadoras mecânicas. Fonte da citação: http://www-history.mcs.st-and.ac.uk/Quotations/Leibniz.html.

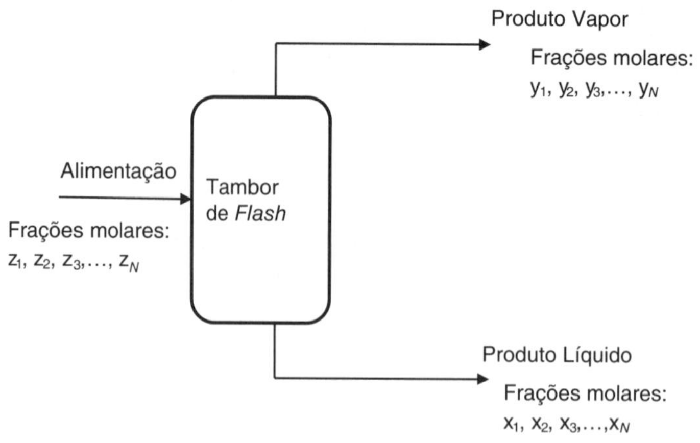

60 Capítulo 4

Produto Vapor

Frações molares:
$y_1, y_2, y_3, \ldots, y_N$

Alimentação — Tambor de *Flash*

Frações molares:
$z_1, z_2, z_3, \ldots, z_N$

Produto Líquido

Frações molares:
$x_1, x_2, x_3, \ldots, x_N$

FIGURA 4.1 Operação em um tambor de *flash*.

As equações 4.1 e 4.2 estabelecem que as frações molares de todos os componentes, de 1 a n, somam 1 em cada fase. x_i e y_i representam as frações molares do componente i nas fases líquida e gasosa na saída, respectivamente. As frações molares na corrente de alimentação são denotadas por z_i. (Normalmente, x é usado para representar a fração molar quando a fase é líquida e y é usado quando a fase é gasosa). Essas duas equações devem ser intuitivamente claras, à medida que os enunciados matemáticos do conceito de que todas as frações de qualquer grandeza devem somar-se ao todo. A equação 4.3 é na verdade um sistema de n equações que relaciona a fração molar de um componente na fase gasosa à fração molar do mesmo componente na fase líquida. K_i é uma constante característica para o componente i e depende da pressão, da temperatura e da natureza da mistura dos componentes. A solução desse sistema de equações nos permite calcular as composições das duas fases diferentes, e é necessária para projetar o esquema de separação para a mistura. Cada termo no sistema de equações é linear (variáveis tendo a potência de 1) em x e y.

Um sistema similar de equações é usado para modelar um contator líquido-gás em estágios, tal qual uma coluna de destilação, descrita no Capítulo 3. A Figura 4.2 representa uma coluna de destilação contendo N estágios de equilíbrio [2]; os escoamentos de entrada e de saída de vapor e de líquido podem ser vistos na figura para o estágio k.

Os balanços de massa para cada componente resultam no seguinte sistema de n equações para o estágio k:

$$V_{k-1} y_{i,k-1} + L_{k+1} x_{i,k+1} = V_k y_{i,k} + L_k x_{i,k} \text{ para } i = 1..n \tag{4.4}$$

V e L representam as taxas molares das correntes de vapor e de líquido, respectivamente. Os subscritos para essas taxas representam o estágio *do* qual essas taxas saem. Por exemplo, V_k e L_k são as taxas de vapor e de líquido que saem do estágio k, respectivamente. L_{k+1} é a taxa de líquido que sai do estágio $k + 1$ e entra no estágio k e V_{k-1} é a taxa de vapor que sai do estágio $k-1$ e entra no estágio k. As frações molares são variáveis com duplos subscritos: o primeiro subscrito representa o componente e o segundo representa o estágio. A equação 4.4 é a representação matemática da natureza de estado estacionário do sistema para cada componente: a quantidade do componente i que entra no estágio por meio das taxas de vapor e de líquido é igual à quantidade que sai pelas taxas de vapor e de líquido. Cada estágio é considerado um estágio de equilíbrio; isto é, as taxas de saída do vapor e do líquido estão em equilíbrio entre si. Isso nos permite utilizar as relações de equilíbrio da forma mostrada pela equação 4.3 para completar a descrição do sistema. O número total de equações da coluna inteira é $N \times n$, que pode ser significativamente grande, dependendo do número de componentes presentes na corrente do processo e do número de estágios necessários para obter a separação desejada.

As equações algébricas encontradas em Engenharia Química podem ser também *equações polinomiais*; isto é, podem ter ordens variáveis maiores do que um. A equação 4.5 representa uma equação polinomial típica de interesse para engenheiros químicos:

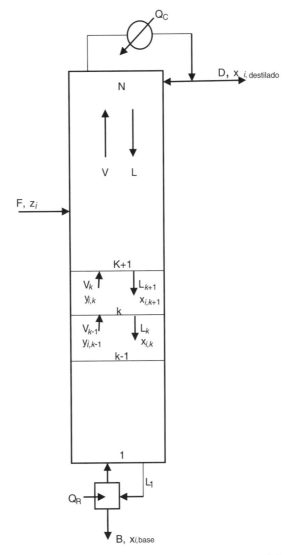

FIGURA 4.2 Coluna de destilação – operação em estágios.
Fonte: Adaptado de Wankat, P. C., *Separation Process Principles*,
3ª edição, Prentice Hall, Upper Saddle River, Nova Jersey, 2012.

$$aV^3 + bV^2 + cV + d = 0 \tag{4.5}$$

Essa equação é um exemplo de uma *equação cúbica de estado*, V sendo o volume da substância sob as condições dadas de temperatura (T) e pressão (P). As constantes a, b, c e d são funções da pressão, da temperatura e do número de mols do sistema e das propriedades do fluido. Uma equação de estado representa uma relação entre a temperatura, pressão e volume do sistema; a lei dos gases ideais, representada pela expressão matemática $PV = nRT$, é a mais simples das equações de estado. Essas equações de estado são mais usadas nos cálculos termodinâmicos que envolvem interconversão entre energia e trabalho e equilíbrio de fase. É evidente que uma equação de estado acurada é algo crítico para o projeto e o desempenho superiores de um processo. Infelizmente, o comportamento volumétrico da maioria das substâncias não obedece à lei dos gases ideais e equações mais complexas são necessárias para descrever com precisão as relações *P-V-T* para essas substâncias. As equações cúbicas de estado representam um dos desenvolvimentos que trata dessa necessidade para melhorar a acurácia. A equação 4.6 é um exemplo da equação cúbica de estado e é chamada de *equação de van der Waals* [3].

$$\left(P + \frac{an^2}{V^2}\right) \cdot (V - nb) = nRT \tag{4.6}$$

62 Capítulo 4

Nessa equação, a e b são constantes características da substância e n é o número de mols presentes no sistema.

Várias outras equações de estado mais complexas têm sido desenvolvidas, e muitas são polinomiais por natureza. O estudante de Engenharia Química encontra equações polinomiais em praticamente cada matéria descrita no Capítulo 3.

4.1.2 Equações Transcendentais

Muitas das equações em Engenharia Química envolvem funções de variáveis mais complexas do que simples potências. Uma equação contendo exponencial, logaritmo, funções trigonométricas e outras funções similares não é acessível à solução por meios algébricos – isto é, por simples adição, multiplicação ou operações de extração de raiz. Tais equações "transcendem" a álgebra e são chamadas de *equações transcendentais* [4]. A equação 4.7, a *equação de Nikuradse*, frequentemente usada em cálculos de escoamento de fluidos, é um exemplo de uma equação transcendental [5].

$$\frac{1}{\sqrt{f}} = 4,0 \log \left\{ \mathrm{Re} \sqrt{f} \right\} - 0,40 \tag{4.7}$$

Re na equação representa o *número de Reynolds*, uma grandeza adimensional de enorme significado em mecânica de fluidos e em fenômenos de transporte. A equação de Nikuradse permite-nos calcular *f*, o *fator de atrito*, uma grandeza que leva depois à estimação da queda de pressão em um fluido em escoamento e, em última análise, os requerimentos de potência para a transferência de massa.

A equação 4.8 é outro exemplo de uma equação transcendental que é usada no projeto de reatores químicos [6].

$$X_A = \frac{\tau A e^{-E/RT}}{1 + \tau A e^{-E/RT}} \tag{4.8}$$

X_A representa a conversão (extensão de reação) do reagente A, τ é o tempo de residência (o tempo gasto pelo fluido no reator) e A e E são os parâmetros característicos que descrevem a taxa de reação. A equação pode ser usada para calcular uma das três grandezas X_A, τ ou T quando as outras duas são especificadas.

Diversos processos envolvem reações químicas consecutivas que podem ser representadas pela equação A → R → S. A é o reagente inicial, que sob reação resulta na espécie R, que é frequentemente o produto desejado. No entanto, R pode passar por mais reações, formando S. Os perfis típicos de concentração para as três espécies em um reator em função do tempo são mostrados na Figura 4.3. Como pode ser visto, a concentração de A diminui continuamente, enquanto aquela de S aumenta continuamente. A concentração do produto desejado R aumenta primeiro, alcança um máximo e então começa a diminuir. A relação concentração-tempo para R quando ambas as reações são de primeira ordem[2] em relação aos reagentes é mostrada na equação 4.9 [7].

$$C_R = C_{A0} \cdot \frac{k_1}{k_2 - k_1} \left[e^{-k_1 t} - e^{-k_2 t} \right] \tag{4.9}$$

Aqui, C_R é a concentração de R, C_{A0} é a concentração inicial de A e k_1 e k_2 são as constantes de taxa para as duas reações. Calcular a concentração de R em qualquer tempo, quando as constantes de taxa e a concentração inicial de A são conhecidas, é algo direto. Contudo, o cálculo do tempo necessário para atingir certa concentração especificada de R é mais desafiador e requer uso de técnicas necessárias para a solução de equações transcendentais.

---

[2] Uma reação de primeira ordem é aquela em que a taxa de reação é proporcional à concentração do reagente. Esses conceitos são apresentados em mais detalhes no Capítulo 9, "Cálculos em Cinética de Engenharia Química".

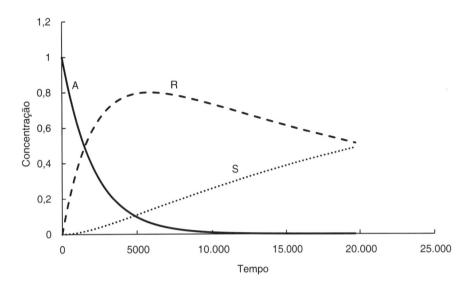

FIGURA 4.3 Perfis de concentração da espécie para o esquema de reações consecutivas A → R → S.

4.1.3 Equações Diferenciais Ordinárias

A modelagem – desenvolvimento de um conjunto de equações governantes – de sistemas de interesse para os engenheiros químicos frequentemente começa definindo-se um *elemento diferencial* do sistema. Esse elemento diferencial é um subconjunto do sistema maior, mas com dimensões infinitesimalmente pequenas. Todos os processos e fenômenos que ocorrem no sistema maior são representados no elemento diferencial. Essas equações resultam em equações diferenciais ordinárias quando todas as grandezas são funções de uma única variável independente. Por exemplo, a equação 4.10 é uma equação diferencial de primeira ordem relacionando a taxa de variação de concentração no tempo em uma reação química [6]. A equação indica que a taxa na qual a concentração da espécie A, C_A, varia com o tempo t é linearmente dependente da própria concentração de A – um exemplo de uma reação de primeira ordem. O parâmetro k é chamado de constante de taxa.

$$-\frac{dC_A}{dt} = kC_A \qquad (4.10)$$

A solução dessa equação resulta no perfil de concentração-tempo para o reagente A na reação que fornece a base para o projeto do reator.

Equações diferenciais de ordens mais altas são muito comuns em sistemas de Engenharia Química. A Figura 4.4 mostra a vista da seção transversal de um tubo que conduz vapor, o meio mais comum de transferência de calor em plantas químicas. O tubo será inevitavelmente coberto com isolante para minimizar a perda de calor para o meio ambiente. Note que a perda de calor pode ser reduzida mas não completamente eliminada. Obviamente, a escolha de um isolante adequado e a determinação da perda de calor resultante é extremamente importante para estimar os custos de energia. A perda de calor pode ser calculada a partir dos perfis de temperatura-distância existentes no sistema [5].

A equação que governa a transferência de calor para um tubo cilíndrico é:

$$\frac{d}{dr}\left(k_T r \frac{dT}{dr}\right) = 0 \qquad (4.11)$$

A equação 4.11 é uma equação diferencial ordinária de segunda ordem que governa a relação entre a temperatura T e a distância radial r a partir do centro do tubo. k_T é a condutividade térmica

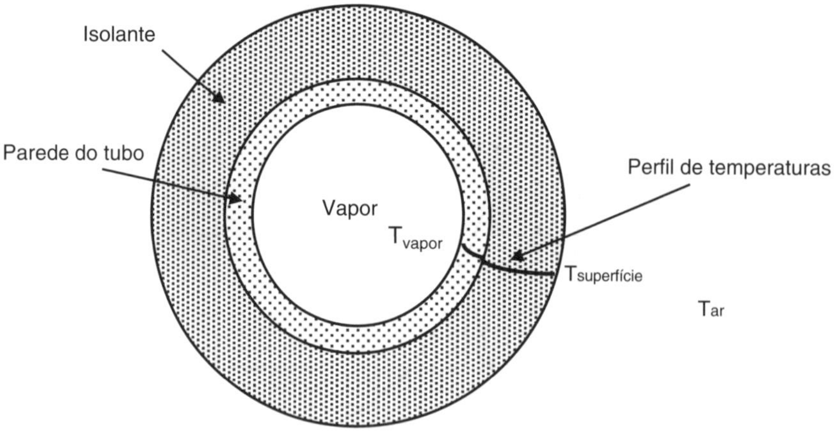

FIGURA 4.4 Perfil de temperatura para um tubo isolado contendo vapor.

do material, que depende da temperatura. À medida que a temperatura varia em relação à posição radial, a condutividade térmica é também uma função da posição radial. A solução dessa equação resulta no perfil de temperaturas dentro do objeto que, por sua vez, permite-nos determinar a perda de calor para o meio ambiente.

A solução das equações diferenciais requer especificar valores das variáveis dependentes em certos valores das variáveis independentes. Essas especificações são denominadas de condições de *contorno* (em uma localização específica em relação à coordenada dimensional) ou condições *iniciais* (em relação ao tempo). A solução completa requer um número de condições de contorno/iniciais em função da ordem da equação diferencial [4].

Frequentemente, modelar um sistema leva a uma série de equações diferenciais ordinárias que consistem em duas ou mais variáveis dependentes que são funções da mesma variável independente. Essas equações necessitam ser resolvidas simultaneamente para que se obtenha a descrição quantitativa do sistema.

4.1.4 Equações Diferenciais Parciais

As propriedades de sistemas são frequentemente dependentes, ou são funções de mais de uma variável independente. Modelar esse tipo de sistemas leva a uma equação diferencial parcial [4]. A temperatura no interior de um bastão, por exemplo, pode variar radialmente assim como axialmente. Do mesmo modo, a concentração de uma espécie no âmbito de um sistema pode depender da localização assim como do tempo. A Figura 4.5 mostra a secagem em batelada de um filme polimérico sobre uma superfície. O solvente presente no polímero difunde-se do filme para a superfície; nesta, é dissipado pelo deslocamento do ar.

A concentração do solvente dentro do filme é uma função do tempo assim como da distância a partir da superfície. A equação 4.12 é a equação fundamental[3] para comandar o transporte de massa do solvente no interior do filme, uma equação diferencial parcial que é de primeira ordem em relação ao tempo t e de segunda ordem em relação à localização x.

---

[3] É chamada de *equação da segunda lei de Fick*.

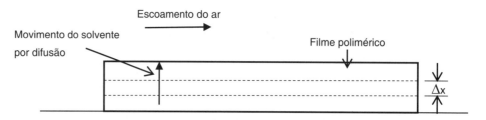

FIGURA 4.5 Secagem de um filme polimérico.

$$\frac{\partial C_A}{\partial t} = D_A \frac{\partial^2 C_A}{\partial x^2} \qquad (4.12)$$

D_A é a difusividade do solvente A no filme polimérico, que depende das propriedades do sistema.

A solução dessa equação (e de outras equações diferenciais parciais) requer um número apropriado de especificações (condições de contorno e inicial), dependendo das ordens em relação às variáveis independentes.

4.1.5 Equações Integrais

As equações diferenciais que representam o comportamento do sistema são obtidas pela aplicação dos princípios de conservação a um elemento diferencial. A integração dessas equações diferenciais leva a expressões que descrevem o comportamento global de todo o sistema. Muitas das equações diferenciais podem ser integradas analiticamente, resultando em equações algébricas ou transcendentais. Contudo, tal integração analítica não é sempre possível e cálculo numérico é necessário para obter as integrais [4]. A determinação do volume do reator envolve frequentemente equações da seguinte forma [6]:

$$V = F_{A0} \int_0^{x_{A,final}} \frac{dx_A}{-r_A} \qquad (4.13)$$

Aqui, F_{A0} é a taxa molar da espécie A e $-r_A$ é a taxa de reação, que é função da conversão X_A. A equação 4.13 é representada pela Figura 4.6, em que a área hachurada representa a integral que é igual à grandeza V/F_{A0}.

Quando a taxa de reação não puder ser integrada facilmente de modo analítico, a região hachurada – a área sob a curva – é avaliada numericamente.

4.1.6 Análise de Regressão e Interpolação

Engenheiros químicos coletam rotineiramente dados por meio de experimentos, que depois usam para projeto, controle e otimização. Isso requer geralmente obter o valor da função (ou da variável dependente) em algum valor da variável independente dentro do domínio de dados experimentais em que a medida direta não está disponível. Análise de regressão envolve ajustar uma curva suave que mais se aproxima dos dados, resultando em uma função contínua [4]. É então possível interpolar – obter o valor da função em algum valor intermediário da variável independente. É também possível extrapolar – obter o valor da função em um valor da variável independente que esteja *fora* da faixa de dados usada para a análise de regressão. *Regressão linear* envolve aproximar os dados

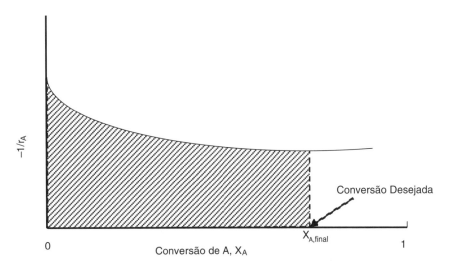

FIGURA 4.6 Determinação do volume do reator.

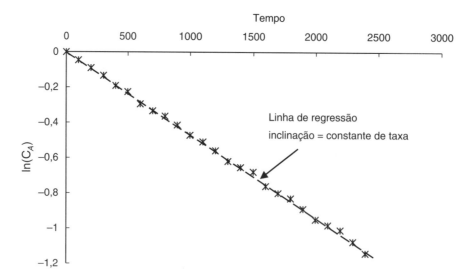

FIGURA 4.7 Exemplo de regressão linear para determinação da constante de taxa.

usando uma linha reta, enquanto *regressão não linear* envolve usar um polinômio ou funções transcendentais para a mesma finalidade. *Regressão múltipla* envolve fazer a análise de regressão com duas ou mais variáveis independentes que determinam o valor da função. Por exemplo, a equação 4.10 pode ser integrada para obter a seguinte relação matemática entre concentração e tempo:

$$\ln C_A = \ln C_{A0} - kt \tag{4.14}$$

Para determinar a constante de taxa k, experimentos são conduzidos, obtendo-se os dados de concentração-tempo; uma regressão linear é executada entre $\ln(C_A)$ e t, conforme mostrado na Figura 4.7.

Pode ser prontamente visto que um engenheiro químico tem de ter habilidades para lidar e resolver problemas que vão de simples cálculos matemáticos àqueles que requerem algoritmos altamente sofisticados. Além disso, a solução tem de ser obtida de forma razoavelmente rápida para as pessoas e as organizações de modo a manter vantagem competitiva e resposta a condições variáveis. A Seção 4.2 apresenta uma breve visão geral de algoritmos de solução desenvolvidos para soluções numéricas de diferentes tipos de problemas. A Seção 4.3 descreve as ferramentas diferentes, inclusive as máquinas e *softwares* disponíveis para engenheiros químicos realizarem esses cálculos.

4.2 Algoritmos para Solução

A base teórica e a abordagem para desenvolver as soluções de vários tipos de problemas computacionais será brevemente descrita nesta seção. Não se pretende ter uma discussão exaustiva ou abrangente, mas apenas introdutória, em natureza. Várias técnicas alternativas estão disponíveis para resolver os vários tipos de problemas; a seguinte discussão é limitada, na maioria dos casos, a apresentar um esboço de uma das técnicas.

4.2.1 Equações Algébricas Lineares

Deve ficar claro que sistemas de equações algébricas lineares podem variar em tamanho, de muito pequeno (menos de cinco equações) a muito grande (várias centenas), dependendo do número de componentes e da complexidade de operações. Por exemplo, um sistema que consiste em quatro componentes sendo separados em uma coluna de destilação contendo cinco estágios resulta em um sistema de 20 equações de balanço de massa. Usualmente, o sistema de equações é rearranjado na seguinte forma matricial:

$$[A] \cdot [X] = [B] \tag{4.15}$$

Nessa equação, $[X]$ é a matriz coluna de n variáveis; $[A]$ é a matriz $n \times n$ de coeficientes; e $[B]$ é uma matriz coluna de n valores de função.

A técnica de *eliminação de Gauss* para resolver esse sistema de equações envolve eliminação progressiva de variáveis a partir das equações, de modo que no final somente uma única equação linear é obtida com uma variável. O valor dessa variável é então obtido e substituído de volta progressivamente nas equações em ordem reversa de eliminação para obter os valores do resto das variáveis que satisfazem à equação 4.15. Por exemplo, se o sistema consistir em n equações com variáveis $x_1, x_2, ..., x_n$, então a primeira etapa é a eliminação da variável x_1 das equações 2 a n, usando a equação 1 para expressar x_1 em termos do resto das variáveis. O resultado é um sistema de $n - 1$ equações com $n - 1$ variáveis $x_2, x_3, ..., x_n$. Repetindo esse procedimento podemos eliminar as variáveis x_2, x_3 e assim por diante, até que somente uma equação em x_n seja deixada. O valor de x_n é calculado e, revertendo os cálculos, valores de x_{n-1}, $x_{n-2}, ..., x_1$ são obtidos [4].

Procedimentos iterativos oferecem uma alternativa para as técnicas de eliminação. O método de *Gauss-Seidel* considera uma solução inicial inferindo os valores para as variáveis. É frequentemente conveniente supor que todas as variáveis sejam iguais a 0. Baseado nessa estimativa inicial, os valores das variáveis são recalculados usando o sistema de equações: x_1 é calculado a partir da primeira equação, e seu valor é atualizado na matriz de solução; x_2 é calculado a partir da segunda equação e assim por diante. As etapas são repetidas até que os valores convirjam para cada variável [8]. O método de Gauss-Seidel é provavelmente mais eficiente que o método da eliminação para sistemas que contêm um número muito grande de equações ou sistemas de equações com uma matriz esparsa de coeficientes; ou seja, em que a maior parte dos coeficientes é igual a zero [9].

Muitas variações sofisticadas da eliminação e técnicas de iteração estão disponíveis para a solução. Outra técnica de solução envolve a inversão e a multiplicação de matrizes. A efetividade dessas técnicas de solução é dependente da natureza do sistema de equações. Certas técnicas podem funcionar melhor em algumas situações, enquanto pode ser apropriado usar técnicas alternativas em outros exemplos.

4.2.2 Equações Polinomiais e Transcendentais

A complexidade de soluções para equações polinomiais e transcendentais aumenta com o aumento da não linearidade. Equações quadráticas podem ser prontamente resolvidas usando a fórmula quadrática, de modo que tais equações podem ser prontamente rearranjadas na forma apropriada. Fórmulas existem para que se obtenham raízes de uma equação cúbica, mas essas são raramente usadas. Nenhuma fórmula tão fácil está disponível para a solução de polinômios de mais alta ordem e de equações transcendentais.

Essas equações são comumente resolvidas tentando-se uma solução (raiz) e refinando-se o valor da raiz com base no comportamento da função. O princípio da técnica de *Newton-Raphson*, uma das técnicas mais comuns usadas para determinar as raízes de uma equação, é representada pela equação 4.16 [4]:

$$x_{n+1} = x_n - \frac{f(x_n)}{f'(x_n)} \tag{4.16}$$

Aqui, x_n e x_{n+1} são os valores antigo e novo da raiz; $f(x_n)$ e $f'(x_n)$ são os valores da função e sua derivada, respectivamente, avaliadas na raiz antiga.

Os cálculos são repetidos iterativamente; isto é, desde que os valores das raízes não convirjam, a nova raiz é restabelecida como a antiga raiz e o valor mais novo da raiz é avaliado. É óbvio que a nova raiz será igual à raiz antiga quando o valor da função for zero. Na prática, os dois valores não coincidem exatamente, mas um valor de tolerância é definido para convergência. Por exemplo, os cálculos podem ser encerrados quando os dois valores diferirem por menos de 0,1 % (ou algum outro critério aceitável).

68 Capítulo 4

Os cálculos para essa técnica dependem não somente do valor da função, mas também de seu comportamento (derivada) no valor da raiz. A estimativa inicial é extremamente importante, uma vez que a busca pela raiz procede com base nos valores da função e de sua derivada nesse ponto. A escolha apropriada da raiz resultará em uma solução rápida, enquanto uma escolha não apropriada da estimativa inicial pode levar à falha da técnica.

O método iterativo de substituição sucessiva pode também ser usado para resolver tais equações [9]. O método envolve rearranjar a equação $f(x) = 0$ na forma $x = g(x)$. O algoritmo para a solução iterativa pode ser assim representado pela seguinte equação:

$$x_{i+1} = g(x_i) \tag{4.17}$$

Aqui, x_{i+1} é o novo valor da raiz, que é calculado a partir do antigo valor da raiz x_i. Cada valor sucessivo de x está próximo da solução real da equação. A chave para o sucesso do método está no rearranjo apropriado das equações, uma vez que os valores podem divergir da solução em vez de ir em direção à solução.

Encontrar as raízes das equações polinomiais apresenta um desafio particular. Um polinômio de ordem n terá n raízes, que podem ou não ser distintas e podem ser reais ou complexas. A técnica de solução descrita previamente pode ser capaz de encontrar somente uma única raiz, independente da estimativa inicial. O polinômio necessita ser *deflacionado* – sua ordem reduzida pela fatoração da raiz descoberta – progressivamente para encontrar todas as n raízes. Deve ser notado que em aplicações de Engenharia, somente uma raiz real positiva pode ser de interesse; as outras são somente para solução matemática completa. Por exemplo, a equação cúbica de estado pode ter apenas uma raiz real positiva para o volume e ser a única raiz de interesse para o engenheiro. Uma raiz negativa e complexa, enquanto matematicamente correta como uma resposta, não é necessária para o engenheiro.

4.2.3 Derivadas e Equações Diferenciais

Alguns problemas computacionais podem envolver o cálculo ou a obtenção de derivadas de funções. Dependendo da complexidade da função, é possível ou não obter uma expressão analítica explícita para a derivada dos dados observados. Similarmente, alguns dos problemas podem envolver a obtenção da derivada dos dados obtidos. Por exemplo, um experimento conduzido para a determinação da cinética de uma reação resultará em dados de concentração-tempo. Um método alternativo para determinar a constante de taxa para a reação envolve fazer a regressão da taxa da reação em função da concentração. A taxa de reação é definida como $-\dfrac{dC_A}{dt}$; desse modo, o problema envolve estimar a derivada dos dados de concentração-tempo. Uma das técnicas numéricas para a obtenção da derivada é representada pela equação 4.17.

$$\frac{dC_A}{dt} = \frac{\Delta C_A}{\Delta t} = \frac{C_{A_{i+1}} - C_{A_i}}{t_{i+1} - t_i} \tag{4.18}$$

Os subscritos referem-se ao espaço de tempo. Logo, C_{Ai} é a concentração no tempo t_i e assim por diante. A derivada é aproximada pela razão das diferenças nas grandezas. Essa fórmula é denominada fórmula das *diferenças progressivas*, uma vez que a derivada em t_i é calculada usando valores em t_i e t_{i+1}. Do mesmo modo, há fórmulas de *diferenças regressivas* e *centrais* que são também aplicadas ao cálculo da derivada [4,10]. As vantagens e desvantagens comparativas das fórmulas diferentes estão além do escopo deste livro e não serão mais discutidas.

Da mesma forma, as técnicas numéricas para integração das equações diferenciais ordinárias e parciais estão além do escopo deste livro. Leitores interessados podem encontrar um ponto de partida interessante na referência [4] para mais conhecimentos de tais técnicas.

4.2.4 Análise de Regressão

A base comum para regressão linear assim como para regressão múltipla é a minimização da soma dos erros ao quadrado (SEQ) entre valores observados experimentalmente e os valores previstos pelo modelo, conforme mostrado na equação 4.19:

$$SEQ = \sum_{i=1}^{n} \left(y_i - f(x_i) \right)^2 \qquad (4.19)$$

Nessa equação, y_i é o valor observado e $f(x_i)$ é o valor previsto, baseado na função presumida f. A função pode ser linear em uma única variável (em geral o que é deduzido pelo termo de regressão linear), linear em variáveis múltiplas (regressão múltipla) ou polinomial (regressão polinomial). A minimização de SEQ gera valores de parâmetros do modelo (inclinação e interseção de uma função linear, por exemplo) em termos dos pontos observados (x_i, y_i). As fórmulas de regressão de *mínimos quadrados* são construídas em muitos programas computacionais.

4.2.5 Integração

Como já mencionado, o cálculo numérico de uma integral é necessário quando não for possível integrar analiticamente a expressão. Em outros casos, valores individuais da função podem estar disponíveis em vários pontos. A integração numérica de tais funções envolve a soma dos valores ponderados da função avaliada ou observada em pontos especificados. A abordagem fundamental é construir um trapézio entre quaisquer dois pontos, com os dois lados paralelos sendo os valores da função e o intervalo entre os valores da variável independente que constituem a altura [4,10]. Se a função é avaliada em dois pontos, a e b, então o seguinte se aplica:

$$\int_{a}^{b} f(x)dx = \frac{b-a}{2} \cdot \left[f(b) - f(a) \right] \qquad (4.20)$$

A diminuição do intervalo aumenta a acurácia da estimativa. Vários outros refinamentos são também possíveis, porém não serão discutidos aqui.

A Seção 4.3 descreve vários programas computacionais que estão disponíveis para os cálculos e soluções dos diferentes tipos de problemas que acabamos de discutir. Esses pacotes computacionais apresentam ferramentas integradas desenvolvidas com base nesses algoritmos, evidenciando qualquer necessidade de que o engenheiro escreva um programa detalhado e personalizado para o problema em questão. O engenheiro tem de conhecer meramente como dar o comando na linguagem que é entendida pelo programa. A discussão prévia deveria, porém, fornecer a base teórica para a solução, assim como ilustrar as limitações da técnica de solução e causas possíveis de falhas. Um curso sobre técnicas numéricas é frequentemente um curso central requerido em programas de pós-graduação em Engenharia Química e algumas vezes um curso eletivo avançado de graduação.

4.3 Ferramentas Computacionais – Máquinas e *Software*

Os dois componentes que capacitam os cálculos são os computadores (*hardware*) – máquinas que fazem cálculos – e os programas (*software*) – as instruções para rodar os algoritmos de solução nas máquinas. Ambos os componentes são descritos nas seções que seguem.

4.3.1 Máquinas Computacionais

Um quadro de contagem, ou um *ábaco*, é um dos dispositivos mais antigos e tem sido usado por mais de três milênios para cálculos rápidos. Esse dispositivo marcante continua a ser usado em várias partes do mundo, de modo a melhorar os cálculos manuais. Os ábacos são também populares como ferramentas de ensino em escolas primárias. Cálculos usando um ábaco envolve mover fisicamente contas em um fio, que claramente restringe a velocidade e o tipo de cálculos que podem ser feitos.

Algumas ferramentas desenvolvidas em resposta à demanda crescente para maiores velocidades que merecem ser mencionadas são a *tabela logarítmica* e a *régua de cálculo*. A Figura 4.8 mostra uma página da tabela logarítmica.

Uma tabela log torna todos os cálculos possíveis, inclusive os altamente complexos, reduzindo-os a adições/subtrações, que podem então ser facilmente feitos manualmente. O uso de tabelas log é

LOGARITMOS

Números Naturais	0	1	2	3	4	5	6	7	8	9	Partes Proporcionais								
											1	2	3	4	5	6	7	8	9
10	0000	0043	0086	0128	0170	0212	0253	0294	0334	0374	4	8	12	17	21	25	29	33	37
11	0414	0453	0492	0531	0569	0607	0645	0682	0719	0755	4	8	11	15	19	23	26	30	34
12	0792	0828	0864	0899	0934	0969	1004	1038	1072	1106	3	7	10	14	17	21	24	28	31
13	1139	1173	1206	1239	1271	1303	1335	1367	1399	1430	3	6	10	13	16	19	23	26	29
14	1461	1492	1523	1553	1584	1614	1644	1673	1703	1732	3	6	9	12	15	18	21	24	27
15	1761	1790	1818	1847	1875	1903	1931	1959	1987	2014	3	6	8	11	14	17	20	22	25
16	2041	2068	2095	2122	2148	2175	2201	2227	2253	2279	3	5	8	11	13	16	18	21	24
17	2304	2330	2355	2380	2405	2430	2455	2480	2504	2529	2	5	7	10	12	15	17	20	22
18	2553	2577	2601	2625	2648	2672	2695	2718	2742	2765	2	5	7	9	12	14	16	19	21
19	2788	2810	2833	2856	2878	2900	2923	2945	2967	2989	2	4	7	9	11	13	16	18	20
20	3010	3032	3054	3075	3096	3118	3139	3160	3181	3201	2	4	6	8	11	13	15	17	19
21	3222	3243	3263	3284	3304	3324	3345	3365	3385	3404	2	4	6	8	10	12	14	16	18
22	3424	3444	3464	3483	3502	3522	3541	3560	3579	3598	2	4	6	8	10	12	14	15	17
23	3617	3636	3655	3674	3692	3711	3729	3747	3766	3784	2	4	6	7	9	11	13	15	17
24	3802	3820	3838	3856	3874	3892	3909	3927	3945	3962	2	4	5	7	9	11	12	14	16
25	3979	3997	4014	4031	4048	4065	4082	4099	4116	4133	2	3	5	7	9	10	12	14	15
26	4150	4166	4183	4200	4216	4232	4249	4265	4281	4298	2	3	5	7	8	10	11	13	15
27	4314	4330	4346	4362	4378	4393	4409	4425	4440	4456	2	3	5	6	8	9	11	13	14
28	4472	4487	4502	4518	4533	4548	4564	4579	4594	4609	2	3	5	6	8	9	11	12	14
29	4624	4639	4654	4669	4683	4698	4713	4728	4742	4757	1	3	4	6	7	9	10	12	13
30	4771	4786	4800	4814	4829	4843	4857	4871	4886	4900	1	3	4	6	7	9	10	11	13
31	4914	4928	4942	4955	4969	4983	4997	5011	5024	5038	1	3	4	6	7	8	10	11	12
32	5051	5065	5079	5092	5105	5119	5132	5145	5159	5172	1	3	4	5	7	8	9	11	12
33	5185	5198	5211	5224	5237	5250	5263	5276	5289	5302	1	3	4	5	6	8	9	10	12
34	5315	5328	5340	5353	5366	5378	5391	5403	5416	5428	1	3	4	5	6	8	9	10	11
35	5441	5453	5465	5478	5490	5502	5514	5527	5539	5551	1	2	4	5	6	7	9	10	11
36	5563	5575	5587	5599	5611	5623	5635	5647	5658	5670	1	2	4	5	6	7	8	10	11
37	5682	5694	5705	5717	5729	5740	5752	5763	5775	5786	1	2	3	5	6	7	8	9	10
38	5798	5809	5821	5832	5843	5855	5866	5877	5888	5899	1	2	3	5	6	7	8	9	10
39	5911	5922	5933	5944	5955	5966	5977	5988	5999	6010	1	2	3	4	5	7	8	9	10
40	6021	6031	6042	6053	6064	6075	6085	6096	6107	6117	1	2	3	4	5	6	8	9	10
41	6128	6138	6149	6160	6170	6180	6191	6201	6212	6222	1	2	3	4	5	6	7	8	9
42	6232	6243	6253	6263	6274	6284	6294	6304	6314	6325	1	2	3	4	5	6	7	8	9
43	6335	6345	6355	6365	6375	6385	6395	6405	6415	6425	1	2	3	4	5	6	7	8	9
44	6435	6444	6454	6464	6474	6484	6493	6503	6513	6522	1	2	3	4	5	6	7	8	9
45	6532	6542	6551	6561	6571	6580	6590	6599	6609	6618	1	2	3	4	5	6	7	8	9
46	6628	6637	6646	6656	6665	6675	6684	6693	6702	6712	1	2	3	4	5	6	7	7	8
47	6721	6730	6739	6749	6758	6767	6776	6785	6794	6803	1	2	3	4	5	5	6	7	8
48	6812	6821	6830	6839	6848	6857	6866	6875	6884	6893	1	2	3	4	4	5	6	7	8
49	6902	6911	6920	6928	6937	6946	6955	6964	6972	6981	1	2	3	4	4	5	6	7	8
50	6990	6998	7007	7016	7024	7033	7042	7050	7059	7067	1	2	3	3	4	5	6	7	8
51	7076	7084	7093	7101	7110	7118	7126	7135	7143	7152	1	2	3	3	4	5	6	7	8
52	7160	7168	7177	7185	7193	7202	7210	7218	7226	7235	1	2	2	3	4	5	6	7	7
53	7243	7251	7259	7267	7275	7284	7292	7300	7308	7316	1	2	2	3	4	5	6	6	7
54	7324	7332	7340	7348	7356	7364	7372	7380	7388	7396	1	2	2	3	4	5	6	6	7

FIGURA 4.8 Uma página da tabela logarítmica.

ilustrado para o caso simples de calcular a circunferência C de um círculo de diâmetro D. O conceito e as etapas nos cálculos são como segue:

As equações 4.21, 4.22 e 4.23 demonstram como uma operação de multiplicação pode ser feita como uma operação de adição usando as tabelas de log. Logaritmos de π e diâmetro são procurados nas tabelas de log e adicionados para a obtenção do logaritmo da circunferência. A resposta é obtida procurando-se o antilog da soma em outro conjunto de tabelas.

$$C = \pi D \tag{4.21}$$

$$\log C = \log \pi + \log D \tag{4.22}$$

$$C = \text{Antilog}(\log C) \tag{4.23}$$

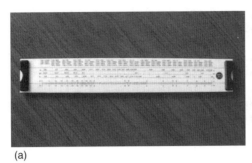
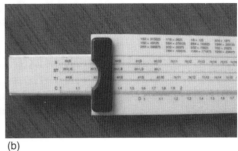

(a)   (b)

FIGURA 4.9 Régua de cálculo – (a) fechada, (b) aberta (escala deslizante para fora).

O cálculo irá funcionar com logaritmos para qualquer base; contudo, em geral as tabelas são aquelas de logaritmos comuns (para a base 10) em vez dos logaritmos naturais (para a base *e*). Uma compilação expressiva de logaritmos comuns com até 24 casas decimais até o número 200 mil estava disponível até o final do século 18 por meio de esforços de um grande número de pessoas.

Essas compilações e calculadoras antigas eram raramente portáteis, uma desvantagem que foi superada pela régua de cálculo. Esse refinado dispositivo era do tamanho de uma régua e pequeno o suficiente para caber no bolso de uma camisa. Alguns exemplos são mostrados na Figura 4.9. Como visto na figura, uma régua de cálculo tem uma parte deslizante central e as partes fixa e deslizante são marcadas com várias escalas. Multiplicação, divisão e logaritmo, assim como cálculos trigonométricos, podem ser rapidamente feitos com a régua de cálculo, que se tornou uma ferramenta indispensável para engenheiros até ser suplantada por calculadoras científicas baratas em meados dos anos 1970.

O advento dos computadores capacitou os engenheiros a realizarem cálculos altamente complexos e repetitivos e melhorou a exatidão de soluções. Os computadores de grande porte eram uma unanimidade até os anos 1950, com os engenheiros escrevendo programas e submetendo-os como tarefas a serem rodadas nesses computadores.

Avanços tecnológicos rápidos em memória e armazenagem de dados, materiais e processadores resultaram na redução de custo dos computadores, tornando-os acessíveis para a maioria das pessoas. Na metade dos anos 1990, os computadores pessoais (PCs) tornaram-se unanimidade e um acessório essencial para o estudante de Engenharia. A redução contínua de custo e tamanho dos dispositivos resultaram na capacidade de obtenção de dispositivos portáteis, como *laptops* e *tablets*, que nos permitem realizar praticamente todos os tipos de cálculos, exceto os mais complicados que requerem o uso de supercomputadores.

4.3.2 *Software*

Conforme já mencionado, máquinas computacionais necessitam de instruções para fazer cálculos. Essas instruções são codificadas em uma estrutura bem definida – a linguagem de programação. Todas as etapas computacionais são escritas de acordo com as regras da linguagem computacional, resultando em um programa, que pode ser então compilado e executado pelo computador [4].

Desenvolvido nos anos 1950, o *Fortran* (de *for*mula *tran*slation) tornou-se a linguagem computacional dominante na computação científica e até hoje continua a ser a linguagem preferida para cálculos altamente intensivos de grandes sistemas. Cada linha do programa Fortran era transferida para um cartão perfurado. (Um cartão perfurado IBM com 80 colunas é mostrado na Figura 4.10. Cada número, letra e símbolo eram representados por um buraco ou buracos na coluna [11].) Um conjunto de tais cartões perfurados constituía um programa que, juntamente com os dados necessários, seria rodado como uma tarefa (*job*) no computador de grande porte (*mainframe computer*). Desenvolvimentos subsequentes eliminaram a necessidade de perfurar cartões, e um programa Fortran pode agora ser rodado em um computador pessoal, similar a programas em outras linguagens.

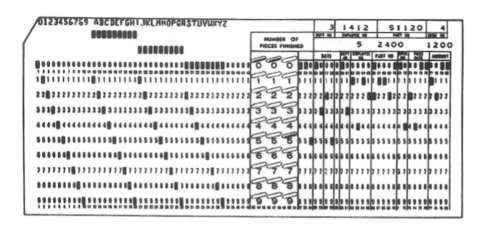

FIGURA 4.10 Cartão perfurado ilustrando a representação de números e letras por buracos perfurados.
Fonte: Ceruzzi, P. E., *A History of Modern Computing*, 2ª edição, MIT Press, Cambridge, Massachusetts, 2003.

Um grande número de módulos de programas desenvolvidos ao longo dos anos 1960 resultaram em uma valiosa biblioteca de programas em Fortran, e esses módulos são usados todos os dias em todos os cálculos científicos e de Engenharia.

Embora Fortran permaneça indispensável para a computação avançada, um grande número de pacotes computacionais avançados está disponível para PC, tendo como finalidade fazer a maioria dos cálculos de Engenharia Química. A grande disponibilidade desses pacotes computacionais tem eliminado essencialmente a necessidade de as pessoas escreverem seus próprios códigos para tudo, mas somente para problemas muito específicos [12]. A seguir, serão apresentadas descrições de alguns poucos pacotes computacionais.

4.3.2.1 Planilhas

Um programa com planilhas é um componente integral de um pacote computacional para PCs, com Microsoft Excel sendo o dominante. As planilhas armazenam dados em uma malha de até 1 milhão de linhas e 16 mil colunas. As planilhas têm funções integradas para fazer praticamente todos os cálculos e também fornecem recursos de programação capazes de executar qualquer outro tipo de cálculo. Os recursos dos programas incluem, entre outros:

- Ferramentas para resolver equações algébricas e transcendentais
- Ferramentas gráficas e de regressão
- Ferramentas para resolver cálculos iterativos
- Ferramentas de dados e análise estatística

As planilhas podem ser usadas para resolver todo tipo de problemas computacionais, inclusive as equações diferenciais e integrais descritas na Seção 4.1.

4.3.2.2 Pacotes Computacionais

Uma série de pacotes computacionais que fornecem um ambiente computacional tem se tornado disponível no decorrer dos últimos 30 anos. Incluem MATLAB (Mathworks, Inc., Massachusetts, EUA), Mathematica (Wolfram Research, Illinois, EUA), Maple (Waterloo Maple, Ontario, Canadá), Mathcad (MathSoft, Massachusetts, EUA) e outros. Esses pacotes, em geral, oferecem, em vários graus, uma habilidade para fazer computações numéricas e simbólicas, gráficos, assim como programação. Cada pacote tem sua *sintaxe* característica – regras para instruções de construção – e grau de interação com o usuário. Como no caso das planilhas, praticamente todos os tipos de problemas computacionais podem ser operados por esses pacotes, os quais fornecem também um benefício adicional de ter constantes científicas/de Engenharia e unidades integradas. O Apêndice A apresenta uma discussão comparativa de alguns desses programas.

4.3.2.3 COMSOL

COMSOL (Comsol Group, Suécia e EUA) é um pacote computacional poderoso, especificamente apropriado para resolver problemas acoplados de Física e Engenharia. Comercializado como um pacote de multifísica, o COMSOL oferece um ambiente de modelagem e de simulação para todas as engenharias. Os vários módulos disponíveis no COMSOL permitem aos usuários resolver problemas relacionados com escoamento de fluidos, transferência de calor, engenharia de reações, eletroquímica e muitos outros.

4.3.2.4 Software *de Simulação de Processo*

Plantas de processos químicos são estruturas complexas que consistem em um grande número de unidades. Os sistemas de *software* descritos anteriormente suportam cálculos relativos a uma única etapa ou a uma única unidade. Vários pacotes computacionais abrangentes de simulação de processos são usados pela indústria química para projetar, controlar e otimizar operações de plantas de processos químicos. O poder computacional oferecido por esses sistemas de *software* capacita o engenheiro químico a obter projeto integrado de planta em uma fração do tempo necessário para o seu advento. A seguir, alguns proeminentes exemplos de *softwares*:

- Aspen Plus, da AspenTech, Massachusetts, EUA
- PRO/II, da Invensys, Texas, EUA (uma divisão da Schneider Electric)
- ProSimPlus, da ProSim, S.A., França
- CHEMCAD, da Chemstations, Inc., Texas, EUA

Todos esses sistemas de *softwares* oferecem recursos e interfaces de usuário similares. Um engenheiro de projeto irá usar, invariavelmente, um desses ambientes para projetar uma operação, uma unidade ou a planta. O Apêndice B ilustra os recursos de um desses pacotes – PRO/II – na resolução de um problema complexo de separação, com a finalidade de dar uma ideia da surpreendente capacidade computacional à sua disposição.

Além desses pacotes computacionais genéricos, alguns pacotes especializados de aplicações específicas estão também disponíveis, tais como o FLOTRAN/ANSYS (ANSYS Inc., Pensilvânia, Estados Unidos) para cálculos dinâmicos de escoamento/fluido. Pacotes com fontes abertas, como Modelica (JModelica.org), estão também disponíveis para modelagem e simulação de sistemas complexos.

4.4 Resumo

Os engenheiros químicos atuam em uma ampla série de cálculos que variam de simples cálculos aritméticos de resolução de equações diferenciais parciais a simulação de plantas inteiras de processos. Os avanços tecnológicos têm capacitado engenheiros a acessar computadores de alto desempenho e a usar pacotes avançados para obter soluções rapidamente. Como imaginado por Leibniz, isso permitiu aos engenheiros se livrarem de tarefas computacionais laboriosas, repetitivas e que consomem tempo. Desse modo é possível concentrar-se em missões mais importantes para desenvolver tecnologia do conceito à implementação prática.

Referências

1. Varma, A., and M. Morbidelli, *Mathematical Methods in Chemical Engineering*, Oxford University Press, Oxford, England, 1997.
2. Wankat, P. C., *Separation Process Engineering*, Third Edition, Prentice Hall, Upper Saddle River, New Jersey, 2012.
3. Kyle, B. G., *Chemical and Process Thermodynamics*, Third Edition, Prentice Hall, Upper Saddle River, New Jersey, 1999.

74 Capítulo 4

4. Chapra, S. C., and R. P. Canale, *Numerical Methods for Engineers*, Seventh Edition, McGraw-Hill, New York, 2014.

5. Welty, J. R., C. E. Wicks, R. E. Wilson, and G. L. Rorrer, *Fundamentals of Momentum, Heat, and Mass Transfer*, Fifth Edition, John Wiley and Sons, New York, 2008.

6. Fogler, H. S., *Elements of Chemical Reaction Engineering*, Fourth Edition, Prentice Hall, Upper Saddle River, New Jersey, 2006.

7. Doraiswamy, L. K., and D. Üner, *Chemical Reaction Engineering: Beyond the Fundamentals*, CRC Press, Boca Raton, Florida, 2014.

8. Rice, R. G., and D. D. Do, *Applied Mathematics and Modeling for Chemical Engineers*, Second Edition, John Wiley and Sons, New York, 2012.

9. Riggs, J. B., *An Introduction to Numerical Methods for Chemical Engineers*, Second Edition, Texas Tech University Press, Lubbock, Texas, 1994.

10. Pozrikidis, C., *Numerical Computation in Science and Engineering*, Second Edition, Oxford University Press, New York, 2008.

11. Ceruzzi, P. E., *A History of Modern Computing*, Second Edition, MIT Press, Cambridge, Massachusetts, 2003.

12. Finlayson, B. A., *Introduction to Chemical Engineering Computing*, Second Edition, John Wiley and Sons, New York, 2014.

Problemas

4.1 A regra de Cramer e a inversão-multiplicação de matriz oferecem técnicas alternativas para resolver um sistema de equações algébricas lineares. Faça uma pesquisa na literatura para coletar informações sobre essas duas técnicas: as técnicas da eliminação e da iteração discutidas neste capítulo. Compare as várias técnicas em relação à complexidade de algoritmos, à facilidade de implementação e a erros potenciais.

4.2 A técnica de Newton-Raphson pode não convergir para uma solução. Analisando a equação 4.16, de que outra maneira possível a técnica pode falhar?

4.3 As raízes de qualquer equação podem ser encontradas por meio do que é conhecido como a *técnica dos colchetes*. Pesquise na literatura e explique o princípio por trás de tais técnicas de solução.

4.4 Os seguintes dados foram obtidos em um experimento em que a concentração de um substrato foi monitorado em função do tempo. Calcule a primeira derivada da concentração em relação ao tempo para todos os tempos possíveis com a fórmula da diferença progressiva. Pode a segunda derivada também ser calculada numericamente?

Tempo, s	Concentração
0	0
10	0,5
20	1,0
30	2,0
40	4,0
50	5,5
60	6,5
70	7,0
90	7,7

4.5 Qual é a área sob a curva de concentração-tempo obtida a partir dos dados mostrados no problema 4.4? Use o método do trapézio. Uma técnica alternativa é usar o método do retângulo. Qual é a diferença nas áreas, se a área for calculada pelo método do retângulo?

CAPÍTULO 5

Cálculos em Escoamento de Fluidos

Grandes redemoinhos têm pequenos redemoinhos que se alimentam de sua velocidade, e pequenos redemoinhos têm redemoinhos menores e assim por diante até a viscosidade.

– Lewis Fry Richardson[1]

O cenário de uma planta de processo químico é dominado por uma malha de tubos que conectam as várias partes de um grande equipamento e que transferem material de um ponto a outro. Projetar e otimizar esse sistema de tubulações requer que um engenheiro químico tenha conhecimento dos fenômenos que ocorrem no fluido em escoamento. As disciplinas de mecânica dos fluidos e dos fenômenos de transporte explicam esses fenômenos, começando pelo nível molecular. Este capítulo apresenta os conceitos gerais relativos à natureza do escoamento de fluidos e os cálculos básicos associados.

5.1 Descrição Qualitativa de Escoamento em Dutos

Considere um tubo fechado em ambas as extremidades e cheio de líquido. O líquido é composto de um número muito grande de moléculas, cada uma das quais ocupa certa posição no corpo estagnante do líquido. A posição da molécula não está completamente fixa, como seria no caso de um sólido, nem completamente aleatória, como no caso de um gás. Uma molécula pode exibir um leve movimento aleatório, contudo pode ser considerada como em estado de equilíbrio dinâmico – uma posição global fixa em relação ao tempo. Agora, válvulas são abertas em ambas as extremidades do tubo e ao líquido é permitido escoar continuamente a partir da fonte a montante.

A baixas vazões volumétricas, as moléculas tendem a seguir uma trajetória em linha reta na direção de escoamento. A posição de uma molécula não varia em relação à posição das moléculas vizinhas na direção de escoamento; há pouca ou nenhuma tendência por parte da molécula para se mover na direção perpendicular à direção do escoamento. Em outras palavras, o escoamento ocorre estritamente na direção axial sem nenhum movimento transversal das moléculas.

À medida que a vazão aumenta, esse arranjo ordenado tende a acabar. As moléculas começam a se desviar de suas trajetórias lineares e começam a se misturar com outras moléculas em ambas as direções axial e transversal. Quando a vazão aumenta ainda mais, o movimento das moléculas se torna altamente aleatório, resultando em uma mistura completa na direção transversal. O escoamento no primeiro caso pode ser visualizado como um escoamento de camadas paralelas sem mistura das mesmas – escoamento *laminar* – e o escoamento no último caso pode ser visualizado como escoamento completamente misturado – escoamento *turbulento*.

Os dois padrões distintos de escoamento podem ser observados quando uma tinta colorida é injetada na corrente em escoamento. A Figura 5.1 mostra a evidência de escoamentos laminar e turbulento obtidos por esse experimento [1]. O lado esquerdo da figura mostra a trajetória linear traçada pelas partículas coloridas no escoamento laminar, e o lado direito mostra como as partículas se dispersaram no corpo do fluido no escoamento turbulento. Esse experimento foi originalmente feito em 1883 por Osborne Reynolds (cuja experiência no campo de mecânica dos fluidos não pode ser exagerada) e pode ser facilmente feita em qualquer laboratório.

---

[1] Matemático inglês, conhecido por suas contribuições no campo da previsão do tempo e fractais. Fonte da citação: Richardson, L. F., *Weather Prediction by Numerical Process*, Segunda Edição, Cambridge University Press, Cambridge, Inglaterra, 2007.

75

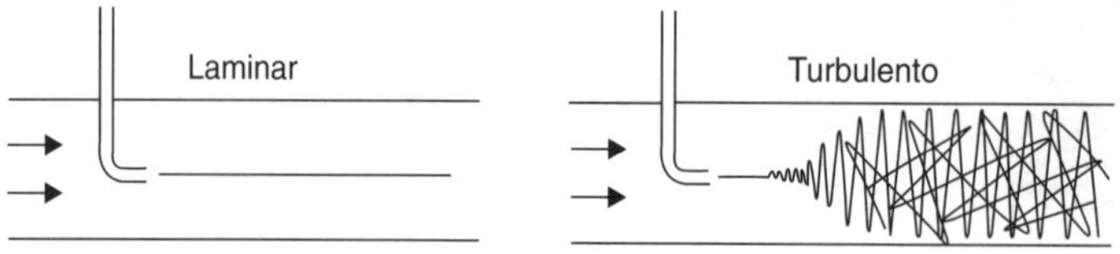

FIGURA 5.1 Escoamentos laminar e turbulento.
Fonte: Olson, A. T. e K. A. Shelstad, *Introduction to Fluid Flow and the Transfer of Heat and Mass*, Prentice Hall, Englewood Cliffs, Nova Jersey, 1987.

5.1.1 Perfis de Velocidades em Escoamentos Laminar e Turbulento

A distinção entre escoamentos laminar e turbulento se torna prontamente aparente a partir dos perfis de velocidades – velocidade das moléculas ou das partículas em função da posição na direção perpendicular à direção de escoamento, conforme mostrado na Figura 5.2 [2]. O perfil de velocidades no escoamento laminar é parabólico, com velocidade igual a zero nas paredes e velocidade máxima no centro do duto. O perfil de velocidades do escoamento turbulento, em contraste, é relativamente plano, com a maioria das partículas, exceto aquelas em uma região estreita próxima das paredes, tendo velocidades similares.

O regime de escoamento – laminar ou turbulento – tem um impacto significativo sobre o projeto e a operação do sistema de tubulação. Um engenheiro químico para projetar tal sistema necessita especificar os requerimentos de potência para mover o material. Deve ficar claro dessa discussão que os fenômenos que ocorrem nos dois regimes são fundamentalmente diferentes. Os requerimentos de potência têm dependência diferente em relação às propriedades do sistema e às condições operacionais, e o engenheiro necessita ter um critério quantitativo para determinar se o escoamento é laminar ou turbulento. O tratamento matemático fundamental dos fenômenos de escoamento de fluidos será apresentado a seguir.

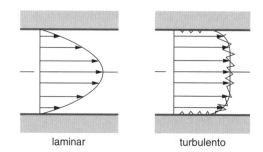

FIGURA 5.2 Perfis de velocidades nos escoamentos laminar e turbulento.
Fonte: Oertel, H., *Prandtl's Essentials of Fluid Mechanics*, Segunda Edição, Springer, Nova York, 2004.

5.2 Análise Quantitativa de Escoamento de Fluidos

Como já mencionado, uma das maiores responsabilidades de um engenheiro químico envolve a determinação da potência e da energia para o escoamento de fluidos. Isso requer entendimento do balanço de energia para o escoamento do fluido, apresentado na seção 5.2.1.

5.2.1 Balanço de Energia para Escoamento de Fluidos

O balanço de energia para sistemas envolvendo um escoamento simples de um fluido é caracterizado pela falta de conversão de energia química, térmica ou qualquer outro tipo de energia em energia mecânica. Essencialmente, a formulação matemática resultante é simplesmente um *balanço de energia mecânica* em que as contribuições de energia aparecem dos termos de energia potencial e cinética e do termo de trabalho de escoamento [3]. Para um fluido incompressível (massa específica constante) que não experimenta qualquer atrito, o balanço de energia mecânica é dado pela equação 5.1 [1]:

$$\frac{P}{\rho} + \frac{V^2}{2} + gz = \text{constante} \tag{5.1}$$

em que P é a pressão, V é a velocidade, ρ é a massa específica do fluido, z é a elevação do fluido no campo gravitacional e g é a aceleração da gravidade. Os termos na equação têm as unidades de J/kg (energia por unidade de massa) e essa equação é conhecida como equação de Bernoulli [1]. A validade da equação de Bernoulli é limitada a escoamento sem atrito, mas na realidade, efeitos friccionais necessitam ser considerados. A aplicação da equação de Bernoulli entre os pontos 1 e 2 resulta na equação 5.2 [1]:

$$\frac{P_1}{\rho} + \frac{V_1^2}{2} + gz_1 + w_{entrada} = \frac{P_2}{\rho} + \frac{V_2^2}{2} + gz_2 + h_f \tag{5.2}$$

em que h_f representa as perdas por atrito. Considera-se que o escoamento do fluido seja feito por meio de uma bomba entre os dois pontos, e $w_{entrada}$ é simplesmente o trabalho cedido pela bomba. Deve ficar claro da equação 5.2 que o requerimento de potência para transferir um fluido de um ponto a outro depende dos quatro fatores seguintes:[2]

- Diferença na pressão hidrostática entre os dois pontos

- Diferença na elevação dos dois pontos

- Diferença entre as velocidades do fluido nos dois pontos

- Perdas por atrito no sistema de tubulação

As perdas por atrito dependem do regime de escoamento, e a consideração dessas perdas requer um entendimento do conceito de viscosidade.

5.2.2 Viscosidade

O conceito de atrito é facilmente entendido para um corpo rígido e sólido. Para um objeto sólido se mover, deve-se superar a resistência de outro objeto em contato com este objeto. Uma situação similar pode ser imaginada no caso de um fluido escoando. Considere o perfil de velocidades para o escoamento laminar mostrado na Figura 5.2. As moléculas estão escoando em camadas empilhadas umas sobre as outras. As moléculas em contato com a parede podem ser consideradas estacionárias por causa do atrito com a parede – um estado chamado de condição de *aderência*. A camada de moléculas ligadas a essa camada tem de deslizar contra a camada estacionária. Similarmente, há um movimento relativo entre todas as camadas adjacentes, causando as perdas por atrito. A resistência ao movimento entre as camadas é maior na parede, diminuindo em direção ao centro do duto.

Essa variação na velocidade axial com a posição na direção normal da direção do escoamento causa uma tensão cisalhante no fluido. Essa tensão cisalhante, multiplicada pela área sobre a qual atua, resulta na força cisalhante – resistência friccional ao escoamento. A tensão cisalhante para um fluido depende do gradiente de velocidade – quão rapidamente a velocidade varia com a distância. A equação seguinte mostra isso matematicamente [4]:

$$\tau = -\mu \left(\frac{dv_x}{dy} \right) \tag{5.3}$$

em que τ é a tensão cisalhante e v_x é a velocidade na direção x, que depende da posição na direção y. A equação 5.3, conhecida como a *lei de viscosidade de Newton*, indica que a tensão cisalhante é diretamente proporcional ao gradiente de velocidade, com a constante de proporcionalidade sendo μ,

---

[2] Um estudante encontrará a análise detalhada quando fizer um balanço de energia mecânica em alguma disciplina posterior.

que é a *viscosidade dinâmica* do fluido. Fluidos que seguem essa relação simples são chamados de *fluidos newtonianos*. Muitos outros fluidos que não obedecem a essa relação são chamados de *fluidos não newtonianos*. O sinal negativo na equação aparece das considerações direcionais, com a velocidade e a posição sendo quantidades vetoriais, em que viscosidade é um escalar e a tensão cisalhante é um tensor. As considerações direcionais são desconsideradas nos cálculos neste livro e somente valores absolutos são considerados, reduzindo a equação à seguinte forma:

$$|\tau| = \mu \left| \left(\frac{dv_x}{dy} \right) \right| \tag{5.4}$$

A unidade da viscosidade no SI é $N \cdot s/m^2$ (equivalentemente, $Pa \cdot s$ ou $kg/m \cdot s$); a unidade no sistema centímetro-grama-segundo (CGS) é *poise* (P ou $g/cm \cdot s$). Viscosidade é uma função da temperatura; a viscosidade da água é 1 cP ou 1 mPa $\cdot$ s a ~21 ºC. Em contraste, as viscosidades do mel e da glicerina estão entre 1500 e 2000 cP na temperatura ambiente. A dificuldade com o escoamento desses fluidos pode ser explicada com base nas suas viscosidades. Viscosidades de substâncias podem ser previstas a partir da teoria ou determinadas experimentalmente.

A força necessária para colocar um fluido em movimento pode ser obtida multiplicando-se a tensão cisalhante pela área sobre a qual atua, que é a área superficial de contato entre as camadas. O diferencial de pressão necessário para fazer o fluido escoar pode então ser obtido pela divisão da força pela área da seção transversal de escoamento, que é a área na direção perpendicular à direção de escoamento.

5.2.3 Número de Reynolds

Como já mencionado, o regime de escoamento é laminar a baixas vazões. Forças viscosas friccionais predominam nessas vazões. À medida que a vazão aumenta, o arranjo ordenado laminar é interrompido e as forças inerciais associadas com o movimento de massa começam a predominar. A razão entre essas duas forças pode ser relacionada às propriedades intrínsecas do fluido (viscosidade μ, massa específica ρ) e parâmetros de escoamento (comprimento característico l, velocidade média v), por meio da grandeza adimensional denominada *número de Reynolds* em homenagem a Osborne Reynolds:

$$Re = \frac{lv\rho}{\mu} \tag{5.5}$$

Reynolds, em seus experimentos, observou que a transição do escoamento laminar para o turbulento ocorreu no número de Reynolds de 2300; ou seja, o escoamento foi laminar abaixo desse valor e começou a passar a escoamento turbulento a partir daí. Essa transição pode ocorrer sobre uma faixa de números de Reynolds; o escoamento é frequentemente considerado como completamente turbulento quando Re excede 4000. O comprimento característico depende da geometria do sistema. Para dutos cilíndricos, o diâmetro d é usado como a dimensão de comprimento para calcular Re. Deve ser notado que essas faixas de Re são aplicáveis a escoamentos internos; ou seja, um escoamento através de dutos. Para escoamentos externos, ou seja, escoamentos sobre superfícies e objetos, tais como ao redor de um carro ou de um avião, outros critérios quantitativos se aplicam para a transição entre laminar e turbulento [5].

5.2.4 Queda de Pressão ao Longo de um Duto para Escoamento

As perdas por atrito devido ao escoamento de fluidos resultam em uma diminuição de pressão a partir de um ponto a montante para um ponto a jusante. Em outras palavras, necessita-se de uma maior pressão a montante para superar perdas friccionais de modo a transferir fluido do ponto a montante para o ponto a jusante. A queda de pressão pode ser vista como o potencial que induz o escoamento do fluido, análogo à voltagem em um circuito elétrico. Expressões matemáticas diferentes são usadas para obter essa queda de pressão para os dois regimes diferentes de escoamento.

A seguinte equação mostra a queda de pressão para o escoamento laminar através de um tubo com seção circular transversal com área constante, de diâmetro d:

$$\Delta P = \frac{128 \mu L Q}{\pi d^4} \quad (5.6)$$

Nessa equação, ΔP é a queda de pressão ao longo do comprimento L do tubo quando a vazão volumétrica é Q. A equação 5.6 é chamada de *equação de Hagen-Poiseuille* [1] em homenagem a J. L. Poiseuille, que desenvolveu essa fórmula.

No escoamento turbulento, a queda de pressão é dada pela seguinte equação:

$$\Delta P = \frac{2 f v^2 L \rho}{d} \quad (5.7)$$

em que f é o fator de atrito,[3] que é uma função do número de Reynolds. A Figura 5.3 mostra a tendência generalizada exibida pelo fator de atrito em função do número de Reynolds [3]. O fator de atrito, em regimes turbulentos, mostra também uma dependência com a rugosidade do tubo, como indicado pelo valor do parâmetro k/D na figura.

Engenheiros químicos usam frequentemente a equação de Nikuradse (mencionada no Capítulo 4, "Introdução a Cálculos em Engenharia Química") para calcular o fator de atrito para escoamento turbulento através de tubos lisos:

$$\frac{1}{\sqrt{f}} = 4{,}0 \log_{10} \left\{ Re\sqrt{f} \right\} - 0{,}40 \quad (5.8)$$

Essa equação é válida para escoamentos tendo Re entre 4000 e $3{,}2 \times 10^6$. A queda de pressão assim obtida é usada mais adiante na equação de balanço de energia mecânica para calcular os requisitos de potência para bombear um fluido.

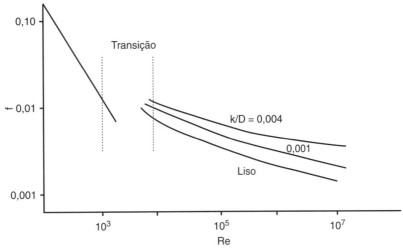

FIGURA 5.3 Um gráfico generalizado do fator de atrito.
Fonte: Thomson, W. J., *Introduction to Transport Phenomena*, Prentice Hall, Upper Saddle River, Nova Jersey, 2000.

5.3 Problemas Básicos Computacionais

Engenheiros químicos encontram problemas que variam em complexidade de simples cálculos aritméticos a problemas que envolvem programação. Os exemplos a seguir apresentam alguns poucos problemas, juntamente com as técnicas de solução usando Excel e Mathcad.

---

[3] O fator de atrito, como usado aqui e por engenheiros químicos em geral, é o *fator de atrito de Fanning*. Engenheiros mecânicos e civis usam frequentemente o *fator de atrito de Darcy*, que tem o mesmo significado físico, embora calculado diferentemente.

Exemplo 5.1 — Fator de Atrito para Escoamento em Tubos

Calcule o fator de atrito de Fanning usando a equação de Nikuradse para o escoamento de água por um tubo de diâmetro igual a 1 polegada, quando o número de Reynolds for 10.000.

Solução (usando um programa com planilha)

Essa equação pode ser resolvida usando um programa com planilha, tal como o Excel da Microsoft. O Excel tem uma função interna, chamada *Atingir Metas* (*Goal Seek*), que capacita os usuários a resolver a equação transcendental. O procedimento em etapas para a solução é dado a seguir:

1. Digite o valor do número de Reynolds em uma célula (B2).
2. Digite uma estimativa inicial para o fator de atrito em outra célula (B3).
3. Reagrupe a equação 5.6 na forma de uma função do número de Reynolds e do fator de atrito ($f(Re,f) = 0$), como mostrado a seguir, e avalie para valores previamente alimentados em outra célula (C3).

$$\frac{1}{\sqrt{f}} - 4,0 \log\left\{Re\sqrt{f}\right\} + 0,40 = 0 \tag{E5.1}$$

4. O valor da função não será provavelmente igual a 0, significando que a estimativa inicial do fator de atrito não estava correta. Aqui, uma estimativa inicial de 0,1 para o fator de atrito leva a um valor de função de −10,44, indicando que a estimativa estava incorreta. Clique na opção DADOS na aba do Menu, seguida da *Análise E Se* e depois selecione *Atingir Metas*, conforme mostrado na Figura 5.4.[4]

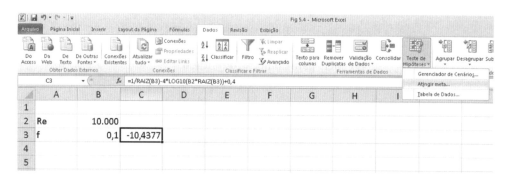

FIGURA 5.4 Ferramenta Atingir Metas do Excel.

5. Isso traz uma caixa de diálogo em que a célula C3 (função) deve ser especificada com o valor igual a 0, pela manipulação da célula B3 (fator de atrito *f*), como mostrado na Figura 5.5. Clique em Ok.

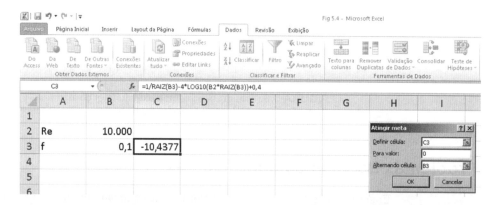

FIGURA 5.5 Especificando a restrição da solução em Atingir Metas.

---

[4] O Excel também tem um recurso muito mais poderoso, o *Solver*, que permite ao usuário manipular várias células tão bem quanto especificar restrições para a solução (por exemplo, nenhuma raiz negativa ou solução de máximo/mínimo permitida etc.) para resolver tais problemas.

O Excel chega à solução mudando o valor na célula B3, finalmente chegando ao valor de *f* igual a 0,0007727, com o valor da função na célula C3 chegando ao valor de −5,1E-6 (~0), conforme mostrado na Figura 5.6.

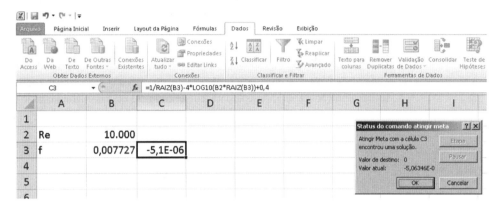

FIGURA 5.6 Solução da equação de Nikuradse por meio do recurso Atingir Metas do Excel.

Solução (usando o Mathcad)

O mesmo problema pode também ser resolvido usando o Mathcad. O procedimento para a solução em etapas é dado a seguir:

1. Especifique o valor do número de Reynolds digitando Re:10000. (Note que aparece a declaração Re := 10000.)
2. Defina uma função (ff) de *Re* e do fator de atrito *f*, digitando o seguinte:
   ff(Re,f):4,0*log(Re*\f)-0.40-1/ \f
   (Note que o asterisco [*] designa multiplicação; a contrabarra [\] significa raiz quadrada; e a barra [/] significa divisão).
3. Estime um valor inicial de *f* digitando f:0.01.
4. Digite f.ans:root(ff(Re,f),f) para usar o comando *root* para solução. Digitando = no final dessa declaração resulta $7{,}727 \times 10^{-3}$ como o fator de atrito, conforme mostrado na Figura 5.7.

A aparência das declarações é diferente dos caracteres digitados. Deve ser notado também que há maneiras alternativas para especificar a raiz quadrada no Mathcad. É deixado para o leitor explorar as alternativas.

Procedimentos similares podem ser usados para obter a solução usando outros *softwares* – MATLAB, Mathematica, Maple e assim por diante – mencionados anteriormente.

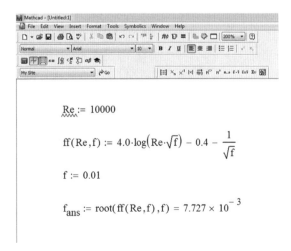

FIGURA 5.7 Solução da equação de Nikuradse usando o Mathcad.

Exemplo 5.2 — Viscosidade de um Fluido

A viscosidade de um fluido é uma função da temperatura e da massa específica de um fluido. A viscosidade da água medida experimentalmente em várias temperaturas é mostrada na Tabela E5.1. Qual é a viscosidade a 25 °C?

Solução (usando um programa com planilha)

A abordagem para resolver este problema envolve ajustar uma função (polinomial nesse caso) aos dados e avaliar a função no valor desejado de temperatura. As etapas envolvidas são dadas a seguir:

TABELA E5.1   Viscosidade da Água em Função da Temperatura

T, °C	μ, mPa s
5	1,519
10	1,307
20	1,002
30	0,798
40	0,653
50	0,547
60	0,467
70	0,404
80	0,355
90	0,315

1. Insira os dados da Tabela E5.1 em duas colunas.
2. Selecione os dados clicando no canto superior esquerdo dos dados (célula contendo o número 5) e mova o cursor para o canto inferior direito (célula contendo o número 0,315) antes de soltar o botão.
3. Clique na opção INSERIR no menu do comando e selecione o gráfico de dispersão sob a opção de Gráficos. Isso resulta em um gráfico x-y, criado com os dados, conforme mostrado na Figura 5.8.

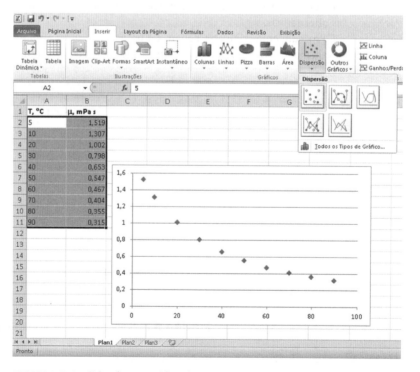

FIGURA 5.8 Criando um gráfico de viscosidade-temperatura em Excel.

4. Para ajustar uma curva aos dados, clique com o botão direito do mouse nos dados de modo a trazer uma caixa de opções e selecione Formatar Linha de Tendência a partir do menu, como mostrado na Figura 5.9.

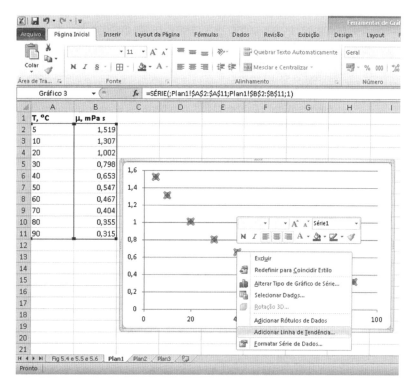

FIGURA 5.9 Ajustando uma linha de tendência aos dados.

5. A caixa com a opção Formatar Linha de Tendência é aberta à direita das células, permitindo um número de opções para o tipo de função a ser ajustada. Selecione Polinômio de terceiro grau (uma equação cúbica) e verifique as caixas para obter a equação e o coeficiente de determinação R² no gráfico. A equação resultante é $y = -3e - 6x^3 + 0{,}0006x^2 - 0{,}045x + 1{,}7154$, y sendo a viscosidade e x sendo a temperatura. O coeficiente de determinação para o ajuste é 0,9993, indicando que o ajuste polinomial de terceiro grau ajusta os dados com precisão dentro da faixa dada de temperatura. O gráfico resultante, a equação da linha de tendência e o coeficiente de determinação são mostrados na Figura 5.10.

6. Avalie a função em $x = 25$ para calcular a viscosidade em 25 °C. Isso resulta em uma viscosidade de 0,9185 mPa · s.

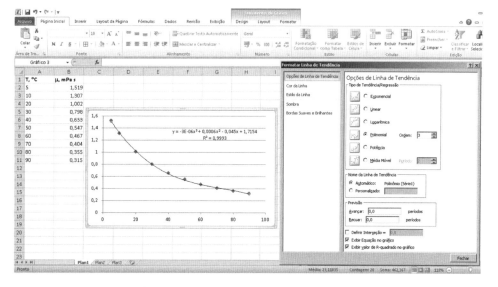

FIGURA 5.10 Ajuste cúbico dos dados de viscosidade-temperatura.

Solução (usando Mathcad)

A solução usando Mathcad começa pela criação de uma tabela de dados. As etapas são dadas a seguir:

1. Clique em Inserir, selecione Dados e depois Tabela, no menu suspenso. Isso cria uma tabela, cujas linhas e colunas podem conter os números. Insira uma tabela com o nome da variável Temp e outra como o nome μ, entrando os valores correspondentes de temperatura e viscosidade na primeira coluna das tabelas respectivas. (A letra grega μ é obtida no Mathcad digitando *m* e em seguida pressionando simultaneamente as teclas <Ctrl+g>.)[5]
2. Uma função de regressão é usada para a regressão polinomial. Os argumentos da função são Temp, μ e 3, representando a variável independente e o grau do polinômio, respectivamente. Digite vs:regress(Temp, μ,3)= para obter um vetor coluna, que consiste nos seguintes valores: 3; 3; 3; 1,715, −0,045, 5,558×10^{-4} e −2,556×10^{-6}, como mostrado na Figura 5.11. Os três primeiros números representam a função de regressão, a localização do primeiro coeficiente e o grau do polinômio; os quatro últimos números representam os valores dos coeficientes no polinômio começando com a constante. A equação resultante é $\mu = -2{,}556e{-}6\,\text{Temp}^3 + 0{,}000558\,\text{Temp}^2 - 0{,}045\,\text{Temp} + 1{,}715$, que está próximo do valor obtido por Excel.
3. Use a função interp para obter a viscosidade a 25 °C. Essa função tem quatro argumentos: vs, Temp, μ e 25; isto é, o vetor de regressão, variável independente, variável dependente e o valor da variável independente no qual o valor da função é desejado. Digitando interp(vs,Temp,μ,25)= resulta um valor de 0,898 mPa · s para a viscosidade.

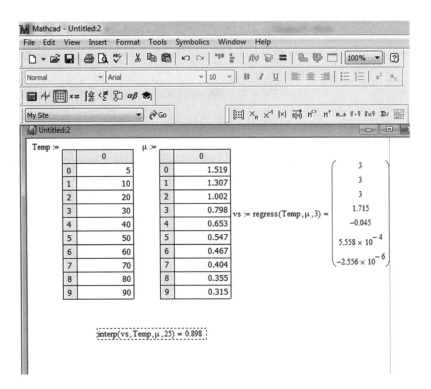

FIGURA 5.11 Regressão de uma equação cúbica para os dados de viscosidade-temperatura em Mathcad.

4. Defina uma função da viscosidade usando os coeficientes previamente obtidos, digitando vis(T): −2,556*10^-6*T^3+5,558*10^-4*T^2−0,045*T+1,715.
5. Para criar um gráfico de viscosidades observadas e calculadas, defina primeiro uma faixa de temperaturas: T:5,5.1;90. Clique no botão Ferramentas de Gráficos ou escolha Inserir no menu de comando seguido por Gráficos no menu suspenso, para inserir um gráfico no programa. O gráfico resultante mostrando os dados observados como símbolos e os valores calculados como linha é apresentado na Figura 5.12. Os detalhes das manipulações são deixados para o leitor.

---

[5] Neste livro, as combinações da tecla Ctrl são envolvidas em colchetes angulares, para indicar que as teclas têm de ser pressionadas simultaneamente. Por exemplo, <Ctrl+g> significa para segurar a tecla Ctrl e pressionar g.

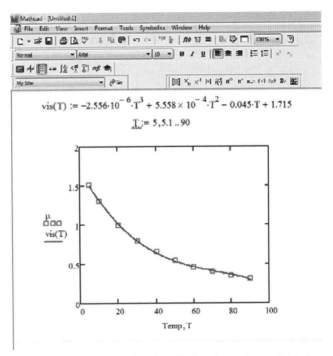

FIGURA 5.12 Gráfico das viscosidades observadas e calculadas.

Exemplo 5.3 — Vazão, Velocidade Média e Número de Reynolds

A velocidade de um fluido em escoamento em um tubo circular foi medida[6] em função da posição radial, e os dados resultantes são mostrados na Tabela E5.2. Calcule a vazão volumétrica, a velocidade média e o número de Reynolds, se o fluido for água a 25 °C. O escoamento é laminar?

TABELA E5.2 Dados de Velocidade-Posição Radial

Posição, cm	Velocidade, cm/s	Posição, cm	Velocidade cm/s	Posição, cm	Velocidade cm/s
0 (centro)	10	0,4	8,4	0,8	3,6
0,1	9,9	0,5	7,5	0,9	1,9
0,2	9,6	0,6	6,4	1,0 (parede)	0,0
0,3	9,1	0,7	5,1		

Algoritmo de solução

A velocidade ao longo de uma seção transversal do tubo é considerada uma função somente da posição radial; ou seja, se alguém desenhar um círculo tendo aquele raio, a velocidade é a mesma em qualquer ponto daquele círculo. Em outras palavras, a velocidade não depende da *posição angular* naquele círculo. Seja $v(r)$ a velocidade do fluido através de um anel fino de espessura Δr na localização radial r. Então, a equação a seguir fornece a vazão ΔQ por meio do anel:

$$\Delta Q(r) = 2\pi r \Delta r v(r) \tag{E5.2}$$

Aqui, $2\pi r \Delta r$ é a área do anel circular. A representação esquemática da situação é mostrada na Figura 5.13.

---

[6] Há várias técnicas de medida disponíveis para medir a taxa de escoamento de um fluido em dutos. Medir velocidades locais em várias posições na área da seção transversal para o escoamento por meio de instrumentos, como o tubo de Pitot, é uma dessas técnicas.

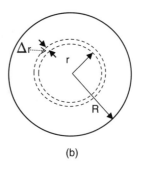

FIGURA 5.13 Escoamento através do tubo – (a) vista lateral, (b) vista da seção transversal.

A vazão total é simplesmente a soma de todas as vazões calculadas nas posições nas quais a velocidade é medida:

$$Q = \sum \Delta Q(r) = \sum 2\pi r \Delta r v(r) \quad \text{(E5.3)}$$

Quando a espessura do anel se torna extremamente pequena, a equação E5.3 se torna uma integral:

$$Q = \int_0^R 2\pi r v(r)\, dr \quad \text{(E5.4)}$$

A velocidade média e o número de Reynolds são calculados a partir das equações E5.5 e E5.6, respectivamente.

$$v_{média} = \frac{Q}{\frac{\pi}{4}D^4} \quad \text{(E5.5)}$$

$$Re = \frac{D v_{média}\, \rho}{\mu} \quad \text{(E5.6)}$$

Aqui, D é o diâmetro do tubo, ρ é a massa específica do fluido e μ é a viscosidade do fluido.

Solução (usando um programa com planilha)

Os cálculos de Excel são mostrados na Figura 5.14.

	A	B	C	D	E	F	G
1	r	v	ΔQ				
2	cm	cm/s	cm3/s				
3	0	10,00	0,00		R (Rádio)	1	cm
4	0,1	9,9	0,62		ρ (Densidade)	1	g/cm3
5	0,2	9,6	1,21		μ (Viscosidade)	0,009	poise
6	0,3	9,1	1,72				
7	0,4	8,4	2,11		A (Área)	3,14	cm2
8	0,5	7,5	2,36		D (Diâmetro)	2	cm
9	0,6	6,4	2,41				
10	0,7	5,1	2,24				
11	0,8	3,6	1,81				
12	0,9	1,9	1,07				
13	1,00	0,00					
14							
15		Q	15,15	cm3/s			
16		v_avg	4,95	cm/s			
17		Re	1100				
18							

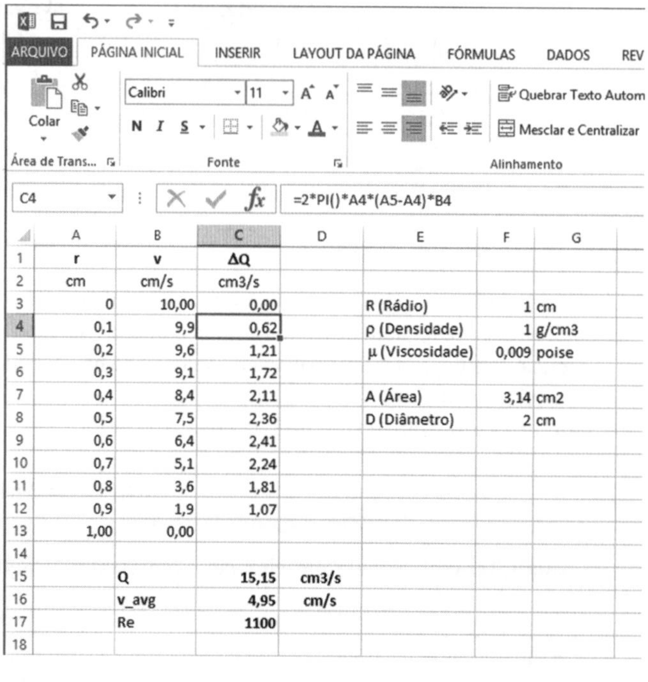

FIGURA 5.14 Solução do Excel para o Exemplo 5.3.

Como visto na figura, os dados da Tabela E5.2 entram nas colunas A e B e a vazão em vários locais é calculada na coluna C. O cálculo para a célula C4 pode ser visto na figura; a fórmula é alimentada digitando =2*pi()*A4*(A5-A4)*B4, correspondendo aos termos na equação E5.2. A vazão total é obtida somando as vazões nas células C3 a C12, digitando a fórmula =Soma(C3..C12) na célula C15. Como visto na figura, a vazão total é calculada como sendo 15,55 cm^3/s. A velocidade média é calculada quando se insere =C15/F7 na célula C16 e o número de Reynolds digitando =C16*F8*F4/F5 na célula C17. Os valores do raio do tubo, da massa específica e da viscosidade são alimentados nas células F3, F4 e F5. A área da seção transversal é calculada na célula F7 (=pi()*F3^2); a célula F8 contém o diâmetro do tubo, que é duas vezes o raio (=2*F3). A velocidade média é 4,95 cm/s e o número de Reynolds é 1100, indicando que o escoamento é laminar.

Solução (usando o Mathcad)

A solução usando Mathcad é mostrada na Figura 5.15 e as etapas de cálculo são dadas a seguir.

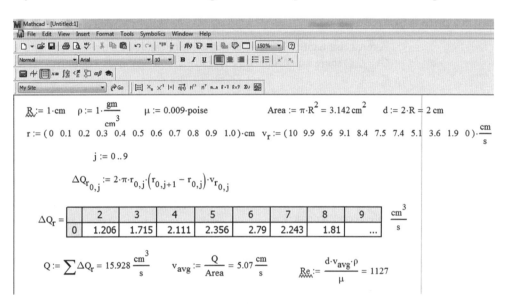

FIGURA 5.15 Solução pelo Mathcad para o Exemplo 5.3.

1. Digite os valores do raio, da massa específica e da viscosidade como segue: R:1*cm, r<Ctrl+g>:1*gm/cm^3 e m<Ctrl+g>:0.009*poise, respectivamente. (Como já mencionado, pressionando <Ctrl+g> depois de uma letra de caligrafia romana, essa letra se transforma em um símbolo grego.) Insira as unidades, usando as operações de multiplicação/divisão. A aparência dos parâmetros e das variáveis pode ser vista na figura.
2. Calcule a área da seção transversal e o diâmetro, digitando A:p<Ctrl+g>*R^2 e d:2*R, respectivamente. Digitando =sign depois de inserir essas fórmulas resulta nos valores de área e de diâmetro. O Mathcad atribui automaticamente as unidades do SI às grandezas, gerando a área em metros quadrados (m^2) e o diâmetro em metros. As unidades são modificadas para centímetros quadrados (cm^2) e centímetros, quando se clica nas unidades do Mathcad e se inserem as unidades desejadas.
3. Digite os dados da posição radial e da velocidade definindo matrizes-linha para cada: r:<Ctrl+m> e v.r:<Ctrl+m>. A sequência de teclas <Ctrl+m> traz a caixa de diálogos Inserir Matriz; digite o número de linhas (1) e o número de colunas (11). Clique em OK na caixa de diálogo para criar a matriz e digite os valores respectivos dos dados. Atribua unidades às variáveis r e v_r como antes; ou seja, usando as operações de multiplicação/divisão. (Deve ser notado que digitando v.r cria-se uma variável chamada v_r. O subscrito r não é o índice da variável.)
4. Calcule a vazão em cada anel (correspondente à equação 5.7) inserindo D<Ctrl+g>Q.r[0,j:2*p<Ctrl+g>* r[0,j *(r[0,j+1 −r[0,j)*v.r[0,j. (Observe que três espaços têm de ser inseridos depois de "j+1"e dois espaços têm de ser inseridos entre "j" e ")" nessa expressão.) A sequência de teclas D<Ctrl+g>Q.r cria a variável ΔQ_r e a sequência [0,j identifica-a como a vazão correspondente à localização j-ésima. Dos termos do lado direito da equação, r[0,j representa a localização radial r, (r[0,j+1 −r[0,j) representa a espessura do anel e v.r[0,j representa a velocidade correspondente àquela localização radial. Como visto da Figura 5.14, ΔQ_r é uma matriz contendo 1 linha e 10 colunas, com os números representando o escoamento em cada elemento diferencial. A faixa do índice j necessita ser definida antes dessas vazões serem calculadas; digite j:0;9. Para obter a vazão total Q pela soma dos valores de ΔQ_r, digite Q:<Ctrl+4>D<Ctrl+g>Q.r. A sequência <Ctrl+4> insere o operador de soma na planilha do Mathcad.

5. Calcule a velocidade média e o número de Reynolds, inserindo as fórmulas apropriadas. Como já mencionado, as unidades padrão estão no SI e precisam ser mudadas se as respostas forem desejadas em outras unidades.

Pode-se ver que a solução que usa o Mathcad difere ligeiramente daquela obtida por meio do Excel. A explicação para essa discrepância é deixada para o leitor.

Exemplo 5.4 Força Cisalhante na Parede do Tubo

Para o problema de escoamento no Exemplo 5.3, qual é a força cisalhante exercida na superfície do tubo? Considere o comprimento do tubo como 2 m.

Algoritmo para a Solução

A força cisalhante, $F_{cisalhante}$, é obtida multiplicando-se a tensão cisalhante pela área da superfície do tubo ($A_{cisalhante}$) sobre a qual atua. Da equação 5.2, conseguimos o seguinte:

$$F_{cisalhante} = \mu \left| \left(\frac{dv_r}{dr} \right) \right| \cdot A_{cisalhante} \tag{E5.7}$$

Aqui, $A_{cisalhante}$ é dada pelo seguinte:

$$A_{cisalhante} = 2\pi RL \tag{E5.8}$$

O gradiente de velocidade é obtido a partir dos dados da Tabela 5.2. A seguinte equação é usada para diferenciação numérica:

$$\left| \left(\frac{dv_r}{dr} \right) \right| = \left| \frac{v_{r=R} - v_{r=0,9R}}{R - 0,9R} \right| \tag{E5.9}$$

Solução (usando um programa com planilha)

Os cálculos de Excel são mostrados na Figura 5.16.

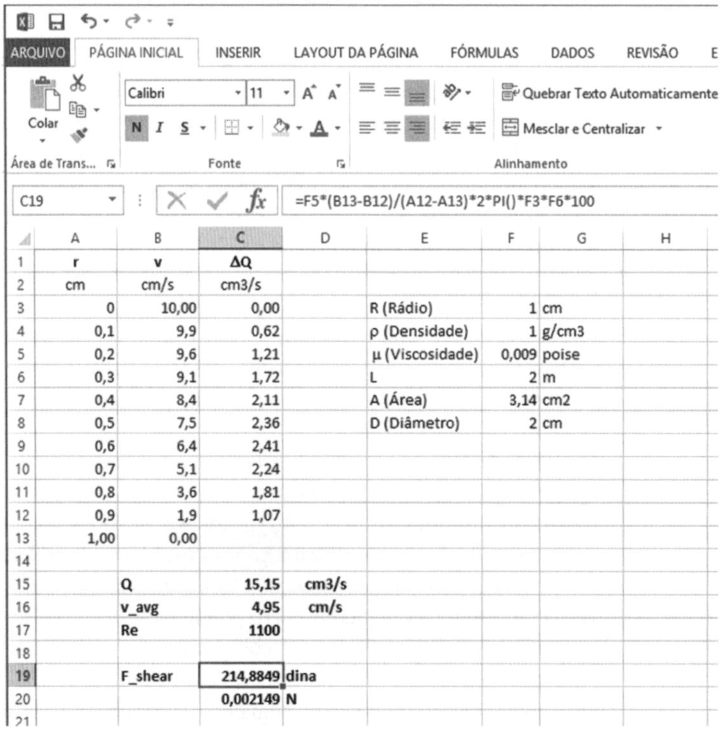

	A	B	C	D	E	F	G	H
1	r	v	ΔQ					
2	cm	cm/s	cm3/s					
3	0	10,00	0,00		R (Rádio)	1	cm	
4	0,1	9,9	0,62		ρ (Densidade)	1	g/cm3	
5	0,2	9,6	1,21		μ (Viscosidade)	0,009	poise	
6	0,3	9,1	1,72		L	2	m	
7	0,4	8,4	2,11		A (Área)	3,14	cm2	
8	0,5	7,5	2,36		D (Diâmetro)	2	cm	
9	0,6	6,4	2,41					
10	0,7	5,1	2,24					
11	0,8	3,6	1,81					
12	0,9	1,9	1,07					
13	1,00	0,00						
14								
15		Q	15,15	cm3/s				
16		v_avg	4,95	cm/s				
17		Re	1100					
18								
19		F_shear	214,8849	dina				
20			0,002149	N				
21								

FIGURA 5.16 Cálculo da força cisalhante usando Excel.

O comprimento do tubo é mostrado na célula F6. O cálculo da força cisalhante está na célula C19 com a fórmula mostrada. O fator de conversão de 100 é usado para converter as unidades do comprimento de metro para centímetro. A força cisalhante obtida é ~214 dina. A unidade da resposta é convertida na unidade do SI (newton ou N), com um fator de conversão de 1 dina = 10^{-5} N.

Solução (por meio do Mathcad)

A solução envolve inserir as seguintes declarações no documento anterior do Mathcad:

1. L:2*m
2. F.shear:m<Ctrl+g>*(v.r[0,10 –v.r[0,9)/ r[0,9-r[0,10 *2*p<Ctrl+g>*R*L
   (Observe que dois espaços são inseridos antes de "-v.r"; um espaço antes de ")"; um espaço antes de "r"; e quatro espaços antes de "*2*".)

A força cisalhante é calculada como $2,149 \times 10^{-3}$ N, como visto na Figura 5.17.

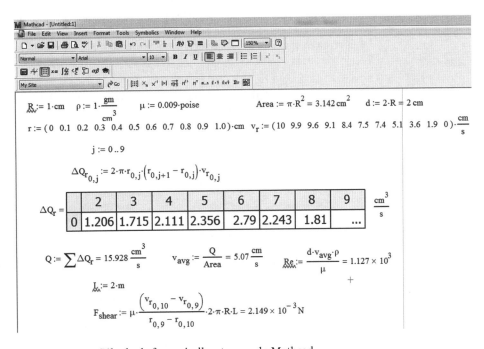

FIGURA 5.17 Cálculo da força cisalhante usando Mathcad.

O resultado é idêntico àquele obtido com o Excel. Entrar com a fórmula no Excel é levemente mais fácil do que no Mathcad. Por outro lado, o Mathcad oferece conversão automática de unidades, eliminando a necessidade de digitação dos fatores de conversão.

A precisão dos cálculos de derivadas aumenta com a diminuição da espessura do anel. A disponibilidade de dados adicionais de posição radial-velocidade, em intervalos de 0,05 cm em vez de 0,1 cm, aumentaria o número de cálculos, porém nos capacitaria a estimar a derivada da velocidade mais acuradamente. Os cálculos da vazão seriam também mais exatos.

5.4 Resumo

Este capítulo apresentou os princípios elementares de escoamento de fluido, do ponto de vista qualitativo e quantitativo. Exemplos de vários problemas de cálculo foram apresentados. Os problemas incluíram solução de equações transcendentais, análise de regressão e interpolação, integração numérica e diferenciação numérica. As técnicas de solução para os problemas foram demonstradas com duas abordagens alternativas: um programa com planilhas (Excel) e um pacote computacional (Mathcad). Vários outros pacotes computacionais e ferramentas podem também ser empregados para obter as soluções, dependendo da acessibilidade e disponibilidade do usuário.

90 Capítulo 5

Referências

1. Olson, A. T., and K. A. Shelstad, *Introduction to Fluid Flow and the Transfer of Heat and Mass*, Prentice Hall, Englewood Cliffs, New Jersey, 1987.
2. Oertel, H., *Prandtl's Essentials of Fluid Mechanics*, Terceira Edição, Springer, New York, 2010.
3. Thomson, W. J., *Introduction to Transport Phenomena*, Prentice Hall, Upper Saddle River, New Jersey, 2001.
4. Schlichting, H., and K. Gersten, *Boundary Layer Theory*, Oitava Edição Revisada e Ampliada, Springer, Berlin, Germany, 2000.
5. Welty, J., C. E. Wicks, G. L. Rorrer e R. E. Wilson, *Fundamentos de Transferência de Momento, de Calor e de Massa,* Sexta Edição, Editora LTC, Rio de Janeiro, 2017.

Problemas

5.1 Calcule os números de Reynolds para um tubo de diâmetro interno de 1,5 polegada, que carrega água, a uma vazão de 0 a 5 gpm. Admita uma temperatura de 25 °C.

5.2 Calcule os números de Reynolds para a seguinte situação: (a) um micróbio de 1 μm, nadando com uma velocidade de 30 μm/s; (b) um nadador competindo em uma piscina olímpica de 100 m, que tenha terminado a corrida em 50 s. Faça quaisquer suposições razoáveis necessárias para a solução.

5.3 A viscosidade de óleo de motor 30 wt a 100 °C é 0,0924 poise. Qual é a força viscosa (cisalhante) necessária para deslizar, com uma velocidade de 8 m/s, um pistão de 8 cm de diâmetro e 8 cm de comprimento ao longo de um cilindro com um filme de óleo com espessura de 2 μm?

5.4 Para geometrias não circulares, um diâmetro hidráulico (D_h) é usado como o comprimento característico para calcular o número de Reynolds:

$$D_h = \frac{4 \cdot \acute{A}rea\ da\ se\c{c}\~ao\ transversal}{Per\acute{\imath}metro\ Molhado}$$

Por um duto HVAC (*heating, ventilating and air conditioning*), circulam 600 ft³/min de ar a 85 °F; esse duto é retangular de 18 polegadas por 12 polegadas. Qual é a velocidade do ar? Qual é o número de Reynolds se a massa específica e a viscosidade do ar a 85 °F são 1,177 kg/m³ e $1,85 \times 10^{-2}$ mPa · s, respectivamente?

5.5 Pode ser factível extrair urânio da água do mar (concentração de 8 ppb ou partes por bilhão), colocando pratos absorvedores de urânio no oceano. As ondas do oceano resultam na circulação de água pela estrutura absorvedora. Os pratos absorvedores são montados de modo a dividir um tubo quadrado, 5 pés por 5 pés, em tubos quadrados menores. A vazão volumétrica ao longo do tubo grande é de 1000 galões/min. Qual é o número de Reynolds se a viscosidade é 1 centipoise (cP)? Quão pequena a abertura do quadrado menor pode ser para o escoamento ainda estar no regime turbulento? Considere que a velocidade média permanece constante.

5.6 Supertanques, com capacidade ultragrande, podem carregar 3.166.353 barris de óleo cru (1 barril = 42 galões). Se forem necessários dois dias para descarregar o tanque usando uma mangueira de 24 polegadas de diâmetro, qual será a velocidade média do óleo? Se a massa específica e a viscosidade do óleo forem 870 g/L e 0,043 poise, respectivamente, qual será o número de Reynolds? O regime é turbulento?

5.7 Qual é o fator de atrito para o escoamento do Problema 5.6? Qual é a queda de pressão, se o óleo é bombeado para um tanque de estocagem localizado a 1 km de distância?

5.8 A altura h de um líquido em um tanque esférico cheio parcialmente (diâmetro D) pode ser calculada a partir da seguinte equação:

$$V_{l\acute{\imath}quido} = \frac{\pi}{3} h^2 (1,5D - h)$$

Qual é a altura de líquido quando um tanque com capacidade de armazenamento de 35.000 m³ estiver somente 75 % cheio? Qual é a área da superfície livre do líquido?

5.9 Os seguintes dados foram obtidos para a queda de pressão da água que escoa através de 100 ft de uma mangueira de incêndio:

Diâmetro da Mangueira, polegada	Vazão, gpm	Queda de Pressão, psi
1,5	120	45
2,0	150	20
2,5	220	12
3,0	400	15

Plote a queda de pressão em função do número de Reynolds para o escoamento. Faça suposições razoáveis para os cálculos. Calcule os fatores de atrito a partir desses dados e compare-os com os fatores de atrito obtidos usando a equação de Nikuradse.

5.10 A Enbridge Line 5 é uma tubulação de 30 polegadas que conecta Wisconsin ao Canadá, pelas penínsulas superior e inferior de Michigan, carregando ~550.000 barris de óleo leve cru todo dia. A linha é dividida em dois tubos de 20 polegadas, submersos em água profunda para cruzar 4,5 milhas do Estreito de Mackinac. Supondo as massas específicas e as viscosidades do fluido do Problema 5.6, calcule os números de Reynolds para ambas as seções de 30 e 20 polegadas. Qual é a queda de pressão ao longo do Estreito de Mackinac?

CAPÍTULO	
6	# Cálculos para Balanços de Massa

Na natureza não há aniquilação,
E, portanto, a coisa que é consumida
Passa para o ar ou
É recebida em algum corpo adjacente.

– Sir Francis Bacon[1]

O princípio fundamental da *conservação de massa* estabelece que a matéria não pode ser criada nem destruída – um conceito que é passado aos estudantes às vezes tão cedo quanto a própria escola fundamental. Como a matéria não pode ser destruída, qualquer material ou parte de um material removido de qualquer lugar irá aparecer em algum outro lugar, como eloquentemente disse Sir Francis Bacon. A contabilização do material, até sua última molécula (ou átomo), é absolutamente crítica para o processo industrial, uma vez que existe um valor monetário associado às espécies químicas que constituem a matéria. Além disso, o controle dos produtos químicos também é necessário porque um grande número de produtos químicos é intrinsecamente perigoso e tem potencial para causar danos à natureza, à saúde humana e aos ecossistemas. O manuseio e o gerenciamento adequados das correntes dos processos requerem um conhecimento dos produtos químicos presentes nas correntes, suas quantidades e composições. O balanço das taxas de massa de entrada e de saída é a base fundamental da Engenharia Química e espera-se que o engenheiro químico domine a arte de *balanço de massa* [1]. Este capítulo apresenta inicialmente os princípios gerais do balanço de massa, bem introduz alguns de seus cálculos específicos.

6.1 Princípios Quantitativos do Balanço de Massa

Um processo químico consiste normalmente em várias unidades que podem envolver reações químicas e/ou simples separação física e operações de mistura, como descrito nos capítulos anteriores. Na natureza, as correntes de processo podem ser constituídas de uma única fase (gás/líquido/sólido) ou de múltiplas fases. Uma unidade pode ou não ser operada em estado estacionário. Independentemente da situação, as unidades e processos são passíveis de análise de balanço de massa com base nos princípios comuns descritos nas seções a seguir.

6.1.1 Balanço de Massa Global

Considere um processo arbitrário representado pelo diagrama de blocos mostrado na Figura 6.1. A unidade de processo tem duas entradas (correntes 1 e 2) alimentando um tanque, e um efluente (corrente 3) deixando o tanque.

Fisicamente, o material que alimenta o processo precisa acumular-se no sistema ou sair. O princípio de conservação de massa determina que a massa total alimentada no sistema deve ser igual à soma da massa que sai do sistema *e* da massa que se acumula no sistema [2, 3]:

Taxa de Massa que = Taxa de Massa Acumulada + Taxa de Massa que
Entra no Processo   no Processo   Sai do Processo

---

[1] Cientista e filósofo inglês do século dezesseis, amplamente lembrado como o Pai do Método Científico. Fonte da citação: Spedding, J., R. L. Ellis e D. D. Heath, *The Works of Francis Bacon*, Vol. 2: Philosophical Works 2, Cambridge University Press, Cambridge, England, 1857.

Se $\dot{m}_1$, $\dot{m}_2$ e $\dot{m}_3$ são as taxas de massa de três correntes e $\dot{m}_S$ é a massa total na unidade de processo,[2] então

$$\dot{m}_1 + \dot{m}_2 = \frac{dm_S}{dt} + \dot{m}_3 \tag{6.1}$$

A Equação 6.1 é a representação matemática do *balanço de massa global* do processo. Se a taxa na qual a massa é retirada do sistema, $\dot{m}_3$, for menor que a taxa na qual a massa é adicionada ao sistema, $\dot{m}_1 + \dot{m}_2$, haverá massa acumulada no processo, aumentando a massa do sistema $\dot{m}_S$, como seria o caso durante a partida do processo. Por outro lado, se $\dot{m}_3$ for maior do que $\dot{m}_1 + \dot{m}_2$ – isto é, massa é removida do processo a uma taxa mais rápida do que é alimentada, então $\dot{m}_S$ diminuirá com o tempo, como no caso da drenagem de um tanque. Generalizando para múltiplas correntes de entrada e de saída, a equação do balanço de massa global é a seguinte:

$$\sum_i \dot{m}_{entrada,i} = \sum_j \dot{m}_{saida,j} + \frac{dm_S}{dt} \tag{6.2}$$

Aqui, $\dot{m}_{entrada,i}$ e $\dot{m}_{saida,j}$ representam as taxas de massa das correntes de entrada i e de saída j. Como já mencionado, um grande número de processos químicos opera em estado estacionário, o que significa que as condições são invariáveis em relação ao tempo. O balanço de massa global para cada processo em estado estacionário é então simplificado como mostrado na equação 6.3.

$$\sum_i \dot{m}_{entrada,i} = \sum_j \dot{m}_{saida,j} \tag{6.3}$$

O balanço global serve claramente a um propósito valioso na contabilização de material. A discrepância entre a taxa de entrada e a de saída pode ser usada para estimar as emissões atmosféricas e os vazamentos e identificar o mau funcionamento dos equipamentos do processo

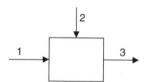

FIGURA 6.1 Uma unidade simples de processo.

6.1.2 Balanço de Massa por Componente

Os engenheiros químicos precisam de informações adicionais (além do balanço de massa global) sobre as taxas de massa dos componentes no processo, realizando em seguida *balanços de massa por componente* nas unidades de processo. Vamos supor que o processo ilustrado na Figura 6.1 seja o de simples mistura de uma solução aquosa concentrada de sal A (corrente 1) com água pura (H_2O; corrente 2), resultando em uma solução aquosa diluída de sal (corrente 3). Isso é um sistema de dois componentes: A e H_2O. A aplicação do princípio da conservação de massa para cada componente leva ao balanço dos dois componentes, mostrados nas equações 6.4 e 6.5.

$$\dot{m}_{A,1} = \dot{m}_{A,3} + \frac{dm_A}{dt} \tag{6.4}$$

$$\dot{m}_{H_2O,1} + \dot{m}_{H_2O,2} = \dot{m}_{H_2O,3} + \frac{dm_{H_2O}}{dt} \tag{6.5}$$

Aqui, $\dot{m}_A$ e $\dot{m}_{H_2O}$ representam as massas do componente A e de H_2O presentes no sistema. Como o componente A está presente em uma única corrente de entrada, o lado esquerdo da equação 6.4

---

[2] Por convenção, uma variável com um ponto no topo indica uma taxa. Assim, enquanto m representa a massa (g, kg, e assim por diante), $\dot{m}$ representa a taxa mássica (g/s, kg/h, e assim por diante).

Cálculos para Balanços de Massa **95**

envolve apenas um termo de entrada. A H_2O, contudo, está presente em ambas as correntes de entrada e, consequentemente, o lado esquerdo da equação 6.5 tem dois termos. As equações de balanço generalizadas por componente para uma unidade com n componentes e com multicorrentes, pode ser escrita da seguinte forma:

$$\sum_i \dot{m}_{k,i} = \sum_j \dot{m}_{k,j} + \frac{dm_k}{dt} ; k = 1, 2, .., \text{n} \tag{6.6}$$

O lado esquerdo dessa equação representa a massa do componente k sendo alimentada na unidade por todas as correntes de entrada (somatório em i correntes de entrada). O primeiro termo do lado direito representa a taxa mássica do componente k que sai do sistema por todas as correntes de saída (somatório em j correntes de saída); e o último termo representa a taxa de acúmulo de massa do componente no sistema. O termo de acúmulo sairá da equação em um processo contínuo e em estado estacionário, simplificando a equação de uma equação diferencial ordinária de primeira ordem para uma equação algébrica ou para uma equação transcendental.

No total, haverá n equações representando os balanços de massa para os n componentes. Assim, em um sistema de n componentes, temos n equações independentes de balanço por componente, e uma equação global de balanço de massa – totalizando $n+1$ equações. Contudo, somente n dessas equações são independentes (distintas), uma vez que o somatório dos balanços de todos os componentes levará ao balanço de massa global – equação 6.2.

A aplicação desses princípios para resolver problemas de balanço de massa em sistemas que envolvem somente operações físicas é descrita na seção 6.2, seguida da aplicação em sistemas de reação na seção 6.3.

6.2 Balanços de Massa em Sistemas Não Reacionais

Balanços de massa em sistemas sem reação estão ilustrados por um exemplo simples que envolve a diluição de uma solução concentrada, que é uma operação encontrada com frequência em uma planta de processos químicos.

Exemplo 6.2.1   Diluição de uma Solução Aquosa Concentrada

O processo de produção do hidróxido de sódio (NaOH) resulta em 28 % (em massa) de solução de hidróxido de sódio em uma célula de membrana. Um processo subsequente requer 1000 toneladas por dia (tpd) de solução 10 % NaOH. Calcule as quantidades necessárias de solução concentrada e de diluente H_2O para se obter essa corrente.

Solução

O processo pode ser representado com precisão pela Figura 6.1. Suponhamos que o processo opere continuamente em estado estacionário e que $\dot{m}_1$, $\dot{m}_2$ e $\dot{m}_3$ sejam as taxas de massa da solução concentrada (28 %), do diluente H_2O e da solução diluída, respectivamente. Esse é um sistema contendo dois componentes – NaOH e H_2O – e os balanços de massa resultantes, global e por componente, são mostrados nas equações E6.1, E6.2, e E6.3.

Balanço Global	$\dot{m}_1 + \dot{m}_2 = 1000$	(E6.1)
Balanço de NaOH:	$0{,}28 \cdot \dot{m}_1 = 0{,}1 \cdot 1000$	(E6.2)
Balanço de H_2O:	$0{,}72 \cdot \dot{m}_1 + \dot{m}_2 = 0{,}9 \cdot 1000$	(E6.3)

Dessas três equações, somente duas são independentes e suficientes para uma solução quantitativa desse sistema de dois componentes. As duas equações a serem usadas são o balanço de massa global e o balanço de massa do componente de NaOH. É preferível usar o balanço do componente de NaOH do que o de H_2O, uma vez que NaOH está presente em menos correntes que H_2O. As etapas para a solução são:

1. A equação E6.2 é resolvida primeiramente para obter o valor de $\dot{m}_1$, que é 357,1 tpd.
2. Esse valor é substituído na equação E6.1 para obter 642,9 tpd como o valor de $\dot{m}_2$.

Então, 642,9 tpd de H$_2$O precisam ser adicionados a 357,1 tpd da solução de 28 % NaOH para obter 1000 tpd da solução desejada de 10 % NaOH. A validação dessa solução pode ser (e deveria ser) cruzada com o balanço para o componente H$_2$O. O lado esquerdo da equação E6.3, obtido a partir dos valores calculados de $\dot{m}_2$ e $\dot{m}_3$, é encontrado como 900 tpd, igual ao lado direito da equação.

A diluição de uma solução concentrada é um tipo de operação de mistura, que é uma operação comum em processos químicos. Igualmente comum, são as operações de separação, as quais podem ser visualizadas como o inverso das operações de mistura. Na mais simples das separações, uma única corrente contendo dois componentes é separada em duas correntes, cada uma com composição diversa, como ilustrado no exemplo 6.2.2.

Exemplo 6.2.2 | Separação por Destilação

A destilação envolve a separação de dois ou mais componentes com base em suas volatilidades. Uma corrente de 1000 kg/h contendo 50 % de benzeno e 50 % de tolueno (por massa) é alimentada em uma coluna de destilação para obter uma corrente rica em benzeno no topo (destilado) e uma corrente rica em tolueno na base (produto de fundo). Noventa por cento do benzeno alimentados na coluna são retirados no destilado, que tem uma pureza de 99 %. Calcule as taxas mássica e molar e as composições de ambas as correntes de produtos.

Solução

O esquema dessa operação é mostrado na Figura 6.2. F, D e B são as taxas de alimentação, de destilado e de fundo, respectivamente. As composições (frações mássicas) nas três correntes são representadas por z, y e x, com subscritos B e T representando benzeno e tolueno, respectivamente. Os balanços global e por componente são mostrados nas equações E6.4, E6.5, e E6.6.

Balanço global: $\qquad B + D = F = 1000 \qquad$ (E6.4)

Balanço para o benzeno: $\qquad F \cdot z_B = B \cdot x_B + D \cdot y_B \qquad$ (E6.5)

Balanço para o tolueno: $\qquad F \cdot z_T = B \cdot x_T + D \cdot y_T \qquad$ (E6.6)

Como já mencionado, somente duas dessas equações são independentes, com o balanço para o tolueno obtido pela simples subtração do balanço para o benzeno do balanço global. O balanço para o benzeno pode ser mais simplificado usando as informações sobre a pureza da corrente de destilado. Substituindo os valores de F, z_B e y_B na equação E6.5, reduz-se para o seguinte:

$$500 = B \cdot x_B + D \cdot 0{,}99 \qquad (E6.7)$$

Para resolver o sistema dessas equações, as informações adicionais relacionadas com a recuperação do benzeno devem ser usadas. Como 90 % da alimentação de benzeno são recuperados no destilado, aplica-se o seguinte:

$$500 \cdot 0{,}99 = D \cdot 0{,}99 \qquad (E6.8)$$

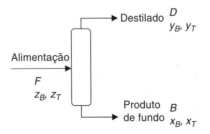

FIGURA 6.2 Destilação da mistura benzeno-tolueno.

A equação E6.8 produz o valor de D como 454,5 kg/h, que por substituição na equação E6.4 produz B como 545,5 kg/h. A fração mássica do benzeno na base (fundo), x_B, é então obtida a partir da equação E6.7 como 0,09. As frações mássicas do tolueno nas correntes de destilado e de fundo são obtidas subtraindo de 1 as frações molares do benzeno, resultando em $x_T = 0,91$ e $y_T = 0,01$. A precisão desses números é verificada pela resolução do lado direito da equação E6.6:

$$B \cdot x_T + D \cdot y_T = 545,5 \times 0,91 + 454,5 \times 0,01 = 500,95 \text{ kg/h } (\sim 500 \text{ kg/h})$$

Esses cálculos indicam que os valores obtidos pela resolução das equações E6.4 e E6.5 satisfazem à equação E6.6, confirmando a validade da solução. A taxa molar dos componentes pode ser obtida dividindo suas taxas mássicas pelas massas molares (78 g/mol para o benzeno, 92 g/mol para o tolueno). As frações molares dos componentes são então obtidas dividindo a taxa molar do componente pela taxa molar total. As taxas resultantes e as composições das várias correntes são mostradas nas Tabelas E6.1 e E6.2, respectivamente.

TABELA E6.1 Taxas das Correntes

	Alimentação, F		Destilado, D		Fundo, B	
	kg/h	mol/h	kg/h	mol/h	kg/h	mol/h
Benzeno	500	6410	450	5769	50	641
Tolueno	500	5435	4,5	49	495,5	5386
Total	1000	11845	454,5	5827	545,5	6027

TABELA E6.2 Composições Fracionadas das Correntes

	Alimentação, z		Destilado, y		Fundo, x	
	massa	mol	massa	mol	massa	mol
Benzeno	0,5	0,54	0,99	0,99	0,09	0,11
Tolueno	0,5	0,46	0,01	0,01	0,91	0,89
Total	1,0	1,0	1,0	1,0	1,0	1,0

Esses cálculos podem facilmente ser executados em uma calculadora básica ou usando um pacote computacional apropriado. A solução com Mathcad é ilustrada na Figura 6.3.

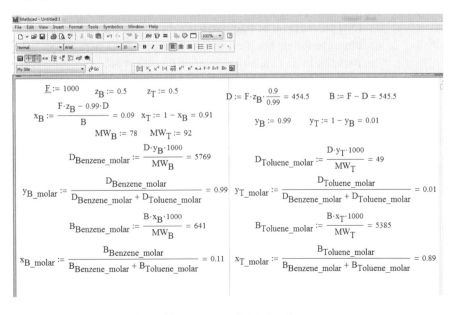

FIGURA 6.3 Solução do Problema 6.2.2 pelo Mathcad.

98 Capítulo 6

O benefício de usar o Mathcad reside na capacidade de obter a solução rapidamente quando as especificações do problema – pureza da corrente, recuperação de componente e assim por diante – são alteradas. Qualquer mudança na variável se reflete imediatamente na solução do problema.

Esses dois exemplos envolvem processos físicos simples de mistura e de separação. Os princípios e procedimentos utilizados podem ser rapidamente estendidos a processos multicomponentes e multicorrentes. Os cálculos para as soluções desses exemplos são ilustrados usando uma base *mássica*; ou seja, as grandezas das várias espécies são expressas em termos de unidades de massa. Entretanto, para sistemas sem reação, os cálculos podem ser igualmente bem executados em base molar; isto é, expressando grandezas de várias espécies em termos do número de mols presentes. Os sistemas sem reação são passíveis de cálculos em base molar, uma vez que não são criadas novas espécies químicas, nem as existentes são destruídas. De fato, os cálculos que utilizam a base molar são muito mais comuns que aqueles que usam a base mássica, uma vez que a maioria das relações entre espécies químicas são expressas normalmente em termos de concentrações molares. É possível, claro, converter essas relações em uma base mássica; no entanto, isso introduz um nível de complexidade que não é necessário nem desejado.

Nem todas as espécies químicas são conservadas em um sistema reacional, o que também envolve a criação de novas espécies. A aplicação dos balanços de massa global e por componente a sistemas com reação química envolve um nível ligeiramente mais elevado de complexidade do que o de um sistema sem reação, como será explicado na próxima seção.

6.3 Balanços de Massa em Sistemas Reacionais

Sistemas reacionais são caracterizados pelo desaparecimento de reagentes e aparecimento de produtos. Claramente, espécies moleculares não são conservadas na reação e, em estado estacionário, a taxa de entrada de um composto participante da reação não é igual à sua taxa de saída. Contudo, *desde que não ocorram reações nucleares no sistema*, as espécies atômicas são conservadas. Portanto, a abordagem para obtenção do balanço de massa em um sistema reacional envolve a formulação de equações de conservação independentes para átomos de espécies elementares envolvidas nas reações [4]. Deve-se ressaltar também que várias espécies inertes que não participam da reação estão frequentemente presentes em um sistema reacional e o balanço de massa para tais espécies pode ser expresso em termos de grandezas moleculares. Por exemplo, se uma reação de combustão for conduzida usando ar como oxidante, então o nitrogênio (N_2) presente no ar não participa da reação e é tratado como um inerte. Igualmente, solventes empregados em reações em fase líquida – água para reações em fase aquosa, por exemplo – não participam da reação, e o balanço de massa para esses solventes inertes pode ser escrito em termos de espécies moleculares.

A condução de um balanço de massa em um sistema reacional requer conhecimento das equações químicas balanceadas para as reações. A equação química fornece a informação a respeito das proporções das diferentes espécies envolvidas na reação – a estequiometria da reação. Consideremos uma reação geral que envolva espécies A, B, C e D, de acordo com a equação:

$$a\text{A} + b\text{B} \rightarrow c\text{C} + d\text{D} \tag{6.7}$$

em que a, b, c e d são os coeficientes estequiométricos das espécies A, B, C e D, respectivamente. De acordo com essa equação, a razão entre a quantidade de C formada (moléculas ou mols) e a quantidade de A reagindo será igual a c/a. Da mesma forma, quantidades proporcionais de D são formadas e de B são reagidas, dependendo dos coeficientes estequiométricos d e b, respectivamente. O exemplo 6.3.1 ilustra a aplicação desses princípios a um sistema de reação simples envolvendo uma única reação.

Exemplo 6.3.1 — Combustão de Gás Natural

O gás natural é queimado em um reator (como em um aquecedor de água a gás comum de uma casa) usando ar como oxidante. Calcule as quantidades de ar necessárias e os produtos formados por mol de gás natural queimado no sistema.

Solução

A obtenção do balanço de massa para esse sistema requer conhecimento dos compostos químicos presentes no gás natural. O gás natural é, na realidade, uma mistura de gases dominada pelo metano (CH_4). No entanto, nesses cálculos, supõe-se que o gás natural seja composto totalmente de CH_4. Essa suposição permite-nos simplificar o sistema e escrever uma única reação química para representar a combustão. A completa combustão do CH_4 resulta na formação de dióxido de carbono (CO_2) e H_2O de acordo com a equação a seguir:

$$CH_4 + 2O_2 \rightarrow CO_2 + 2H_2O$$

A partir da equação, as proporções estequiométricas entre as várias espécies são obtidas como segue:

$$O_2/CH_4 = 2,\ CO_2/CH_4 = 1\ \text{e}\ H_2O/CH_4 = 2$$

Portanto, são necessários dois mols de oxigênio (O_2) por mol de gás natural e formam-se 3 mols de produto, que incluem 1 mol de CO_2 e 2 mols de H_2O. Uma vez que o O_2 fornecido é obtido do ar, o sistema também contém N_2.[3] A quantidade de N_2 associado com O_2 é igual a 2 (mol O_2) × 79/21 (razão molar entre N_2 e O_2 no ar); isto é, 7,52 mols por mol de gás natural. Todo esse N_2 passa sem reagir pelo sistema e sai com o produto gasoso. O balanço de massa completo para o sistema é mostrado na Figura 6.4.

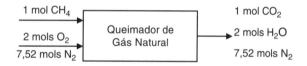

FIGURA 6.4 Balanço de massa em um queimador de gás natural.

Pode ser visto que todo o CH_4 e o O_2 alimentados ao queimador reagem completamente e não estão presentes na corrente de saída do produto. Isso é uma representação idealizada porque uma operação real do queimador pode ter algumas ineficiências que resultem em uma combustão incompleta de CH_4 – que resultará em algum CH_4 não reagido, presente na corrente de produto ou, mais provavelmente, alguma fração do CH_4 alimentado, convertido mais em monóxido de carbono (CO) do que em CO_2. Em qualquer caso, existirá O_2 não reagido presente na corrente do produto. Além disso, o O_2 em excesso é, em geral, fornecido em reações de combustão para realizar uma conversão completa do combustível. Essas situações irão resultar em um balanço de massa modificado da seguinte forma:

Modificação 1 — Suprimento de Ar em Excesso

Refaça o balanço de massa para quando o ar é fornecido em excesso de 15 % além do requerido pela estequiometria.

Solução

O_2 requerido pela estequiometria é dado pela equação anterior:

O_2 estequiométrico requerido: 2 mols/mol de CH_4

Total de O_2 fornecido: 2,30 (= 2 × 1,15) mols/mol de CH_4

Total de N_2 alimentado com O_2: 8,65 (= 2,30 × 79/21) mols/mol de CH_4

---

[3] Isso é um pressuposto simplificador relativo à composição do ar. Obviamente, o ar tem muito mais constituintes que apenas O_2 e N_2. No entanto, a menos que seja exigido por especificações rigorosas, os constituintes com traços são negligenciados e o ar é considerado uma mistura de N_2 e O_2, com a razão molar de N_2 e O_2 sendo 79/21 (= 3,76).

Esse N₂ passará sem reagir pelo sistema, terminando na corrente de produto, juntamente com 1 mol de CO₂ e 2 mols de H₂O formados a partir de CH₄. Além disso, a corrente de produto conterá O₂ não reagido, uma quantidade de 0,30 mol (2,30 mols alimentados – 2 mols reagidos de acordo com a equação). O balanço de massa resultante é mostrado na Figura 6.5.

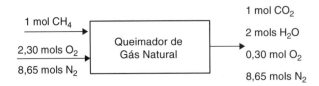

FIGURA 6.5 Balanço de massa em um queimador de gás natural – com excesso de ar.

Modificação 2   Suprimento de Ar em Excesso e Combustão Incompleta do Metano

Refaça o balanço de massa quando 1 % do CH₄ fornecido não reagir no queimador. Além disso, do CH₄ queimado, apenas 90 % sofrem combustão completa.

Solução

A mistura de gás do produto irá conter agora um total de seis componentes: CH₄ não reagido, CO₂, CO, H₂O, N₂ e O₂. A quantidade de ar alimentado é aquela calculada anteriormente para a modificação 1. Para calcular as quantidades das várias espécies formadas e O₂ reagido e remanescente, uma equação química balanceada para a combustão incompleta de CH₄ (formação de CO em vez de CO₂) torna-se necessária:

$$CH_4 + 1,5\, O_2 \rightarrow CO + 2\, H_2O$$

Da informação dada, 1 % de CH₄ não queima, então o CH₄ na corrente de produto é igual a 0,01 mol; 0,99 mol de CH₄ reage; 90 % de acordo com a equação correspondente à combustão completa e 10 % de acordo com a equação correspondente à combustão incompleta a CO. Daí,

CO₂ formado: 0,99 × 0,90 = 0,891 mol

CO formado: 0,99 × 0,10 = 0,099 mol

H₂O formada: 0,99 × 0,90 × 2 + 0,99 × 0,10 × 2 = 1,98 mol

O₂ reagido: 0,99 × 0,90 × 2 + 0,99 × 0,10 × 3/2 = 1,9305 mol

Desse modo, O₂ não reagido = 2,3 – 1,9305 = 0,3695 mol. A Figura 6.6 mostra o balanço de massa resultante.

Essa solução foi obtida por meio das proporções estequiométricas dadas pelas duas equações. Os balanços de espécies atômicas estão implícitos nessas proporções. A mesma solução pode ser obtida pelo balanço explícito das espécies atômicas. Por exemplo, as quantidades de O₂ e N₂ na alimentação são calculadas como mostrado. As quantidades das várias espécies na corrente de saída são desconhecidas até esse ponto e são as incógnitas: n_1 (mols de CH₄), n_2 (mols de CO₂), n_3 (mols de CO), n_4 (mols de H₂O), n_5 (mols de O₂) e n_6 (mols de N₂). O balanço para cada espécie atômica (C, H, O e N) resulta nas seguintes quatro equações:

FIGURA 6.6 Balanço de massa para o queimador de gás natural – ar em excesso e combustão incompleta.

Balanço para C:
$$n_1 + n_2 + n_3 = 1 \tag{E6.9}$$

Balanço para H:
$$4n_1 + 2n_4 = 4 \tag{E6.10}$$

Balanço para O:
$$2n_2 + n_3 + n_4 + 2n_5 = 4,6 \tag{E6.11}$$

Balanço para N:
$$2n_6 = 17,3 \tag{E6.12}$$

A equação E6.12 resulta nos mols de N_2 na saída, n_6, diretamente como 8,65, levando a três equações (E6.9, E6.10 e E6.11) com cinco incógnitas. Esse sistema de equações não pode ser resolvido, a menos que mais informações fornecidas no enunciado do problema sejam usadas para formular duas equações adicionais.[4] A primeira equação vem da informação que somente 99 % do CH_4 foram reagidos. Uma vez que 1 % do CH_4 não reagiu, aplica-se:

$$n_1 = 0,01 \tag{E6.13}$$

A segunda equação é obtida a partir da informação de que 90 % do CH_4 reagido sofrem combustão completa (são convertidos a CO_2) e os 10 % restantes sofrem combustão incompleta (são convertidos a CO). Portanto, a razão molar entre CO_2 e CO deve ser 9:

$$n_2/n_3 = 9 \tag{E6.14}$$

As equações E6.9, E6.10, E6.11, E6.13 e E6.14 formam um sistema de cinco equações e cinco incógnitas que são reescritas em forma de matriz como segue (a equação E6.14 é reformatada como $n_2 - 9n_3 = 0$ antes de inseri-la na forma de matriz):

$$\begin{bmatrix} 1 & 0 & 0 & 0 & 0 \\ 1 & 1 & 1 & 0 & 0 \\ 0 & 1 & -9 & 0 & 0 \\ 4 & 0 & 0 & 2 & 0 \\ 0 & 2 & 1 & 1 & 2 \end{bmatrix} \begin{bmatrix} n_1 \\ n_2 \\ n_3 \\ n_4 \\ n_5 \end{bmatrix} = \begin{bmatrix} 0,01 \\ 1 \\ 0 \\ 4 \\ 4,6 \end{bmatrix} \tag{E6.15}$$

A equação E6.15 está de acordo com a forma matricial **[A] [X] = [B]** para equações lineares simultâneas, em que **[A]** é a matriz de coeficientes, **[X]** é o vetor de incógnitas e **[B]** é a matriz vetor dos valores (aqueles à direita) das equações. Vários algoritmos estão disponíveis para a obtenção de solução para tais sistemas de equação, como descrito no Capítulo 4. Um dos algoritmos comuns envolve tomar o inverso da matriz de coeficientes e multiplicá-lo pela matriz **[B]**:

$$[\mathbf{X}] = [\mathbf{A}]^{-1}[\mathbf{B}] \tag{E6.16}$$

Vários programas de software permitem a execução de operações matemáticas envolvendo matrizes, como o cálculo de uma matriz inversa e multiplicação de matrizes. Seguem as soluções usando planilhas e Mathcad.

Solução (usando um programa com planilha)

A solução usando Excel é mostrada na Figura 6.7. O primeiro passo nessa solução é inserir a matriz de coeficientes **[A]** e a matriz vetor dos valores **[B]**. Como visto na Figura 6.7, **[A]** forma uma matriz 5 × 5 que ocupa as células B5 a F9, enquanto **[B]** é inserido nas células de H5 até H9. Para calcular **[A]**$^{-1}$, primeiro um espaço 5 × 5 é selecionado – de B12 até F16, como visto previamente – e a função inversa da matriz é inserida digitando-se = MINVERSE(B5..F9), pressionando-se simultaneamente em seguida as teclas <Ctrl+Shift+Enter>. O Excel calcula o inverso da matriz e preenche automaticamente as células de B12 a F16. A solução do problema de balanço de massa é então obtida por multiplicação das matrizes **[A]**$^{-1}$ e **[B]**.

---

[4] A *análise de graus de liberdade*, geralmente coberta em disciplinas de balanços de massa e de energia, discute em detalhes a relação entre as variáveis desconhecidas, as equações de balanço de massa e outras equações e especificações necessárias para uma solução completa dos balanços de massa e de energia para o sistema. Aqui, simplesmente tentamos formular tantas equações quantas forem as variáveis desconhecidas.

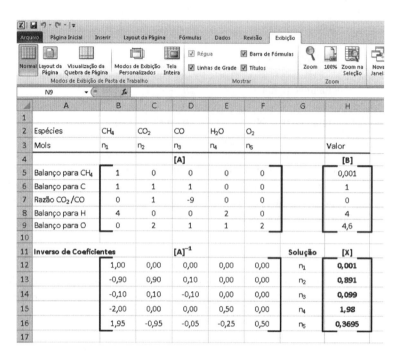

FIGURA 6.7 Solução de [A][X] = [B] por Excel.

Isso é feito pela seleção de um espaço 5 × 1 (H12–H16), digitando a fórmula =MMULT(B12..B16,H5..H9) e pressionando simultaneamente as teclas <Ctrl+Shift+Enter>. A solução resultante do problema é vista nas células de H12 a H16, que são os valores para os números de mols de CH_4, CO_2, CO, H_2O e O_2 – 0,01, 0,891, 0,099, 1,98 e 0,3695, respectivamente.

Solução (usando Mathcad)

O sistema de equações lineares **[A] [X] = [B]** pode ser prontamente resolvido no Mathcad por meio da função lsolve(**[A]**,**[B]**).[5] A Figura 6.8 mostra a solução deste problema por Mathcad.

As etapas do cálculo são as seguintes:

1. Digite a matriz de coeficientes teclando A: e depois clicando no ícone matriz na barra de ferramentas ou pressionando simultaneamente as teclas <Ctrl+m>. Uma caixa de diálogo aparece. Especifique 5 como o número de linhas e de colunas cada. Isso resulta na criação de uma matriz 5 × 5 com um marcador de posição para cada elemento da matriz. Os valores dos coeficientes podem agora ser inseridos teclando em cada marcador de posição.
2. Digite a matriz **B** usando o mesmo procedimento, ou seja, teclando B: e pressionando as teclas <Ctrl+m> ou clicando no ícone matriz. O número de colunas é 1 e o número de linhas é 5. São inseridos valores apropriados para cada elemento.
3. Resolva o sistema teclando *X:lsolve*(**A**,**B**).
4. Tecle *X=results* para exibir a solução.

Alternativamente, uma solução pode ser obtida inserindo a expressão **X:A^{-1}*B**. A solução é mostrada teclando X=. A confirmação de que uma solução idêntica é obtida é um exercício deixado ao leitor.

Como pode ser visto nas Figuras 6.6, 6.7 e 6.8, todas as três técnicas resultam em soluções idênticas. Note-se que não é necessário recorrer a cálculos matriciais para resolver este problema particular. A primeira equação prontamente produz o valor de n_1, uma vez que envolve apenas essa variável. O valor pode então ser substituído em outras equações em uma sequência apropriada para resolver as outras equações. Infelizmente, a maioria dos sistemas práticos não produzirá um conjunto tão prático de equações; no entanto, cálculos matriciais mostrados aqui serão úteis para chegar à solução de problemas de balanço de massa.

---

[5] O algoritmo usado no Mathcad, a função *lsolve*, é chamado *decomposição LU*, um tipo de algoritmo de eliminação mencionado no Capítulo 4, cujos detalhes estão além do escopo deste livro.

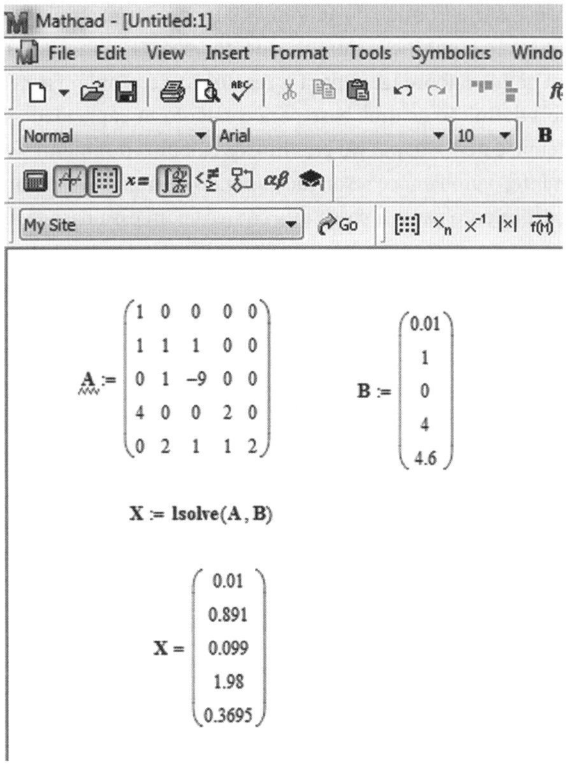

FIGURA 6.8 Solução de [A][X] = [B] por Mathcad.

A maioria de sistemas reacionais práticos irá envolver, além da reação desejada, várias reações paralelas do reagente primário de interesse. Além disso, a mistura reagente inevitavelmente conterá vários outros constituintes que sofrem também múltiplas reações. O sistema pode ter múltiplas correntes de saída em diferentes estados físicos (gás, líquido, sólido). Pode ser entendido que a complexidade do sistema pode aumentar significativamente. Tais sistemas não podem ser facilmente resolvidos por cálculos manuais feitos com calculadoras científicas (como para o sistema discutido anteriormente), necessitando o uso de um software, como Excel ou Mathcad que podem resolver rapidamente sistemas com dezenas (e possivelmente, centenas) de equações e variáveis.

6.4 Balanços de Massa para Unidades Múltiplas de Processos

A incompletude da reação desejada e a ocorrência de reação colateral indesejada introduziram níveis extras de complexidade ao processo simples de combustão descrito anteriormente. Até agora, os leitores deveriam ter desenvolvido uma sensação da magnitude dos cálculos computacionais para uma planta de processo químico, considerando que um processo químico normal tem um grande número de unidades de processos interconectadas que lidam com correntes complexas. Um exemplo de tais cálculos envolvendo unidades múltiplas é apresentado no Exemplo 6.4.1. O exemplo trata de um processo (consideravelmente) simplificado de síntese de amônia.

Exemplo 6.4.1	Ar, Metano e Vapor Requeridos para a Síntese de Amônia

Quais são as quantidades necessárias de ar, CH_4 e vapor para produzir 1000 tpd de NH_3?

Solução

A síntese de amônia requer N_2 e hidrogênio (H_2). Como mencionado em capítulos anteriores, o H_2 necessário para o processo é geralmente obtido a partir da reforma a vapor do CH_4, daí a necessidade de CH_4 e de vapor.

O N_2 necessário é obtido do ar. Vamos supor neste exemplo que o N_2 seja obtido por destilação criogênica do ar. O diagrama de blocos simplificado do processo é mostrado na Figura 6.9.

Em geral, a abordagem para a resolução de problemas de cálculo de balanço de massa envolve inicialmente a definição de uma base para o cálculo. A capacidade de produção de NH_3 no reator, estabelecida no problema, é de 1000 tpd. No entanto, os cálculos raramente se baseiam em tais números estabelecidos. Normalmente, o problema é resolvido supondo-se uma base molar – nesse caso, a base é 1 mol de NH_3 produzido. O procedimento passo a passo que começa com essa base segue:

1. Calcular os valores requeridos de N_2 e H_2 pela reação estequiométrica ($0,5N_2 + 1,5H_2 \rightarrow NH_3$). Aqui as razões molares estequiométricas são $H_2/NH_3 = 1,5$ e $N_2/NH_3 = 0,5$. Assim, a entrada do reator consiste em 0,5 mol de N_2 e 1,5 mol de H_2.
2. Obter 0,5 mol de N_2 da unidade de separação do ar, como mostrado na figura. A alimentação total de ar na unidade deve ser $0,5/0,79 = 0,63$ mol. Supondo que o ar seja simplesmente uma mistura de O_2 e N_2, isso resulta em 0,13 mol de O_2 sendo alimentado na unidade de separação, que são recuperados como O_2 puro no produto.
3. Obter 1,5 mol de H_2 necessário para o processo a partir do processo de reforma a vapor. As equações das reações de reforma a vapor e de deslocamento água-gás são:

$$\text{Reforma a vapor: } CH_4 + H_2O \rightarrow CO + 3H_2$$

$$\text{Deslocamento água-gás: } CO + H_2O \rightarrow CO_2 + H_2$$

$$\text{Global: } CH_4 + 2H_2O \rightarrow CO_2 + 4H_2$$

A estequiometria global do processo indica que 4 mols de H_2 são obtidos a partir de 1 mol de CH_4 e 2 mols de H_2O (vapor). Assim, as taxas molares necessárias de CH_4 e H_2O são 1,5/4 e 1,5/2, ou seja, 0,375 e 0,75 mol, respectivamente. O processo também gera 0,375 mol de CO_2.

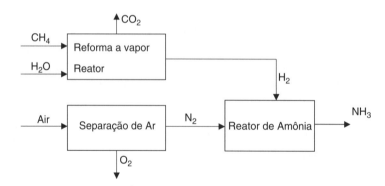

FIGURA 6.9 Diagrama de blocos simplificado do processo de síntese de amônia.

4. Uma vez que as quantidades de todas as espécies tenham sido determinadas na base escolhida (1 mol de NH_3 produzido), calcular a quantidade real para a capacidade especificada de 1000 tpd de NH_3 – ou seja, 58.823 quilomols de NH_3 – por simples escalonamento a partir da razão molar (58.823 quilomols/mol), como mostrado aqui e na Figura 6.10:

Amônia	1000 tpd	58,823 quilomols
Metano	353 tpd	22,059 quilomols
Água	794 tpd	44,118 quilomols
Ar	1075 tpd	37,058 quilomols
Oxigênio	249 tpd	7,782 quilomols
Dióxido de carbono	970 tpd	22,059 quilomols

Com base nesses números, a taxa mássica total no sistema (CH_4, ar e H_2O) é 2222 tpd e a taxa total de saída do sistema (NH_3, O_2 e CO_2) é 2219 tpd. A discrepância deve-se a erros de arredondamento em vez de qualquer outro erro computacional ou de análise.

Taxas de massa para N_2 e H_2 não são mostradas na Figura 6.10. Esses cálculos são deixados para o leitor, que é incentivado a confirmar o balanço de massa para cada unidade individual do sistema. A linha tracejada na Figura 6.10 forma um envelope que estabelece uma fronteira para o sistema. As taxas mássicas de entrada e de saída que atravessam a fronteira estão balanceadas, como mostrado. Envelopes semelhantes podem ser desenhados em volta de qualquer parte do processo e um balanço de massa para essa parte pode ser verificado.

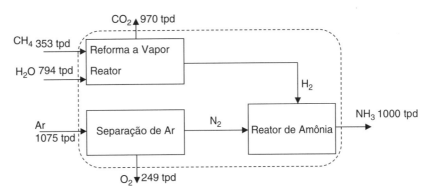

FIGURA 6.10 Taxas mássicas para o processo de síntese de amônia.

A reação de reforma a vapor é altamente endotérmica e as elevadas temperaturas demandadas são atingidas por meio da combustão do próprio CH_4. Quando a quantidade estequiométrica de ar é usada para a combustão de CH_4, CO_2 e H_2O (e outras impurezas) podem ser removidos dos gases de exaustão, produzindo o N_2 necessário para a síntese de NH_3 [5]. A remoção de CO_2 e H_2O é geralmente realizada por absorção em solvente, normalmente monoetanolamina [6]. O fluxograma esquemático para esse modo de operação é mostrado na Figura 6.11.

Note-se que a reação de reforma a vapor também produz uma corrente contendo CO_2. O outro componente principal dessa corrente é H_2. A remoção de CO_2 dessa corrente também requer operações de separação, como absorção e separação por membrana, que não foram mostradas nas Figuras 6.9 e 6.10.

As linhas tracejadas no reator de reforma a vapor na Figura 6.11 indicam que as duas correntes – a corrente composta de CH_4 e vapor e a corrente de gás de combustão que consiste em CH_4 e ar – estão fisicamente isoladas uma da outra. Em geral, o vapor do processo flui por meio de tubos dispostos dentro de uma câmara de combustão. Os tubos são embalados juntamente com o catalisador apropriado, necessário para a reação.

O processo mostrado na Figura 6.11 é consideravelmente mais complicado que aquele mostrado na Figura 6.9. Porém, o processo real é muito mais complexo, com várias unidades de separação

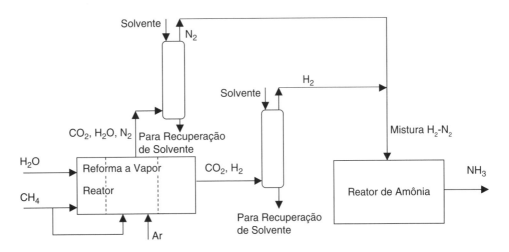

FIGURA 6.11 Esquema do processo de síntese de amônia com detalhes da separação.

106 Capítulo 6

necessárias para remoções/recuperações de outros componentes e correntes de reciclo para o reator e outras unidades. Os princípios da realização dos cálculos de balanços de massa para processos e técnicas tão complexos são ensinados na disciplina de Balanços de Massa e de Energia, cursada no segundo ano do curso de Engenharia Química, como explicado no Capítulo 3.

6.5 Resumo

O princípio de conservação de massa é empregado por engenheiros químicos para realizar cálculos em unidades de processo e em plantas industriais. Esses cálculos envolvem o balanço de massa global e os balanços por componente presente no sistema. Espécies moleculares (compostos) são conservadas e, portanto, servem como componentes em sistemas não reacionais; enquanto, em sistemas com reação, os balanços para componentes envolvem espécies atômicas. Os cálculos de balanço de massa envolvem a resolução simultânea de equações algébricas, como ilustrado por vários exemplos neste capítulo. Procedimentos de resolução usando recursos internos de Excel e de Mathcad foram mostrados. Recursos semelhantes são oferecidos por muitos outros sistemas de software e a escolha de uma ferramenta em particular depende apenas da viabilidade e acessibilidade do usuário. A complexidade dos cálculos computacionais necessários para a realização de balanços de massa em unidades múltiplas e processos inteiros também foi descrita. Um engenheiro químico aprenderá a usar as ferramentas para realizar tais cálculos abrangentes em disciplinas de balanços de massa e de energia.

Referências

1. Hougen, O. A., K. M. Watson, and R. A. Ragatz, *Chemical Process Principles. Part I: Material and Energy Balances,* Segunda Edição, John Wiley and Sons, New York, 1958.
2. Reklaitis, G. V., *Introduction to Material and Energy Balances,* John Wiley and Sons, New York, 1983.
3. Himmelblau, D. M., and J. B. Riggs, *Basic Principles and Calculations in Chemical Engineering,* Oitava Edição, Prentice Hall, Upper Saddle River, New Jersey, 2012.
4. Felder, R. M., and R. W. Rousseau, *Elementary Principles of Chemical Processes,* Terceira Edição, John Wiley and Sons, New York, 2005.
5. Chenier, P. J., *Survey of Industrial Chemistry*, Terceira Edição, Springer, Berlin, Germany, 2002.
6. Thambimuthu, K., M. Soltanieh, J. C. Abanades, et al., "Capture of CO_2," *IPCC Special Report on Carbon Dioxide Capture and Storage,* editado por B. Metz, O. Davidson, H. de Coninck, M. Loos, and L. Meyer, Chapter 3, Cambridge University Press, UK, 2005, https://www.ipcc.ch/pdf/special-reports/srccs/srccs_chapter3.pdf.

Problemas

6.1 Os palitos de batatas cruas para fazer batatas fritas são secos em um secador do tipo transportador, que opera a 60 °C. O teor de água nos palitos na entrada do secador é de 60 % em massa. Ar seco a 60 °C é alimentado no secador com uma vazão volumétrica de 1000 pés cúbicos/min. O ar que sai do secador é saturado com vapor d'água com saturação de umidade de 3,7 g de H_2O por pé cúbico de ar seco. A taxa de alimentação dos palitos de batata é de 20 kg/min. Qual o teor de umidade dos palitos que deixam o secador? Qual é a taxa de condensação, se o ar que sai do secador passa por um condensador para a remoção da umidade?

6.2 Uma corrente de águas residuais contendo 4 % (em massa) de acetaldeído (CH_3CHO, massa molar 44g/mol) entra em contato com N_2 em uma coluna de retificação para reduzir a concentração do acetaldeído a 0,2 % em massa. A taxa da corrente de águas residuais na entrada é 500 kg/h. O N_2 que deixa a coluna contém 10 % de acetaldeído por volume (mol). Qual é a taxa de N_2, se o N_2 que entra na coluna é livre de acetaldeído?

6.3 Fósforo elementar é produzido por aquecimento de ortofosfato de cálcio com sílica e CO.

$$2Ca_3(PO_4)_2(s) + 6SiO_2(s) + 10C(s) \rightarrow 6CaSiO_3(s) + P_4(g) + 10CO(g)$$

Quanto carbono é necessário para produzir 1 tpd de fósforo? Qual é a quantidade de escória produzida por ano?

6.4 Refaça o exemplo 6.3.1 (e suas modificações) quando o combustível queimado for GLP (gás liquefeito de petróleo); trate-o como uma mistura equimolar de propano e butano. Eis as reações de combustão:

$$C_3H_8 + 5O_2 \rightarrow 3CO_2 + 4H_2O$$

$$C_4H_{10} + 6,5O_2 \rightarrow 4CO_2 + 5H_2O$$

$$C_3H_8 + 3,5O_2 \rightarrow 3CO + 4H_2O$$

$$C_4H_{10} + 4,5O_2 \rightarrow 4CO + 5H_2O$$

6.5 Uma reação em fase gasosa entre acetaldeído e formaldeído em presença de uma base resulta na formação de pentaeritritol ($C(CH_2OH)_4$) de acordo com a seguinte equação:

$$4HCHO + CH_3CHO + {}^-OH \rightarrow C(CH_2OH)_4 + HCOO^-$$

Quanto de formaldeído por quilograma de pentaeritriol é necessário? Qual é a taxa de consumo da base se a base usada for $Ca(OH)_2$?

6.6 A eletrólise da solução de sal (NaCl) em uma célula de diafragma produz uma solução ~30 % (p/p) de NaOH. Quanto de H_2O precisa ser evaporado por tonelada de produto vendido como solução de 50 % (p/p)? Qual é a quantidade da corrente de 30 % que deve ser processada?

6.7 A reação global para o processo de eletrólise no problema 6.6 pode ser representada como:

$$2NaCl(aq) + H_2O(l) \rightarrow 2NaOH(aq) + H_2(g) + Cl_2(g)$$

Quais as quantidades de cloro (Cl_2) e de H_2 produzidas por tonelada de solução 50 % (p/p) de NaOH?

6.8 O mundo queima 4000 milhões de toneladas (equivalentes em óleo) de carvão por ano. Supondo que o carvão equivalente a óleo seja 78 % em massa de carbono, quantos mols de CO_2 serão emitidos para a atmosfera a cada ano, a partir da queima de carvão?

6.9 Urânio natural consiste em 0,7 % de isótopo físsil [235]U, com o balanço sendo o isótopo fissionável [238]U. Os reatores convencionais de água leve são geralmente reabastecidos a cada 12 a 18 meses, substituindo o combustível usado por combustível fresco enriquecido no isótopo físsil para 3 % a 5 %. Quanto de urânio natural precisa ser processado para reabastecer o reator com 25 t de combustível de óxido de urânio (UO_2) fresco enriquecido em 3,5 % em [235]U, supondo-se que todo o isótopo físsil presente no urânio natural pode ser recuperado no combustível enriquecido? Como a resposta muda se o processo de enriquecimento também resulta na formação de uma corrente de rejeito contendo 0,1 % [235]U? Todas as concentrações estão em base mássica.

6.10 O etanol é desidrogenado a acetaldeído pela reação catalítica em fase vapor:

$$C_2H_5OH \rightarrow CH_3CHO + H_2$$

A conversão da reação é de 35 %, significando que apenas 35 % do etanol alimentado no reator sofrem desidrogenação. O H_2 é separado da mistura de produtos por resfriamento da corrente de produto para condensar o etanol e o acetaldeído, os quais são depois separados por destilação para recuperar o acetaldeído como produto e fazer o reciclo de etanol para o reator. A etapa de condensação é efetiva na condensação de 99,9 % do etanol, mas somente 98 % do acetaldeído são alimentados nele. Calcule as composições da corrente de produto de H_2 e da corrente de alimentação para a coluna de destilação.

| CAPÍTULO 7 | Cálculos para Balanço de Energia |

*A soma das energias real e
potencial no universo é imutável.*

– William John Macquorn Rankine[1]

Essa citação de William Rankine é simplesmente uma alternativa para o princípio da *conservação de energia* ou para a *primeira lei da termodinâmica – de que a energia não pode ser criada nem destruída*. Esse princípio fornece as bases para os cálculos do balanço energético realizados por engenheiros químicos. Como a energia não pode ser criada nem destruída, se um objeto ou um sistema sofrer diminuição de determinada forma de energia, essa diminuição precisa ser compensada exatamente por um aumento de outras formas de energia, inclusive calor e trabalho. A quantificação das taxas de energia permite que o engenheiro químico calcule as temperaturas das correntes de processo e unidades; os efeitos do calor (evolução ou absorção); o trabalho obtido a partir do sistema ou realizado no sistema. Como a energia e o trabalho sempre têm um valor monetário associado, é muito importante que o engenheiro químico domine os princípios do balanço energético para poder reagir às várias formas de energia e de interconversão entre essas formas, além de justificar o balanço de massa do processo químico. Este capítulo apresenta inicialmente os princípios gerais do balanço de energia e, em seguida, introduz alguns cálculos específicos do balanço de energia.

7.1 Princípios Quantitativos de Balanço de Energia

Como a energia pode assumir formas diversas, é necessário que compreendamos as formas que são de interesse primordial para o engenheiro químico. Essas formas são brevemente descritas na seção que se segue.

7.1.1 Formas de Energia

Três formas primárias de energia são encontradas em um processo químico [1]:

1. *Energia cinética* (EC) – Energia associada ao movimento. A energia cinética de um corpo de massa m e velocidade v é $\frac{1}{2}mv^2$. É evidente que um corpo movendo-se a uma velocidade maior tem mais energia cinética que outro de igual massa, mas em velocidade menor.
2. *Energia potencial* (EP) – Energia associada à posição. A energia potencial de um corpo de massa m é mgh, em que g é a aceleração devido à gravidade e h sua distância até à superfície da terra.
3. *Energia interna* (U) – Energia armazenada associada às estruturas e características atômica e molecular.

Outras formas de energia, como energias de campo magnético e elétrico, em geral não são de interesse em processos químicos [2] e não estão incluídas na análise apresentada neste livro. A energia de um sistema, E, abrange essas três formas principais. As duas primeiras formas de energia (cinética e potencial) constituem a *energia mecânica* do sistema.

---

[1] Engenheiro e cientista escocês do século dezenove que contribuiu de modo fundamental para o desenvolvimento da termodinâmica; inventor do *ciclo de Rankine* para conversão de calor em energia mecânica/trabalho. A escala de temperatura absoluta Rankine foi criada pelo próprio. Fonte da citação: Rankine, W.J.M., "On the general law of the transformation of energy", *Philosophical Magazine*, Vol. 5, Nº 30, 1853, pp. 106-117.

7.1.2 Balanço de Energia Generalizado

Considere o processo arbitrário representado pelo diagrama de blocos mostrado na Figura 7.1.

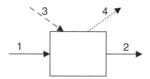

FIGURA 7.1 Balanço de energia em uma unidade de processo. Correntes: 1–Entrada, 2–Saída, 3–Calor, 4–Trabalho.

Esse diagrama é semelhante ao mostrado na Figura 6.1 para o balanço de massa, exceto pelas seguintes importantes diferenças: primeiro, as correntes representam taxas de energia em vez de taxas de massa. As linhas sólidas indicam taxas de energia que acompanham as taxas de massa dentro e fora da unidade de processo. (Todas as taxas de entrada e de saída de energia que acompanham as taxas de massa estão combinadas, cada uma em uma corrente.) Segundo, o sistema que representa a unidade de processo pode trocar energia com o ambiente por meio de trabalho ou calor.[2] Essas correntes são mostradas por linhas pontilhadas (trabalho) ou tracejadas (calor), respectivamente.

Não é necessário, claro, que haja uma troca de calor entre o sistema e a vizinhança. Da mesma forma, o sistema pode ou não fazer qualquer trabalho (ou ser submetido a trabalho). No caso mais geral, a aplicação do princípio de conservação de energia para esse sistema leva à seguinte equação de balanço de energia:

Taxa de acúmulo de energia no sistema =
Taxa de energia que entra com a massa que flui
− Taxa de energia que sai com a massa que flui
+ Taxa de calor dado ao sistema
− Taxa de trabalho feito pelo sistema

Observe que a direção das correntes de calor e de trabalho mudará dependendo da adição ou remoção de calor do sistema e se o trabalho for feito pelo sistema ou no sistema. Fisicamente, o material que é alimentado ao processo fica acumulado ou sai do sistema, conforme discutido no Capítulo 6, "Cálculos para Balanços de Massa".

Se $\dot{E}_1$ e $\dot{E}_2$ representam as taxas de energia que fluem para dentro e para fora, respectivamente, em conjunto com as taxas mássicas, $\dot{Q}$ é a taxa de entrada de calor e $\dot{W}$ é a taxa de trabalho feito pelo sistema, então temos o seguinte:

$$\frac{dE}{dt} = \dot{E}_1 - \dot{E}_2 + \dot{Q} - \dot{W} \tag{7.1}$$

Aqui, E é a energia total do sistema.

A equação 7.1 é a representação matemática do *balanço de energia global* para o sistema ou processo. Se o sistema está operando em estado estacionário, então temos o seguinte:

$$\dot{E}_1 - \dot{E}_2 + \dot{Q} - \dot{W} = 0 \tag{7.2}$$

Existem várias situações em processos químicos em que nenhuma troca de calor está envolvida *e* as variações de energia interna são insignificantes. O balanço de energia, portanto, reduz-se a um *balanço de energia mecânica*, em geral encontrado em situações de escoamento de fluido e usado

---
[2] A discussão detalhada dos conceitos de trabalho e de calor é geralmente coberta em disciplinas de termodinâmica para engenharia e não é atendida aqui. Calor é simplesmente entendido como a forma de energia transferida do objeto de temperatura mais alta para outro de temperatura mais baixa.

na determinação da potência necessária para a transferência do material de um ponto a outro. Por outro lado, as variações na energia mecânica são quase invariavelmente insignificantes em comparação com as variações na energia interna em quase todas as outras unidades de processo. Desse modo, o balanço de energia é simplificado para o seguinte:

$$\Delta\dot{U} = \dot{U}_2 - \dot{U}_1 = \dot{Q} - \dot{W} \tag{7.3}$$

Nessa equação, $\Delta\dot{U}$ é a diferença na energia interna entre as correntes de energia na saída e na entrada.

A equação 7.3 é útil para realizar os cálculos do balanço de energia para processos em estado estacionário. No entanto, a equação é um pouco complicada e difícil de usar, podendo ser simplificada ainda mais. A base conceitual para essa simplificação é a seguinte:

O trabalho de entrada é normalmente considerado como constituído por três componentes – o trabalho de escoamento, o trabalho de eixo (como o feito por uma bomba ou um agitador em um tanque) e outro trabalho. Os termos de trabalho de escoamento associados a correntes, quando combinados com termos de energia interna para as correntes, resultam nas *entalpias*[3] das correntes. Qualquer outro tipo de calor, com exceção dos trabalhos de escoamento e de eixo, é reunido em grupo como outro trabalho. Se o trabalho de eixo e outro trabalho puderem ser também desprezados, então o balanço de energia poderá ser escrito como segue:

$$\dot{H}_2 - \dot{H}_1 = \dot{Q} \tag{7.4}$$

A equação 7.4 está simplesmente afirmando que a diferença entre os conteúdos de calor das correntes de saída e de entrada é igual ao calor fornecido ao sistema.

Vários processos operam sob condições *adiabáticas*, isto é, não ocorre troca de calor entre o sistema e a vizinhança ($\dot{Q} = 0$). O balanço de energia para esse processo é escrito como segue:

$$\dot{H}_2 - \dot{H}_1 = 0 \tag{7.5}$$

As equações 7.4 e 7.5 fornecem o quadro para os cálculos do balanço de energia de processos químicos. Todavia, essas equações estão em termos de entalpia, uma grandeza termodinâmica que não pode ser medida e cujo valor absoluto para uma substância é desconhecido. A aplicação prática dos balanços de energia requer expressar as equações em termos de grandezas mensuráveis, tal como a temperatura. A próxima seção apresenta alguns princípios básicos relacionados à entalpia e ilustra como as equações prévias são convertidas em formas úteis. O desenvolvimento matemático rigoroso das etapas simplificadoras é deixado para as disciplinas de termodinâmica e de balanços de massa e de energia.

7.1.3 Entalpia e Calor Específico

Entalpia é a medida do conteúdo de energia (ou de calor) de uma substância [3]. É uma grandeza termodinâmica cujo valor *absoluto* não pode ser determinado; no entanto, a entalpia de uma substância, com relação ao seu valor em algumas condições de referência, pode ser calculada [4, 5]. O estado de referência, também chamado *estado padrão*, é especificado em termos da pressão e da temperatura do sistema, normalmente 1 bar e 25 °C (298,15 K) [6]. As entalpias-padrão específicas (entalpia por mol) de formação de várias substâncias (a partir de seus elementos constituintes) no estado de referência estão disponíveis em várias fontes, inclusive livros de termodinâmica [3], *handbooks* [7] e bancos de dados na internet, como o mantido pelo *National Institute of Standards and Technology* (www.nist.gov).[4] Desse modo, a entalpia específica de qualquer substância em

---

[3] Entalpia (H) é uma grandeza termodinâmica que consiste em uma medida do conteúdo de calor de uma corrente ou de um objeto: $H = U + PV$; P é a pressão, V é o volume.

[4] Por convenção, as entalpias de formação de elementos em seus estados naturais de ocorrência são tidas como zero.

112 Capítulo 7

qualquer outra condição pode ser calculada a partir de sua dependência funcional das variáveis do sistema e da entalpia do estado de referência.

A entalpia é uma função da temperatura do sistema, e sua dependência da temperatura a pressão constante é descrita como segue:

$$\left(\frac{\partial h}{\partial T}\right)_P = C_P \tag{7.6}$$

O lado esquerdo dessa equação representa a derivada parcial da entalpia em relação à temperatura a pressão constante; h é a entalpia específica da substância – ou seja, entalpia por unidade molar – e C_P é o calor específico da substância a pressão constante. As unidades SI de h e de C_P são joule por mol (J/mol) e joule por mol por kelvin (J/mol K), respectivamente. A entalpia específica h não depende da quantidade de substância presente, tornando-se uma propriedade *intensiva*. A entalpia total H, por outro lado, é uma propriedade *extensiva* que depende da quantidade de material presente no sistema.[5] H é obtido simplesmente com a multiplicação da entalpia específica pelo número de mols presentes, e tem a unidade de J (joule).

Se as informações sobre o calor específico C_P estiverem disponíveis, a integração da equação 7.6 permite-nos calcular a variação na entalpia (Δh) quando a temperatura da substância varia de T_1 para T_2 sob pressão constante:

$$h_2 - h_1 = \Delta h = C_P \left(T_2 - T_1\right) \tag{7.7}$$

em que h_1 e h_2 são as entalpias específicas da substância nas temperaturas T_1 e T_2, respectivamente.

Observe que a equação 7.7 é válida somente quando C_P, o calor específico sob pressão constante, não depende da temperatura e, portanto, é constante na faixa de temperatura considerada. Geralmente, no entanto, C_P é uma função da temperatura, sendo a dependência muitas vezes expressa por um polinômio em T, com uma função mostrada pela equação 7.8 [5].

$$C_P = A + BT + CT^2 + DT^{-2} + ET^3 \tag{7.8}$$

Os coeficientes de A até E são constantes características da substância e estão disponíveis a partir das mesmas fontes mencionadas anteriormente. A variação da entalpia por unidade molar da substância é então calculada pela integração da equação 7.6:

$$\Delta h = \int_{T_1}^{T_2} C_P \, dT \tag{7.9}$$

A equação 7.7 ou a 7.9 é usada para o cálculo da variação na entalpia específica de uma substância quando sua temperatura varia de T_1 a T_2, em condições de pressão constante. Quando o processo não é conduzido em condições de pressão constante (isobárica), a dependência da entalpia com a pressão também precisa ser levada em conta ao serem realizados os cálculos do balanço de energia. A dependência da entalpia com a pressão é complexa e requer o entendimento do comportamento volumétrico das substâncias – isto é, um entendimento da relação entre a pressão, o volume e a temperatura da substância. Isto geralmente é coberto em disciplinas de termodinâmica e não é considerado neste texto.

A suposição implícita no desenvolvimento das equações 7.7 e 7.9 é de que a substância *não sofre uma mudança de fase*; isto é, não sofre alterações em seu estado de sólido para líquido ou de líquido para gás e vice-versa. Assim, a substância passa apenas por uma *variação de calor sensível* que se reflete em sua temperatura. Contudo, se a substância experimentar uma mudança de fase a uma temperatura intermediária entre T_1 e T_2, a mudança de entalpia deve incluir um componente de *calor latente*. Por exemplo, se o ponto de ebulição da substância, T_b, for maior que T_1, mas menor que T_2, então a substância será um líquido no início do processo em T_1, porém em T_2, no final do processo, será um vapor. A variação de entalpia para essa situação é descrita pela equação 7.10.

---

[5] As propriedades intensiva e extensiva são discutidas em detalhes em cursos de termodinâmica.

$$\Delta h = \int_{T_1}^{T_b} C_{P_L} \, dT + \Delta H_v + \int_{T_b}^{T_2} C_{P_V} \, dT \tag{7.10}$$

Nessa equação, C_{P_L} e C_{P_V} são os calores específicos das formas líquida e vapor da substância, respectivamente, e ΔH_v é o calor latente de vaporização na temperatura T_b. Se a mudança de fase envolver fusão ou sublimação/condensação, então o valor correspondente do calor latente deverá ser usado.

Se T_1 for escolhido como 298,15 K – ou seja, a temperatura no estado padrão – então a entalpia específica de uma substância poderá ser calculada em qualquer temperatura por meio da equação 7.11.

$$h(\mathrm{T}) = h_{298,15} + \Delta h = \Delta H_F^0 + \Delta h \tag{7.11}$$

Aqui, Δh é calculado com a equação 7.9 ou 7.10, com os limites de integração de temperatura inferior e superior de 298,15 e T K, respectivamente. A entalpia específica a 298,15 K, $h_{298,15}$, é igual à entalpia-padrão de formação, ΔH_F^0, como previamente discutido. A equação 7.11 permite-nos calcular a entalpia específica de qualquer substância em qualquer temperatura, desde que sejam conhecidas as informações sobre a entalpia-padrão de formação e a dependência do calor específico com a temperatura.

7.1.4 Variações de Entalpia no Processo

A discussão anterior deixa claro que é possível obter os valores de entalpia específica de qualquer substância em qualquer temperatura. Se um processo for realizado a certa temperatura – ou seja, tanto as correntes de alimentação como as correntes de produtos na temperatura especificada – então certa variação de entalpia estará associada a esse processo. A seguinte reação genérica é um exemplo:

$$A + (b/a)\,B \rightarrow (c/a)\,C + (d/a)\,D$$

A entalpia da reação (ou calor de reação) é simplesmente a diferença entre as entalpias dos produtos e as entalpias dos reagentes. A seguir isso é mostrado matematicamente:

$$\Delta H_{rxn} = \sum H_{produtos} - \sum H_{reagentes} = \sum_i \left(v_i \, h_i \right)_{produtos} - \sum_j \left(v_j h_j \right)_{reagentes} \tag{7.12}$$

Aqui, v representa os coeficientes estequiométricos das espécies envolvidas na reação. Note-se que, a equação para a reação está escrita de tal forma que os coeficientes estequiométricos de todas as outras espécies são normalizados em relação ao coeficiente estequiométrico de A. Ou seja, a equação envolve 1 mol de A e mols proporcionais de outras espécies. Assim, a entalpia ou calor de reação, $\Delta H_{F\,rxn}^0$, é baseada em 1 mol do reagente A. É evidente que a equação pode ser normalizada com base no coeficiente estequiométrico de qualquer outra espécie envolvida na reação, com a entalpia da reação variando proporcionalmente.

Se o processo for conduzido em condições-padrão, a variação de entalpia é denominada *variação de entalpia-padrão*. Com relação à reação mostrada anteriormente, a entalpia-padrão da reação é dada a seguir:

$$\Delta H_{rxn}^0 = \left(\frac{c}{a} \Delta H_{F,C}^0 + \frac{d}{a} \Delta H_{F,D}^0 \right) - \left(\frac{b}{a} \Delta H_{F,B}^0 + \Delta H_{F,A}^0 \right) \tag{7.13}$$

Se as entalpias-padrão dos reagentes forem maiores que as dos produtos, a entalpia da reação será negativa. O processo começa com um material com maior energia química e acaba com um material com menor energia. A diferença entre as duas energias (ou entalpias) aparece à medida que o calor evolui durante a transformação, tornando o processo *exotérmico*. Por outro lado, se as entalpias dos produtos forem maiores do que as dos reagentes, o processo inicia-se com um material de menor energia e termina com um material de maior energia. Esses processos são chamados *endotérmicos*. A Figura 7.2 mostra um esquema conceitual da variação de entalpia nesses dois tipos de processos.

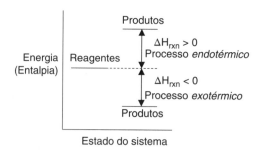

FIGURA 7.2 Esquema conceitual da variação de em processos endotérmico e exotérmico.

É óbvio que, para um processo exotérmico, é necessário um mecanismo para a remoção do calor, se for desejado manter uma temperatura constante. No entanto, se o processo for conduzido adiabaticamente – isto é, o sistema não troca calor com a vizinhança – os produtos estarão em uma temperatura mais alta que os reagentes. Por outro lado, se o processo for endotérmico, irá requerer o fornecimento de calor para manter uma temperatura constante e o processo endotérmico adiabático experimentará uma diminuição de temperatura. A Figura 7.3 mostra a variação na temperatura, para um sistema adiabático, para ambos os processos, endotérmico e exotérmico.

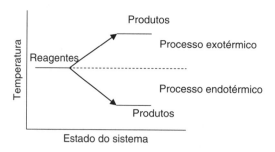

FIGURA 7.3 Efeitos do calor nas transformações: temperatura de sistemas adiabáticos.

Quando a transformação envolve uma reação química, o efeito da entalpia é chamado *entalpia de reação* ou *calor de reação*. A entalpia (ou calor) de reação é chamada *entalpia* (ou *calor*) *de combustão* quando a reação é de combustão de uma substância. As transformações que são de natureza física – ou seja, transformações que não envolvem reações químicas – também são frequentemente acompanhadas por uma variação de entalpia. Por exemplo, efeitos de calor acompanham a dissolução de um soluto em uma solução, e a variação de entalpia é então denominada *entalpia de solução* ou *calor de solução*. Do mesmo modo, *entalpia de mistura* refere-se à variação de entalpia quando o processo envolve mistura de diferentes correntes. Essas transformações podem ser tanto endotérmicas como exotérmicas. Em todos esses casos, a discussão apresentada acima para sistemas reativos pode ser estendida, guardadas as proporções, para outros processos e transformações.

7.2 Problemas Básicos de Balanço de Energia

Um engenheiro químico tem de realizar uma grande variedade de cálculos de balanço de energia para um grande número de transformações e processos. Esses cálculos requerem a aplicação dos princípios discutidos na seção 7.1. A considerável quantidade de cálculos de balanço de energia feita pelos engenheiros químicos pode ser classificada de forma muito ampla em dois tipos: aqueles que envolvem a determinação de efeitos do calor em transformações específicas de interesse e aqueles que envolvem as determinações das temperaturas do sistema como resultado da transformação específica sofrida pelo sistema. Os exemplos a seguir fornecem uma rápida visão da natureza dos cálculos do balanço de energia para diferentes processos químicos.

Exemplo 7.2.1 Temperatura Adiabática da Chama dos Gases de Exaustão

Considere novamente o balanço de massa discutido no exemplo 6.3.1, a combustão de gás natural. A queima de gás natural libera calor – uma manifestação do princípio da conservação da energia, em que a energia química armazenada no metano é convertida em energia química dos produtos e em energia térmica. Se esse calor não fosse removido do sistema, isso faria com que a temperatura da corrente de produto se elevasse. A *temperatura adiabática da chama* em um processo de combustão é simplesmente a temperatura teórica alcançada pelos gases do produto em um processo de combustão, quando o processo é conduzido adiabaticamente – sem nenhuma troca de energia com a vizinhança. Calcule a temperatura adiabática da chama para a combustão completa do gás natural quando se alimenta no queimador a quantidade estequiométrica de ar. Todas as correntes de entrada estão a 25 °C.

Solução

O passo inicial para a realização dos cálculos de balanço de energia é a obtenção do balanço de massa para o processo. Esses cálculos do balanço de massa foram realizados no Capítulo 6 e estão reproduzidos na Figura 7.4.

FIGURA 7.4 Balanço de massa em um queimador de gás natural.

Observe que a Figura 7.4 mostra o balanço de massa para um processo contínuo, em que 1 mol/s de gás natural é continuamente alimentado no queimador. Como o processo é adiabático, em estado estacionário a entalpia que flui no queimador deve ser igual à entalpia que sai do queimador:

$$\dot{H}_{saida} - \dot{H}_{entrada} = 0 \quad (E7.1)$$

A entalpia na entrada é igual à soma das entalpias transportadas para o queimador pelos três componentes:

$$\dot{H}_{entrada} = \sum_{i=1}^{3} \dot{n}_i h_i = \dot{n}_{CH_4} h_{CH_4} + \dot{n}_{O_2} h_{O_2} + \dot{n}_{N_2} h_{N_2} \quad (E7.2)$$

Aqui, $\dot{n}$ representa a taxa molar do componente i e h_i sua entalpia específica (entalpia por mol).

De forma semelhante, a entalpia na saída do queimador é a soma das entalpias dos componentes que deixam o queimador:

$$\dot{H}_{saida} = \sum_{j=1}^{3} \dot{n}_j h_j = \dot{n}_{CO_2} h_{CO_2} + \dot{n}_{H_2O} h_{H_2O} + \dot{n}_{N_2} h_{N_2} \quad (E7.3)$$

As entalpias nas equações E7.2 e E7.3 são avaliadas nas temperaturas correspondentes das correntes; isto é, a 25 °C (298,15 K) para as correntes de entrada e temperatura desconhecida T (K), para a corrente de produto. Como já mencionado, as entalpias a 298,15 K são as entalpias de formação no estado-padrão e estão disponíveis em várias fontes. As entalpias h_j podem ser expressas em termos dessa temperatura T, fazendo uso da equação E7.4:

$$h_{j,T_2} = h_{j,298,15} + \int_{298,15}^{T_2} C_{P_j} dT \quad (E7.4)$$

A Tabela E7.1 mostra as entalpias-padrão de formação ($\Delta H_F^0 = h_{298,15}$) e a Tabela E7.2 mostra a dependência funcional do calor específico para cada componente [3, 7].

Utilizando esses dados, a taxa de entalpia alimentada no sistema ($\dot{H}_{entrada}$) é igual a –74,87 kJ/s. A taxa em que a entalpia deixa o sistema é calculada como segue:

116 Capítulo 7

TABELA E7.1 Entalpias-padrão de Formação

Componente	Entalpia, kJ/mol
CH_4	−74,87
O_2	0
N_2	0
CO_2	−393,61
$H_2O(g)$[6]	−241,88

TABELA E7.2 Dependência Funcional do Calor Específico

Calor Específico $C_P = A + BT + CT^2 + DT^{-2}$ **J/mol K**				
Componente	A	B ($\times 10^3$)	C ($\times 10^6$)	D ($\times 10^{-5}$)
CH_4	14,15	75,5	−18,0	—
O_2	30,25	4,21	—	−1,89
N_2	27,27	4,93	—	0,33
CO_2	45,37	8,69	—	−9,62
H_2O	28,85	12,06	—	1,00

Inicialmente, a entalpia específica de cada espécie na temperatura T é calculada a partir dos dados de C_P:

$$h_{j,T} = h_{j,298,15} + A_j\left(T - 298,15\right) + \frac{B_j}{2}\left(T^2 - 298,15^2\right) +$$

$$\frac{C_j}{3}\left(T^3 - 298,15^3\right) - D_j\left(T^{-1} - 298,15^{-1}\right) \tag{E7.5}$$

Substituindo a equação E7.5 na equação E7.3 e reorganizando os termos, temos o seguinte:

$$\dot{H}_{saida} = \sum_{j=1}^{3} \dot{n}_j\, h_j = \left(\dot{n}_{CO_2}\, h_{CO_2,298,15} + \dot{n}_{H_2O}\, h_{H_2O,298,15} + \dot{n}_{N_2}\, h_{N_2,298,15}\right)$$

$$+\left(\frac{T^3 - 298,15^3}{3}\right)\left(\dot{n}_{CO_2}\, C_{CO_2} + \dot{n}_{H_2O}\, C_{H_2O} + \dot{n}_{N_2}\, C_{N_2}\right)$$

$$+\left(\frac{T^2 - 298,15^2}{2}\right)\left(\dot{n}_{CO_2}\, B_{CO_2} + \dot{n}_{H_2O}\, B_{H_2O} + \dot{n}_{N_2}\, B_{N_2}\right)$$

$$+\left(T - 298,15\right)\left(\dot{n}_{CO_2}\, A_{CO_2} + \dot{n}_{H_2O}\, A_{H_2O} + \dot{n}_{N_2}\, A_{N_2}\right)$$

$$-\left(T^{-1} - 298,15^{-1}\right)\left(\dot{n}_{CO_2}\, D_{CO_2} + \dot{n}_{H_2O}\, D_{H_2O} + \dot{n}_{N_2}\, D_{N_2}\right) \tag{E7.6}$$

A equação E7.6 parece complicada, mas isso é principalmente porque todos os termos individuais são escritos em forma expandida e não em função de alguma complexidade intrínseca.

As taxas molares dos componentes na corrente de saída são mostradas na Figura 7.4. Igualando $\dot{H}_{saida}$ a −74,87 kJ/s e substituindo os valores de vários parâmetros, produz-se a seguinte equação na temperatura de saída desconhecida T:

$$0,03494T^2 + 308,14\,T - \frac{5,1384 \times 10^5}{T} - 899202 = 0 \tag{E7.7}$$

A equação E7.7 é um polinômio que pode ser resolvido usando-se uma série de técnicas diferentes. A solução com a ferramenta Atingir Metas (*Goal Seek*), do Microsoft Excel (descrita no Capítulo 5, "Cálculos em Escoamento de Fluidos") é mostrada na Figura 7.5.

---

[6] Fase gasosa.

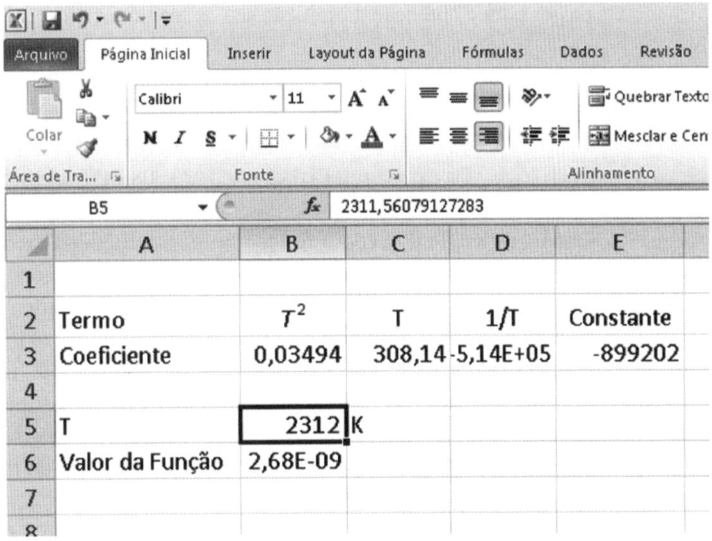

FIGURA 7.5 Solução com ferramenta Atingir Metas (*Goal Seek*), do Excel, para problema de temperatura adiabática de chama.

Como visto na figura, os coeficientes dos termos T^2, T e $1/T$ são inseridos nas células B3, C3 e D3, com o valor da constante na célula E3. Uma estimativa de temperatura é fornecida na célula B5 e a função descrita pela equação E7.7 é avaliada na célula B6. A função Atingir Meta manipula o valor em B5 até que o valor da função em B6 seja aproximadamente zero. A temperatura adiabática da chama é 2312 K (~2039 °C).

A solução gráfica para o problema usando Mathcad é mostrada na Figura 7.6.

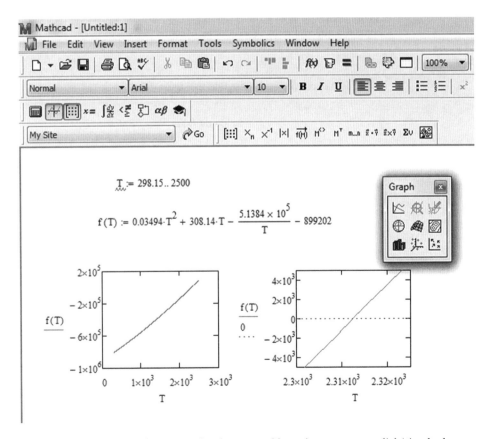

FIGURA 7.6 Solução gráfica por Mathcad para o problema de temperatura adiabática de chama.

Os passos para a obtenção da solução são os seguintes:

1. Primeiro, defina a faixa para a variável *T*, digitando T:298.15;2500.
2. Defina a função f(T) digitando

$$f(T):0.03494*T^2+308.14*T-5.1384*10^5/T-899202$$

3. Crie o gráfico de f(T) como função de *T*, escolhendo *Insert* no menu de comando e *Graph* e *X-Y Plot* nos menus suspensos. (Como outra opção, um gráfico pode ser criado clicando nos botões adequados). Isso cria um gráfico em branco com espaços vazios para as variáveis *x* e *y*. Entre com T e f(T) clicando nesses espaços, gerando o gráfico mostrado na parte inferior à esquerda. Como pode ser visto do gráfico, o valor da função vai de $\sim-8 \times 10^5$ a $\sim1,6 \times 10^5$, indicando que o valor da função é zero nas proximidades de T = 2000. Com a finalidade de obter uma estimativa mais precisa, refaça o gráfico da função, como mostrado à direita, com os valores do eixo *x* entre 2300 e 2325. Além disso, adicione uma linha horizontal reta em y = 0, clicando no final do título do eixo *y*, f(T), e digitando um espaço seguido de 0.
4. O gráfico da direita mostra claramente que a função é zero (a partir da interseção da curva da função com a linha horizontal tracejada) em um valor de T entre 2310 e 2315, permitindo uma estimativa para a solução em 2312. Melhore a precisão da solução ao reescalar progressivamente o eixo x estreitando os limites. No entanto, deve-se atentar para o fato de que uma estimativa de solução de 2310 já está incluída no valor de 0,1 % da solução exata e é adequada para a maioria dos propósitos práticos.

Exemplo 7.2.2 — Recuperação de Calor dos Gases de Combustão

Os gases de combustão oriundos do queimador, do exemplo anterior, são resfriados a 25 °C no processo de aquecimento da água a 150 °F (como aconteceria no aquecedor de água). Qual é a taxa de água quente se a água fria que entrar no aquecedor estiver a 68 °F?

Solução

O esquema do processo é mostrado na Figura 7.7.

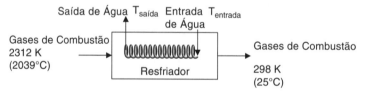

FIGURA 7.7 Balanço de energia no aquecedor de água.

Como visto na figura, a água é passada pelo tubo, que é moldado em uma bobina para fornecer a área necessária para a troca de calor. O balanço de energia no processo produz a seguinte equação:

$$\dot{H}_{saida, GC} + \dot{H}_{saida, água} - \left(\dot{H}_{entrada, GC} + \dot{H}_{entrada, água}\right) = 0 \quad (E7.8)$$

GC significa gases de combustão. A reorganização dos termos da equação 7.8 fornece o seguinte:

$$\dot{H}_{saida, água} - \dot{H}_{entrada, água} = \dot{H}_{entrada, GC} - \dot{H}_{saida, GC} \quad (E7.9)$$

A equação E7.9 é a expressão matemática que indica que a taxa de variação de entalpia para gases de combustão é exatamente igual à taxa de variação de entalpia para a água; isto é, toda a energia perdida pelos gases de combustão é transferida para a água. Uma suposição implícita nessa afirmação é que o aquecedor está perfeitamente isolado e não há perda de calor para o meio ambiente. A taxa de entalpia que entra com os gases de combustão, $\dot{H}_{entrada,GC}$, é −74,87 kJ/s, usando-se as informações do Exemplo 7.2.1. Os outros termos da equação E7.9 são calculados como segue:

Cálculos para Balanço de Energia **119**

$$\dot{H}_{saída,\,GC} = \dot{n}_{CO_2}\,h_{CO_2,\,298,15} + \dot{n}_{H_2O}\,h_{H_2O,298,15} + \dot{n}_{N_2}\,h_{N_2,298,15} \tag{E7.10}$$

$$\dot{H}_{entrada,\,água} = \dot{n}_{água}\left(h_{água,\,298,15} + \int_{298,15}^{T_{entrada}} C_{P,\,água}\,dT \right) \tag{E7.11}$$

$$\dot{H}_{saída,\,água} = \dot{n}_{água}\left(h_{água,\,298,15} + \int_{298,15}^{T_{Out}} C_{P,\,água}\,dT \right) \tag{E7.12}$$

A partir das equações E7.11 e E7.12, o lado direito da equação E7.9 é simplificado:

$$\dot{H}_{saída,\,água} - \dot{H}_{entrada,\,água} = \dot{n}_{água}\left(\int_{T_{entrada}}^{T_{saída}} C_{P,\,água}\,dT \right) \tag{E7.13}$$

Usando os dados de entalpias de formação do Exemplo 7.2.1, o lado esquerdo da equação 7.9 resulta em 802,5 kJ/s. Supondo um calor específico constante de 4,185 J/g K para a água, o balanço de energia é simplificado para:

$$\dot{n}_{água} \cdot 4,185 \cdot (338,7 - 298,15) = 802500 \tag{E7.14}$$

As temperaturas de entrada e de saída são expressas na unidade K em vez de °F. A taxa mássica da água, $\dot{n}_{água}$, é facilmente calculada a partir da equação E7.14 como 4210 g/s. A vazão volumétrica da água é 4,21 L/s a uma densidade de 1 g/cm³ (1 kg/L).

Note-se que os cálculos neste exemplo baseiam-se no pressuposto de que todos os componentes nos gases de combustão de saída permanecem em estado gasoso a 25 °C. Enquanto essa suposição é válida para o nitrogênio e o dióxido de carbono, não é válida para a água, que irá se condensar, convertendo-se em líquido, quando resfriada abaixo de 100 °C à pressão atmosférica. Se se supuser que todo o vapor de água, presente nos gases de combustão, condensa-se a 25 °C,[7] a entalpia normal da formação de água líquida, –285,8 kJ/mol, deverá ser usada nos cálculos, em vez de –241,88 kJ/mol, para vapor de água. Isso resulta uma taxa de água de 4671 g/s ou 4,67 L/s. O leitor deve executar os cálculos para confirmar o resultado.

Exemplo 7.2.3 Cálculo da Área de Transferência de Calor[8]

Que área de transferência de calor precisa ser fornecida para atingir as temperaturas de saída desejadas no problema anterior?

Base teórica

Um equipamento de troca de calor é um componente integral e muito frequente nas indústrias de processo químico. Muitas correntes de processos precisam ser aquecidas até as temperaturas desejadas para realizar reações e efetuar separações. Várias outras correntes de processo precisam ser resfriadas a partir de temperaturas elevadas para o manuseio adequado de correntes de produtos e emissões para o ambiente. A maior parte dessa troca de calor requerida é atendida pelos recuperadores – trocadores de calor, nos quais uma corrente quente que escoa transfere calor para uma corrente fria por intermédio de uma barreira que mantém as duas correntes separadas fisicamente [8]. A força-motriz dessa transferência de calor é a diferença de temperatura entre duas correntes. A carga térmica do trocador de calor, $\dot{Q}$, é relacionada à força-motriz:

$$\dot{Q} = U \cdot A \cdot \text{Força-Motriz da Temperatura} \tag{7.14}$$

---

[7] Na realidade, nem todo o vapor de água irá se condensar. Essa situação é tratada no Capítulo 8, "Cálculos de Termodinâmica para Engenharia Química".

[8] Cálculos relativos à transferência de calor estão cobertos nas disciplinas de termodinâmica para engenharia e de fenômenos de transporte e, em geral, não são cobertos nas disciplinas de balanço de massa e de energia do segundo ano.

120 Capítulo 7

Aqui, A é a área de transferência de calor, e U é o coeficiente global de transferência de calor.

O coeficiente global de transferência de calor U é a medida de taxa na qual o calor é transferido pela superfície. Um maior valor de U implica uma transferência de calor mais rápida e, consequentemente, a área necessária é menor. U depende das propriedades dos fluidos e das condições de operação – principalmente da velocidade do fluido. A força-motriz da temperatura depende da diferença nas temperaturas dos dois fluidos entre os quais o calor é transferido. Essa força-motriz varia com a localização dentro do permutador de calor, à medida que as temperaturas dos dois fluidos vão mudando. A força-motriz global é então obtida tomando-se uma média logarítmica das diferenças de temperatura na entrada e na saída do trocador de calor.[9] Para a situação mostrada na Figura 7.7, a média logarítmica da diferença de temperatura (MLDT ou ΔT_{LM}) é dada pela equação 7.15:

$$\Delta T_{LM} = \frac{\left(T_{GC, Entrada} - T_{Água, Saída}\right) - \left(T_{GC, Saída} - T_{Água, Entrada}\right)}{\ln\left(\dfrac{T_{GC, Entrada} - T_{Água, Saída}}{T_{GC, Saída} - T_{Água, Entrada}}\right)} \tag{7.15}$$

Solução

Rearranjando a equação 7.14, temos a seguinte equação:

$$A = \frac{\dot{Q}}{U \cdot \Delta T_{LM}} \tag{7.16}$$

A carga térmica do trocador de calor, $\dot{Q}$, foi encontrada anteriormente no exemplo 7.2.2, como 802500 W(J/s). A força-motriz da temperatura, ΔT_{LM}, é a que segue:

$$\Delta T_{LM} = \frac{(2312 - 338,7) - (298 - 293)}{\ln\left(\dfrac{2312 - 338,7}{298 - 293}\right)} = 329\,K$$

O coeficiente global de transferência de calor, como já mencionado, depende das propriedades do fluido e das condições de operação. Correlações empíricas e semiempíricas estão disponíveis em diversas literaturas para a estimação dos coeficientes de transferência de calor sob diferentes combinações de fluidos frios e quentes, tipos de operação e assim por diante. Os valores aproximados dos coeficientes normais de transferência de calor quando a informação detalhada sobre os fluidos e as condições operacionais não estão disponíveis, também podem ser encontradas na literatura. Usando um valor representativo de 300 W/m²K para U, a área necessária encontrada é 8,13 m². Se a água está escoando por um tubo de 1 pol. de diâmetro, então o comprimento necessário de tubo para obter essa área é 8,13/($\pi \cdot$ 0,0254),[10] quase 101 m.

Exemplo 7.2.4	Efeitos Térmicos em uma Reação Química

Óxido de cálcio é misturado com água em um processo chamado extinção (*slaking*) da cal para obter hidróxido de cálcio. Em um tanque em batelada a 25 °C, 3000 kg de CaO são misturados com 3000 kg de água. Qual é o calor liberado na reação? As entalpias-padrão de formação são CaO(s): –635,1 kJ/mol; água: –285,8 kJ/mol; e Ca(OH)$_2$ (aq): –1002,8 kJ/mol. As massas molares (g/mol) das três substâncias são 56,1, 18,0 e 74,1, respectivamente.

Solução

O processo é representado pela seguinte equação:

$$CaO(s) + H_2O \rightarrow Ca(OH)_2\,(aq)$$

---

[9] O desenvolvimento do conceito da média logarítmica da diferença de temperatura é discutido em disciplinas de termodinâmica para engenharia e fenômenos de transporte.

[10] A transferência de calor ocorre na área de superfície do tubo, que é igual a πdL para um tubo com um diâmetro d e comprimento L.

A variação de entalpia na reação por mol de CaO segue:

$$\Delta H_{rxn} = \Delta H^0_{F,Ca(OH)_2} - \left(\Delta H^0_{F,CaO} + \Delta H^0_{F,H_2O}\right) \quad (E7.15)$$

$$\Delta H_{rxn} = -1002,8 - (-635,1 - 285,8) = -81,9 \text{ kJ/mol CaO}$$

O sinal negativo associado com a entalpia (calor) da reação indica que o produto tem energia mais baixa comparada aos reagentes. A diferença entre as duas entalpias aparece como o calor que é descartado para a vizinhança, fazendo desse um processo exotérmico. Para cada mol de CaO convertido a Ca(OH)$_2$, 81,9 kJ de calor são liberados. O calor total liberado é obtido pela multiplicação desse valor pelo número total de mols de CaO alimentado no processo:

$$\text{Calor liberado} = 81,9 \text{ kJ/mol} \cdot 3000 \text{ kg} \cdot 1000 \text{ g/kg}/56,1 \text{ g/mol} = 4380 \text{ MJ}$$

Essa é uma quantidade substancialmente alta de calor que, se não for removida do sistema, resultará em um aumento na temperatura da solução. Supondo que o calor específico da solução seja 4,185 MJ/t K (4,185 J/g K),[11] o aumento da temperatura será 4380/(4,185 × 6) = 174 K(°C), fazendo com que a temperatura da solução suba para ~200 °C. Isto é fisicamente impossível, uma vez que a água da solução começa a ferver a 100 °C, à pressão atmosférica. Desse modo, na verdade, a temperatura da solução irá subirá até atingir 100 °C (mais precisamente, o ponto de ebulição da solução, que seria um pouco maior, devido às propriedades coligativas),[12] quando a água ferverá. A quantidade de água em ebulição pode ser calculada como segue:

4380 = Calor usado para subir a temperatura da solução de 2 °C até 100 °C +
       Calor usado para ferver a água.

$$4380 = 6 \times 4,185 \times (100 - 25) + m_{vapor} \times \Delta H_{vap}$$

Aqui, m_{vapor} é a massa de vapor gerada e ΔH_{vap} é o calor latente de vaporização (2260 J/g ou MJ/t). Assim, a quantidade de vapor gerado, ou água fervida, é de 1,105 t ou de 1105 kg. Os balanços completos de massa e de energia para o sistema são mostrados na Figura 7.8.

Como pode ser visto na figura, a extinção (*slaking*) da cal resulta em dois produtos: 1105 kg de vapor e Ca(OH)$_2$ contendo ~19 % de umidade.

FIGURA 7.8 Balanços de massa e de energia na operação de extinção (*slaking*) da cal.

7.3 Resumo

O princípio da conservação de energia é a base dos cálculos do balanço de energia. Este capítulo apresentou as diferentes formas de energia de interesse nos processos químicos e a quantificação do princípio da conservação da energia em termos dessas formas de energia. O conceito de entalpia e sua dependência com a temperatura são também discutidos. A aplicação desses princípios foi então demonstrada com diferentes problemas que tratam da quantificação das variações de

---

[11] Uma simplificação grosseira, uma vez que esse valor é o calor específico da água e o sistema consiste em uma solução altamente concentrada.

[12] As propriedades coligativas são as propriedades da solução que dependem da quantidade de soluto presente na solução.

122 Capítulo 7

entalpia em transformações e determinação das temperaturas do sistema. A natureza dos cálculos variou de simples equações lineares a equações transcendentais mais complexas. Também foram apresentados o enfoque para resolver esses problemas e as soluções resultantes, por meio de várias técnicas, numéricas e gráficas, disponíveis em programas comerciais diferentes.

Referências

1. Felder, R. M., and R. W. Rousseau, *Elementary Principles of Chemical Process*, Terceira Edição, John Wiley and Sons, New York, 2005.
2. Reklaitis, G. V., *Introduction to Material and Energy Balances*, John Wiley and Sons, New York, 1983.
3. Smith, J. M, H. C. Van Ness, and M. M. Abbott, *Introduction to Chemical Engineering Thermodynamics*, Sétima Edição, McGraw-Hill, New York, 2005.
4. Kyle, B. G., *Chemical and Process Thermodynamics*, Terceira Edição, Prentice Hall PTR, Upper Saddle River, New Jersey, 1999.
5. Koretsky, M. D., *Engineering and Chemical Thermodynamics*, Segunda Edição, John Wiley and Sons, New York, 2012.
6. Prausnitz, J. M., R. M. Lichtenthaler, and E. G. de Azevedo, *Molecular Thermodynamics of Fluid-Phase Equilibria*, Terceira Edição, Prentice Hall PTR, Upper Saddle River, New Jersey, 1999.

Problemas

7.1 Qual é a carga térmica requerida para o aquecimento do *ar seco* de 30 °C para 60 °C antes que o ar seja alimentado no secador do problema 6.1? A densidade molar do ar é 1,17 mol/ft³.

7.2 Qual é a temperatura adiabática da chama quando 15 % de excesso de ar são fornecidos ao queimador de gás natural no Exemplo 7.2.1? Qual será a temperatura quando a quantidade estequiométrica de oxigênio for usada na combustão em vez de ar?

7.3 O CO gerado durante a produção de fósforo elementar (Problema 6.3) é queimado para a obtenção de energia. Quanto calor pode ser obtido pela queima de CO por tonelada de fósforo produzido? A entalpia de formação de CO é –110,5 kJ/mol.

7.4 A dissolução da ureia (NH_2CONH_2) na água pode ser representada pela seguinte equação:

$$NH_2CONH_2 + 50H_2O \rightarrow NH_2CONH_2(H_2O)_{50}$$

As espécies no lado direito da equação representam simplesmente a ureia dissolvida. As entalpias de formação em kJ/mol das espécies são: ureia: –333,0, água: –285,9, ureia dissolvida: –14.608.

Qual é a variação de entalpia no processo (essa variação é chamada entalpia [ou calor] de solução)? Supondo que o processo seja adiabático, qual será a variação na temperatura da solução? O calor específico da solução pode ser considerado igual ao da água: 4,185 J/g K.

7.5 O ar seco no problema 7.1 é aquecido de 30 °C até 60 °C usando vapor à pressão atmosférica. A temperatura da corrente condensada é de 100 °C. Qual será a área de troca térmica requerida se o coeficiente global de transferência de calor for 150 W/m² K?

7.6 As entalpias-padrão de formação do etanol, acetaldeído e hidrogênio em kJ/mol são –235,3, –166 e 0, respectivamente. Qual é a variação de energia para a reação de desidrogenação descrita no problema 6.10? A reação é endotérmica ou exotérmica? A reação é conduzida a 545 K e os gases de produto são resfriados a 360 K. Qual é a taxa de calor removido para um reator alimentado continuamente com 1 mol/s de etanol puro? Considere que a conversão do etanol é de 35 %. Os calores específicos para as três espécies, em J/mol, são $C_{P,etanol}$: 87,5; $C_{P,acetaldeído}$: 55,2; $C_{P,hidrogênio}$: 29.

7.7 Como a carga térmica irá variar se a alimentação do reator, para a reação de desidrogenação descrita no problema 7.6, consistir em uma corrente equimolar de etanol e de nitrogênio? Considere que outras condições – taxa de alimentação de etanol, temperatura, conversão – são as mesmas descritas no problema 7.6. O calor específico do nitrogênio em J/mol é descrito pela seguinte equação, em que T é a temperatura em K:

$$C_{P,nitrogênio} = 29 + 1,85 \cdot 10^{-3}T - 9,65 \cdot 10^{-6}T^2 + 16,64 \cdot 10^{-9}T^3 + 117/T^2$$

7.8 O calor específico do gás hidrogênio foi medido em várias temperaturas e os dados são os seguintes:

T, K	C_P, J/g K	T, K	C_P, J/g K	T, K	C_P, J/g K
175	13,12	850	14,77	2100	17,18
200	13,53	900	14,83	2200	17,35
225	13,83	950	14,90	2300	17,50
250	14,05	1000	14,98	2400	17,65
275	14,20	1050	15,06	2500	17,80
300	14,31	1100	15,15	2600	17,93
325	14,38	1150	15,25	2700	18,06
350	14,43	1200	15,34	2800	18,17
375	14,46	1250	15,44	2900	18,28
400	14,48	1300	15,54	3000	18,39
450	14,50	1350	15,65	3500	18,91
500	14,51	1400	15,77	4000	19,39
550	14,53	1500	16,02	4500	19,83
600	14,55	1600	16,23	5000	20,23
650	14,57	1700	16,44	5500	20,61
700	14,60	1800	16,64	6000	20,96
750	14,65	1900	16,83	—	—
800	14,71	2000	17,01	—	—

Obtenha uma equação (ou equações) expressando o calor específico como função da temperatura. As formas possíveis da equação foram descritas no capítulo. (Dica: primeiro faça um gráfico temperatura–calor específico. Identifique as diferentes regiões, se assim for indicado pela tendência de dados. É possível que o calor específico seja mais bem descrito usando equações diferentes para as diferentes regiões.)

7.9 Os calores latentes de vaporização do acetaldeído e do etanol são 27,7 kJ/mol e 39,0 kJ/mol, respectivamente. Quanta energia precisa ser removida apenas para a condensação dos dois componentes dos gases de exaustão do Problema 7.7?

7.10 Os gases de exaustão do Problema 7.7 são passados por um resfriador no qual são refrigerados de 360 K até 293 K. O resfriamento é afetado por uma corrente de água gelada, que é mantida sob temperatura constante de 5 °C. Calcule a área de transferência de calor necessária para a condensação somente se o coeficiente de transferência de calor for 8 W/m² K.

CAPÍTULO 8

Cálculos de Termodinâmica para Engenharia Química

As leis da termodinâmica...
expressam o comportamento aproximado e
provável de sistemas de um grande número de partículas.

– J. Willard Gibbs[1]

O princípio de conservação de energia discutido em capítulos anteriores apenas afirma que a energia total do universo é constante, e que as interconversões entre diferentes formas de energia são exatamente equilibradas. O princípio não oferece nenhuma indicação da viabilidade de determinada transformação de energia. Nada se pode inferir quanto à espontaneidade da transformação que determinado sistema pode sofrer. A termodinâmica é aquele ramo da Física e da Ciência da Engenharia que nos permite determinar e quantificar o comportamento dos sistemas em tais interconversões [1]. O princípio da conservação de energia aparece em termodinâmica como sua primeira lei. A segunda lei da termodinâmica fornece a base para a determinação da direção das transformações de energia que ocorrem espontaneamente [2]. O tratamento matemático baseado em princípios teóricos de termodinâmica permite-nos determinar não apenas a direção da transformação, mas também a eficiência da transformação, bem como as condições ao final da transformação. A termodinâmica também permite-nos determinar a energia requerida para todas as transformações desejadas.

O desenvolvimento da termodinâmica clássica como disciplina resultou do estudo de motores térmicos – máquinas que aproveitam energia térmica para realizar trabalhos mecânicos.[2] A termodinâmica da engenharia química envolve a aplicação de princípios termodinâmicos de análise e previsão do comportamento de sistemas químicos. Os engenheiros químicos empregam os princípios da termodinâmica para resolver amplamente dois tipos de problemas [3, 4]:

- Cálculos de interconversões de energia-trabalho, inclusive a determinação da quantidade máxima de trabalho que pode ser obtida da alimentação de calor/energia ou quantidade mínima de alimentação de trabalho necessária para efetuar uma variação, e

- Determinação do estado de equilíbrio do sistema em termos de variáveis mensuráveis, como temperatura, pressão, composição e assim por diante.

Uma discussão simplificada dos conceitos fundamentais de termodinâmica é apresentada neste capítulo, seguida de alguns dos problemas computacionais básicos encontrados frequentemente por um engenheiro químico.

8.1 Conceitos Fundamentais da Termodinâmica

Os conceitos formais de termodinâmica são sutis e exigem muito esforço mental, antes de serem compreendidos de forma completa ou adequada [2]. O desenvolvimento desses conceitos fundamenta-se em uma base sólida em química, física e matemática, construída ao longo de vários semestres de estudo. Tal desenvolvimento não é tentado aqui; em vez disso, algumas grandezas termodinâmicas essenciais são apresentadas em termos de seus significados e dependências com propriedades mensuráveis.

---

[1] Provavelmente o maior cientista que a América produziu e aquele cujas contribuições levaram à formalização dos princípios básicos da termodinâmica e da mecânica estatística. Fonte da citação: Gibbs, J. W., "Elementary Principles in Statistical Mechanics", Yale University Press, New Haven, Connecticut, 1902.

[2] O termo *termodinâmica* em si é uma combinação de duas palavras gregas que significam calor e movimento.

126 Capítulo 8

8.1.1 Definição, Propriedades e Estado do Sistema

Um *sistema* é qualquer parte do universo sob consideração ou que é o foco da análise termodinâmica. Por exemplo, a linha tracejada mostrada na Figura 6.10 representa a fronteira de um sistema. O sistema em si é composto de todas as unidades incluídas dentro dos limites. A parte do universo que está excluída do sistema ou está fora dos contornos do sistema é denominada *vizinhança* [5]. Um sistema pode, ou não, trocar massa e energia com a vizinhança. Um sistema *aberto* é aquele em que ambas, massa e energia, são trocadas com a vizinhança, enquanto um sistema *fechado*, por definição, não troca nenhuma massa, porém é capaz de trocar energia com a vizinhança. Um sistema que não troca massa nem energia com a vizinhança é denominado sistema *isolado* [5].

É claro que cada sistema exibirá certas características que o distinguirá de outros sistemas e vizinhanças. Por exemplo, um sistema terá temperatura, pressão, volume, bem como componentes presentes, em certas proporções. As características ou *propriedades* permitem-nos quantificar o sistema. Certas propriedades do sistema, como temperatura ou pressão, não dependem do tamanho do sistema e são chamadas propriedades *intensivas*, como afirmado no capítulo anterior. Por outro lado, algumas propriedades, como massa ou volume, são dependentes do tamanho do sistema e são chamadas propriedades *extensivas* [4]. Propriedades extensivas são de natureza aditiva; a magnitude de uma propriedade extensiva é a soma das magnitudes dessa propriedade em relação a várias partes do sistema [5].

O *estado* de um sistema refere-se simplesmente às condições presentes no sistema, de modo que as propriedades são invariantes em relação ao tempo [4]. Para um componente puro presente em uma única fase, o estado do sistema pode ser especificado simplesmente pela determinação de sua pressão e de sua temperatura. Isso fixa todas as suas propriedades intensivas, enquanto as propriedades extensivas requerem especificações da quantidade presente. Em outras palavras, com a especificação da pressão e da temperatura de uma substância pura, automaticamente fixa-se o volume específico (volume por mol) da substância. O volume total do sistema poderá ser determinado se o número total de mols for especificado.

A relação entre a pressão, o volume e a temperatura descreve o *comportamento volumétrico* da substância. Esse comportamento, ou as propriedades *volumétricas* da substância, é usado em termodinâmica para determinar suas propriedades *termodinâmicas* [6]. As seções seguintes descrevem algumas dessas propriedades termodinâmicas.

8.1.2 Energia Interna e Entropia

A seguir, a proposição matemática da primeira lei da termodinâmica para um sistema, desprezando as variações na energia mecânica (cinética e potencial):

$$\Delta U = Q - W \tag{8.1}$$

Nessa equação, Q é o calor adicionado ao sistema; W é o trabalho feito pelo sistema; e ΔU é a variação na energia interna.

A energia interna U pode ser vista como as energias cinética e potencial de uma substância ou de um sistema em níveis atômico e molecular [7], sendo uma das propriedades termodinâmicas fundamentais. O significado da energia interna está associado à primeira lei da termodinâmica. Se nenhum calor é fornecido (ou removido) do sistema, então $-\Delta U = W$; isto é, há uma diminuição de energia interna que se manifesta como o trabalho realizado pelo sistema.

Como já mencionado, a primeira lei não indica a viabilidade de extrair trabalho do sistema. Outra grandeza termodinâmica fundamental, *entropia*, é necessária para esse propósito. Entropia, como definida e concebida por Clausius,[3] é uma medida do teor de transformação (capacidade para transformar) do sistema [2]. Foi mostrado por Clausius que apenas aquelas transformações, em que um sistema experimenta uma perda em sua capacidade para transformar, podem ocorrer natural ou espontaneamente. Matematicamente, a *variação na entropia é sempre positiva em processos naturais*:

---

[3] Rudolf Clausius, matemático e cientista alemão do século XIX, foi um importante colaborador e um dos fundadores da disciplina de termodinâmica.

$$[dS]_{adiabático} \geq 0 \tag{8.2}$$

Aqui, S é a entropia. O subscrito *adiabático* indica que o processo ocorre na ausência de troca de qualquer calor (energia) entre o sistema e a vizinhança. Essa é uma das expressões mais úteis da segunda lei da termodinâmica [5]. A segunda lei é frequentemente apresentada com várias expressões alternativas, sendo todas equivalentes. Os detalhes dessas expressões vão além do escopo deste livro e, em geral, são discutidas em disciplinas de termodinâmica para engenharia e de termodinâmica para engenharia química.

A utilidade dos conceitos de energia interna e de entropia na elaboração de soluções para o primeiro tipo de problemas descritos deve ser evidente neste ponto. Se a variação da energia interna puder ser determinada para um sistema, então a quantidade de trabalho que poderá ser obtida do sistema pode ser calculada. As variações que ocorrem no sistema (e vizinhança, se necessário) também podem ser determinadas. O cálculo da variação na entropia permite-nos determinar se a transformação proposta do sistema é naturalmente viável ou não.

8.1.3 Entalpia e Energia livre

Como a interconversão entre calor e trabalho é preocupação central na termodinâmica, é útil definir propriedades termodinâmicas relacionadas com o conteúdo de calor de um sistema e com a energia disponível para conversão em trabalho. Essa consideração leva a três funções ou propriedades termodinâmicas que são matematicamente definidas como mostrado a seguir:

$$\text{Entalpia } (H)\text{: } H = U + PV \tag{8.3}$$

$$\text{Energia de Helmholtz } (A)\text{: } A = U - TS \tag{8.4}$$

$$\text{Energia de Gibbs}^4 \, (G)\text{: } G = H - TS \tag{8.5}$$

Nessas equações, P, V e T são a pressão, volume e temperatura do sistema.

A entalpia de um sistema é a medida do seu conteúdo de calor, o qual foi discutido no Capítulo 7, "Cálculos para Balanço de Energia." O significado das duas propriedades termodinâmicas é mais bem entendido em termos da variação nos valores de A e G. Simplificando, a variação na energia de Helmholtz representa a quantidade máxima de trabalho que pode ser obtida a partir do sistema, enquanto a variação na energia de Gibbs representa a quantidade máxima de trabalho que pode ser extraída do sistema, *com exceção de qualquer trabalho de expansão*. Matematicamente [6], isso é descrito como:

$$\Delta A = -W_{máx} \tag{8.6}$$

$$\Delta G = -(W_{máx} - P\Delta V) \tag{8.7}$$

Aqui, $W_{máx}$ representa o trabalho máximo que pode ser extraído do sistema. As equações 8.6 e 8.7 indicam que qualquer trabalho extraído do sistema (feito pelo sistema) é às custas da energia de Helmholtz e da energia de Gibbs, respectivamente. A energia de Gibbs é também uma propriedade-chave na determinação do equilíbrio do sistema, como será discutido mais tarde.

8.1.4 Variações de Propriedades nas Transformações

As propriedades de um sistema variam quando se muda de um estado para outro. Essa transformação ou processo de mudança de estado é inevitavelmente acompanhada por variação de calor e de trabalho como regido pela primeira lei. Quando os efeitos de trabalho e de calor associados ao processo são tais que é viável restaurar o sistema ao seu estado original, o processo é *reversível*. Efetivamente, se

---

[4] Os termos *função de Helmholtz* (ou energia de Helmholtz) e *função de Gibbs* (ou energia de Gibbs) são preferidos sobre o uso clássico dos termos *energia livre de Helmholtz* e *energia livre de Gibbs*. A função de Helmholtz é nomeada em homenagem a Herrmann Helmholtz, outro fundador proeminente da disciplina de termodinâmica.

for possível mover o sistema de seu estado inicial a seu estado final, inverter o processo terminando no estado inicial, enquanto se restauram ambos, o sistema e a vizinhança, exatamente às suas condições originais, desse ponto ambas as etapas, direta e reversa, serão consideradas reversíveis [4]. No entanto, processos reais são invariavelmente acompanhados por alguns fenômenos dissipativos, tais como atrito, o que resulta em nunca ser possível restaurar o sistema e a vizinhança às suas condições originais. Os processos reais são, portanto, *irreversíveis* por natureza. O conceito de reversibilidade e processo reversível é, contudo, extremamente importante em termodinâmica, uma vez que um processo reversível representa uma condição de limitação para o processo real. As variações que ocorrem em um processo reversível podem ser calculadas a partir das propriedades termodinâmicas e usadas para estimar variações reais que podem ser esperadas em um processo verdadeiro.

Certas propriedades do sistema e variações nessas propriedades podem ser determinadas do conhecimento dos estados inicial e final dos sistemas. Essas propriedades ou funções não demandam informações sobre o processo real de transformação do sistema. Muitas vezes, são denominadas *propriedades de estado*, *variáveis de estado*, *funções de estado* e assim por diante [4]. Temperatura, pressão, entropia e energia interna são alguns exemplos de uma propriedade de estado.

De modo oposto, algumas das propriedades ou variáveis dependem não apenas dos estados inicial e final do sistema, mas também do caminho percorrido pelo sistema durante a transformação. Tais propriedades são chamadas *funções de caminho* (*path functions*), *variáveis de caminho* e assim por diante. O trabalho realizado pelo sistema ou no sistema é um exemplo de função de caminho. Os processos termodinâmicos são frequentemente representados por um diagrama pressão-volume (P-V), que mostra a pressão do sistema como uma função de seu volume. O trabalho do sistema é representado pela área sob a curva que representa a transformação do sistema no diagrama P-V, como mostrado na Figura 8.1 [5].

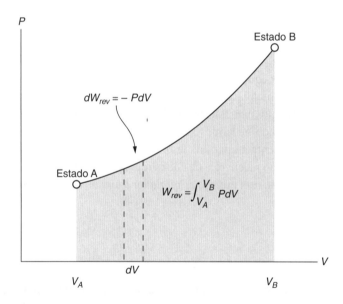

FIGURA 8.1 Representação, em diagrama P-V, do trabalho realizado em um processo reversível.
Fonte: Matsoukas, T., Fundamentos de Termodinâmica para Engenharia Química com Aplicações a Processos Químicos, LTC Editora, Rio de Janeiro, 2016.

A Figura 8.2 mostra dois caminhos alternativos seguidos pelo sistema enquanto sofre a transformação do estado 1 para o estado 2. Pode-se ver claramente que as áreas sob a curva, ligadas pelos volumes representados pelos pontos 4 e 6, são diferentes quando um caminho direto é seguido de 1 a 2, em oposição ao caminho seguido inicialmente de 1 a 3 e depois de 3 a 2. Como já mencionado, essas áreas representam o trabalho do sistema, que é uma função de caminho. Outras variações das propriedades termodinâmicas (ΔU, ΔS etc.) não dependem do caminho seguido entre 1 e 2. São funções de estado e dependem somente dos estados inicial e final.

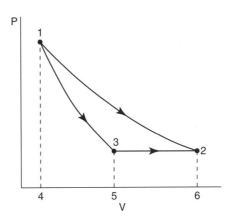

FIGURA 8.2 Trabalho, como função dependente do caminho, como ilustrado pelas áreas sob as curvas 1-2 e 1-3-2.
Fonte: Kyle, B. G., *Chemical and Process Thermodynamics*, Terceira Edição, Prentice Hall, Upper Saddle River, New Jersey, 1999.

8.1.5 Potencial Químico e Equilíbrio

Todos os processos que ocorrem de modo natural prosseguem espontaneamente até chegar ao estado de *equilíbrio* em que nenhuma mudança líquida adicional ocorre no sistema. A implicação das condições de equilíbrio é que o sistema não está interagindo com a vizinhança [4]. Compreender essa implicação é crucial para distinguir um sistema em equilíbrio de um sistema aberto em estado estacionário. O sistema aberto, em estado estacionário, é também caracterizado por propriedades invariantes com o tempo. Contudo, está envolvido no intercâmbio de massa e de energia com a vizinhança e não está em equilíbrio [4]. Como afirmado na seção 8.1.1, o estado de um sistema se refere às condições invariantes com o tempo, presentes no sistema. Uma suposição implícita nessa definição era a de que o sistema estava em equilíbrio; ou seja, não está ocorrendo uma interação líquida com a vizinhança.

A segunda preocupação central da termodinâmica envolve a identificação das condições que representam o equilíbrio no sistema. Em um sistema termodinâmico químico, o estado de equilíbrio caracteriza-se pelo mínimo no potencial termodinâmico, da mesma forma que o equilíbrio no sistema mecânico é caracterizado por um mínimo no potencial (ou altura), como mostrado na Figura 8.3.

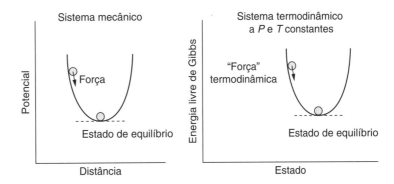

FIGURA 8.3 Princípio de minimização em sistemas mecânicos e termodinâmicos.
Fonte: Matsoukas, T., Fundamentos de Termodinâmica para Engenharia Química com Aplicações a Processos Químicos, LTC Editora, Rio de Janeiro, 2016.

Para os engenheiros químicos, os problemas de equilíbrio invariavelmente envolvem a determinação precisa da distribuição de espécies químicas em diferentes fases que estão em contato umas com as outras. Esse problema de equilíbrio de fases é mostrado na Figura 8.4 [6].

130 Capítulo 8

As fases α e β, cada uma constituída pelos mesmos componentes N, coexistem em contato uma com a outra à pressão P e temperatura T. A composição em cada fase é representada pela fração molar dos componentes, com o subscrito representando o componente e o sobrescrito representando a fase. O problema de equilíbrio de fase consiste essencialmente na completa caracterização das propriedades intensivas de ambas as fases. Nesse problema particular, a composição da fase α é conhecida juntamente com a temperatura (ou a pressão). O engenheiro químico é necessário para encontrar a composição da outra fase β e a pressão (ou a temperatura).

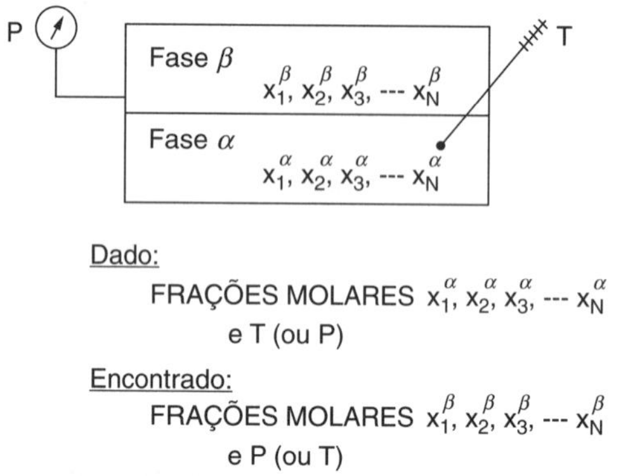

FIGURA 8.4 Essência de um problema de equilíbrio de fases.
Fonte: Praunitz, J. M., R. M. Lichtenthaler, e E. G. Azevedo, *Molecular Thermodynamics of Fluid-Phase Equilibria*, Terceira Edição, Prentice Hall, Upper Saddle River, New Jersey, 1999.

O conceito de *potencial químico* fornece a base para a determinação dessas condições de equilíbrio. Pode-se entender facilmente que quando uma espécie está presente em duas fases que estão em contato entre si e pode distribuir-se por ambas as fases – ou seja, é capaz de atravessar o limite de fases que separa as duas fases – então continuará a fazê-lo até que não exista uma força-motriz para o seu movimento pelo contorno das fases. Essa força-motriz para o movimento das espécies ao longo das fases é proporcionada pela diferença nos potenciais químicos das espécies nas duas fases, basicamente como a diferença de temperatura entre dois corpos em contato fornece a força-motriz para a transferência de calor. Segue-se que esse sistema de duas fases alcançará o equilíbrio e não haverá movimento líquido das espécies entre as fases quando seus potenciais químicos, nas duas fases, forem iguais, novamente de modo similar à ausência de transferência de calor entre dois corpos presentes em temperaturas idênticas. Matematicamente, a condição de equilíbrio é representada como segue [6]:

$$\mu_i^\alpha = \mu_i^\beta \tag{8.8}$$

Aqui, μ representa o potencial químico,[5] o subscrito i se refere às espécies i e α e β são as duas fases.

A equação 8.8 fornece a base para a determinação do estado de equilíbrio do sistema: requer o cálculo dos potenciais químicos das espécies em duas fases. No entanto, a determinação do potencial químico é bastante complicada e a condição de equilíbrio é frequentemente expressa em termos da grandeza chamada *fugacidade*, que é uma medida da tendência de escape das espécies. O desenvolvimento matemático da fugacidade e sua relação com o potencial químico são dois tópicos-chaves dos cursos de termodinâmica para engenharia química. Embora seu tratamento matemático não seja coberto aqui, a igualdade de fugacidades como condição necessária e suficiente para o equilíbrio pode ser facilmente entendida a partir de sua importância como tendência de escape das espécies. Na equação seguinte, f_i representa a fugacidade das espécies i:

$$f_i^\alpha = f_i^\beta \tag{8.9}$$

---

[5] O potencial químico de uma espécie é também igual a sua *energia de Gibbs parcial molar*. A discussão da equivalência é deixada para os cursos de termodinâmica.

em que f_i^α é a tendência de escape das espécies *i* da fase α. Uma vez que a fase α está em contato com a fase β, as espécies *i* escaparão para a fase β. Contudo, as espécies também têm uma fugacidade f_i^β na fase β, que indica sua tendência a escapar da fase β para a fase α. Contanto que as duas fugacidades não sejam iguais, as espécies se moverão de uma fase para outra dependendo de qual fase tenha maior fugacidade. No entanto, quando as duas fugacidades forem iguais, o equilíbrio será alcançado sem transferência líquida do componente, não havendo maior preferência por escapar de qualquer fase.

A determinação do equilíbrio de um sistema é, portanto, essencialmente uma questão de computar as fugacidades das espécies que estão presentes nas fases em contato umas com as outras. Fugacidades, como outras propriedades termodinâmicas, podem ser facilmente calculadas a partir das propriedades volumétricas das substâncias. A precisão da fugacidade é criticamente dependente de haver uma expressão matemática precisa que possa explicar a relação entre a pressão, a temperatura e o volume de uma substância.

O equilíbrio no sistema reacional é baseado em princípios semelhantes. A constante de equilíbrio para a reação pode ser relacionada com as fugacidades e, por sua vez, com as concentrações/pressões das espécies envolvidas na reação [8]. A constante de equilíbrio pode ser determinada a partir das propriedades termodinâmicas e a concentração das espécies ou conversão de uma reação pode ser determinada a partir da constante de equilíbrio. A análise de um sistema reacional multifase envolve a aplicação simultânea de equilíbrios de fase e reação.

8.1.6 Comportamento Volumétrico de Substâncias

As grandezas termodinâmicas energia interna, entropia, energia de Helmholtz, energia de Gibbs e potencial químico fornecem a estrutura para a solução de ambos os tipos de problemas anteriormente descritos. Embora os valores absolutos das grandezas termodinâmicas não possam ser determinados, *variações nessas propriedades* podem ser calculadas com precisão. No entanto, esses cálculos requerem o conhecimento do comportamento volumétrico da substância; ou seja, a relação quantitativa entre pressão, volume e temperatura para a substância. A Figura 8.5 mostra uma representação característica do comportamento volumétrico de uma substância pura em um diagrama P-V [4]. As linhas sólidas são *isotermas*, representando a relação entre a pressão e o volume a uma temperatura constante.

O ponto C na figura representa o ponto crítico, com coordenadas de V_C (volume crítico) e P_C (pressão crítica). A isoterma na temperatura crítica T_C é tangente à curva representada pela linha tracejada. Essa curva representa um limite entre a região de duas fases vapor-líquido e a região de fase única. As isotermas em temperaturas supercríticas ($T > T_C$) estão inteiramente dentro da região de fase gasosa. O comportamento volumétrico é mais complicado em temperaturas subcríticas, em que, dependendo da pressão, ambos, líquido e vapor, coexistem.

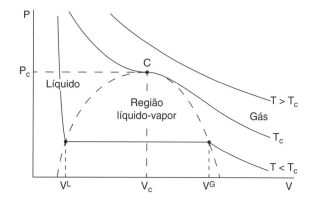

FIGURA 8.5 Diagrama de fases pressão-volume para uma substância pura.
Fonte: Kyle, B. G., *Chemical and Process Thermodynamics*, Terceira Edição, Prentice Hall, Upper Saddle River, New Jersey, 1999.

O comportamento volumétrico de uma substância pura pode também ser representado em um diagrama pressão-temperatura (P-T), como mostrado na Figura 8.6 [5]. O ponto F representa o ponto triplo da substância em que todas as três fases – sólido, líquido e vapor – coexistem. As linhas sólidas a partir de F representam os limites entre as diferentes fases, F-S representa o limite entre sólido e líquido e F-C representa o limite entre líquido e vapor. C, como na Figura 8.5, é o ponto crítico e a região supercrítica tem pressão e temperatura maiores que P_C e T_C, como mostrado. As linhas tracejadas são *isocóricas*, isto é, linhas de volume constante.

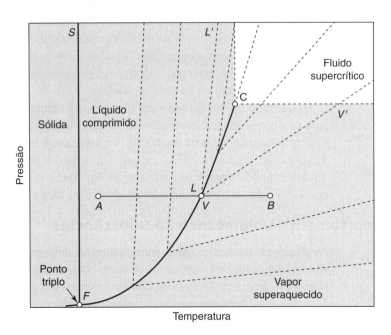

FIGURA 8.6 Diagrama de fase pressão-temperatura para uma substância pura.
Fonte: Matsoukas, T., Fundamentos de Termodinâmica para Engenharia Química com Aplicações a Processos Químicos, LTC Editora, Rio de Janeiro, 2016.

A mais simples das relações P-V-T é descrita pela lei do gás ideal:

$$PV = nRT \qquad (8.10)$$

Aqui, n é o número de mols do gás e R é a constante universal dos gases.

A expressão para a lei dos gases ideais pode ser obtida pela combinação empírica das leis de Boyle[6] e Charles ou Gay-Lussac[7] ou pode ser derivada a partir da teoria cinética dos gases ideais [9]. Dois dos postulados fundamentais da teoria cinética envolvem o pressuposto de que não há forças intermoleculares e que o volume de moléculas é desprezível. No entanto, as moléculas de substâncias reais ocupam certo volume, embora pequeno. Além disso, essas moléculas exercem diferentes tipos de forças atrativas e repulsivas entre si, com o resultado de que o comportamento das subtâncias reais não pode ser descrito com precisão pela lei dos gases ideais. Segue-se que essa falta de precisão levaria a erros no cálculo das propriedades termodinâmicas. Uma descrição matemática precisa do comportamento volumétrico de substâncias — a equação de estado (EDE) — é uma necessidade fundamental para qualquer cálculo termodinâmico.

Vários tipos diferentes de EDEs têm sido reportados na literatura [5]. Algumas das equações são empíricas, algumas semiempíricas e muitas outras são desenvolvidas a partir dos primeiros princípios. Uma das primeiras equações que descreve o comportamento dos gases reais é a equação de van der Waals, escrita na sua forma de pressão explícita:

---

[6] O volume do gás é inversamente proporcional à sua pressão.

[7] O volume do gás é diretamente proporcional à sua temperatura absoluta.

$$P = \frac{RT}{v-b} - \frac{a}{v^2} \tag{8.11}$$

Nessa equação, v é o volume molar do gás ($=V/n$) e a e b são as constantes características do gás. A constante a está relacionada à força atrativa entre as moléculas e b é o volume físico efetivo ocupado por um mol do gás. Essas duas constantes são geralmente calculadas a partir de outras duas constantes características únicas para cada substância: a pressão crítica P_C e a temperatura crítica T_C. As constantes críticas para um grande número de substâncias estão disponíveis em fontes mencionadas no Capítulo 7.

A equação de van der Waals pertence a uma classe de EDEs chamada equações de estado cúbicas, uma vez que formam um polinômio de terceira ordem em v. Vários outros tipos de EDEs que estão disponíveis podem descrever o comportamento volumétrico de algumas classes de compostos com precisão, embora falhem em outros. Um engenheiro químico deve selecionar a EDE adequada para o sistema em consideração e executar os cálculos usando aquela equação.

8.1.7 Não idealidade

Como mencionado na seção anterior, o comportamento volumétrico de uma substância real raramente está em conformidade com a lei dos gases ideais. Esse comportamento não ideal requer o desenvolvimento de uma EDE precisa para a determinação de variações das propriedades termodinâmicas nos processos.

Na prática, a maior parte das correntes de processo, geralmente, são compostas de misturas. Mesmo correntes de produtos puros geralmente contêm níveis (toleráveis) de impurezas. A complexidade do comportamento das misturas e o desvio resultante do comportamento idealizado aumentam com o aumento da complexidade das interações entre os constituintes da mistura. As propriedades extensivas são raramente aditivas; por exemplo, o volume total de uma mistura líquida é invariavelmente menor que a soma dos volumes individuais juntos. Segue-se que as propriedades intensivas também diferem significativamente do que pode ser estimado a partir de propriedades intensivas individuais ponderadas em frações molares ou mássicas. Isso resulta em um comportamento não ideal do sistema que tem um impacto significativo tanto nas interconversões energia-trabalho quanto nas condições de equilíbrio. O tratamento matemático da não idealidade, em particular em relação aos problemas de equilíbrio, envolve o refinamento dos cálculos de fugacidade por meio da determinação dos coeficientes de fugacidade (ϕ_i) ou de coeficientes de atividade (γ_i). Esse tratamento complexo é discutido em cursos de termodinâmica para engenharia química.

A próxima seção fornece uma introdução a alguns problemas computacionais em termodinâmica para engenharia química.

8.2 Problemas Computacionais Básicos

A Figura 8.7 mostra um processo no diagrama P-V com um caminho de processo arbitrário, no qual um sistema sofre uma mudança de seu estado inicial para um estado final ao longo do caminho mostrado pela linha sólida.

Como já afirmado neste capítulo, os tipos de problemas computacionais, em nível elementar, envolvem estimações das variações nas propriedades termodinâmicas. Para aquelas propriedades que são funções de estado, o enfoque para solucionar esses problemas e determinar as mudanças nas grandezas termodinâmicas envolve a sugestão de um caminho alternativo indo do estado inicial do sistema ao seu estado final, como mostrado pelas linhas tracejadas na Figura 8.7. O sistema primeiro sofre um processo a volume constante em $V_{inicial}$, chamado 1, seguido de um processo a uma pressão constante em P_{final}, chamado 2. Os cálculos das variações das propriedades termodinâmicas ao longo desses caminhos sob volume e pressão constantes apresentam um desafio muito mais gerenciável quando comparado àquele ao longo do caminho real seguido pelo processo. O princípio geral dessa abordagem é mostrado na Figura 8.8 [6]. Projetado de forma adequada, é possível determinar as variações nas grandezas necessárias em cada um dos segmentos que constituem o caminho alternativo postulado. A variação global na transformação do sistema do estado inicial ao final é simplesmente a soma das variações nesses segmentos individuais.

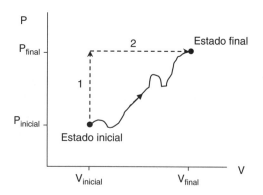

FIGURA 8.7 Um processo termodinâmico arbitrário.

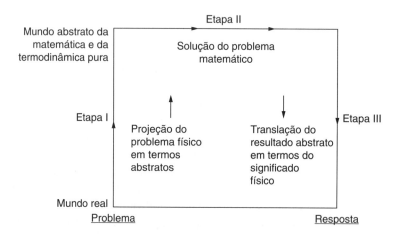

FIGURA 8.8 Estratégia de solução para problemas de termodinâmica – formulação do caminho, abstração e interpretação dos resultados.
Fonte: Praunitz, J. M., R. M. Lichtenthaler, e E. G. Azevedo, Molecular *Thermodynamics of Fluid-Phase Equilibria*, Terceira Edição, Prentice Hall, Upper Saddle River, New Jersey, 1999.

Em seguida, como já mencionado, o problema da determinação do equilíbrio envolve estimar as fugacidades dos componentes. Expressões matemáticas adequadas estão disponíveis sob várias situações para determinar as fugacidades a partir das propriedades volumétricas das substâncias. Os exemplos seguintes dão uma ideia dos problemas computacionais em termodinâmica para engenharia química.

Exemplo 8.2.1 — Vazão Volumétrica do Metano

Calcule a vazão volumétrica do metano para o queimador de gás natural descrito no Problema 7.2.1 usando ambas, a lei dos gases ideais e a EDE de van der Waals. Suponha que a pressão seja atmosférica. Qual é o erro em usar a lei dos gases ideais se a EDE de van der Waals descreve corretamente o comportamento volumétrico do metano?

Solução

O volume molar, de acordo com a lei dos gases ideais, é o que segue:

$$v_{ideal} = RT/P = 0{,}082 \times 298{,}15/1$$
$$= 24{,}436 \text{ L/mol}$$

Uma vez que a taxa molar é 1 mol/s, a vazão volumétrica de 24,436 L/s é obtida por meio da lei dos gases ideais. Observe-se que a temperatura é expressa em unidades de kelvin (K) e a pressão em atmosfera (atm). Se o volume específico do gás está em litros por mols (L/mol), o valor da constante universal dos gases usada para o cálculo é 0,082 L atm/mol K.

Os valores das constantes a e b na equação de van der Waals são obtidos da seguinte equação [5]:

$$a = \frac{27}{64}\frac{R^2 T_C^2}{P_C} \quad \text{(E8.1)}$$

$$b = \frac{R T_C}{8 P_C} \quad \text{(E8.2)}$$

A temperatura e a pressão críticas para o metano são 190,6 K e 45,6 atm, respectivamente.

Os valores de a e b calculados a partir dos dados e da EDE de van der Waals resultante, na pressão e na temperatura dadas, são os seguintes:

$$a = 2{,}29 \text{ L}^2 \text{ atm/mol}^2 \quad b = 0{,}0428 \text{ L/mol}$$

$$1 = \frac{0{,}082 \cdot 298{,}15}{v_{vdw} - 0{,}0428} - \frac{2{,}29}{v_{vdw}^2} \quad \text{(E8.3)}$$

A equação E8.3 é uma equação cúbica em v_{vdw}, que pode ser resolvida a partir das técnicas descritas em capítulos anteriores. Usar a função Atingir Metas no Excel resulta um valor de volume molar de 24,387 L/mol (o valor obtido segundo a lei dos gases ideais foi usado como um "chute" inicial para a obtenção da solução).[8] A vazão volumétrica é então igual a 24,387 L/s. A percentagem de erro se o volume de gás ideal for usado será 0,2 %, que é bastante baixo nessas condições.

É instrutivo ver como o erro varia quando as condições são alteradas. Se a pressão for alterada para 200 atm, então o volume molar do gás ideal será 0,122 L/mol, resultando uma vazão volumétrica de 122 mL/s. A taxa molar, de acordo com a EDE de van der Waals, é computada para ser 0,099 L/mol, resultando em uma vazão volumétrica de 99 mL/s. Supondo que a EDE de van der Waals resulte em uma estimação mais precisa do volume real, um engenheiro incorreria em um erro de aproximadamente 23 % se esse cálculo fosse executado supondo a idealidade do comportamento do gás. Um erro dessa grandeza é inaceitável em projeto e operação do processo, reforçando a necessidade de uma EDE que tenha precisão em prever o comportamento volumétrico das substâncias.

Exemplo 8.2.2   Teor de Umidade no Equilíbrio de Gases de Exaustão

Determine a quantidade de água que irá se condensar quando o gás de exaustão quente do Problema 7.2.2 for resfriado a 25 °C.

Solução

A Figura 8.9 é uma representação esquemática do processo físico que ocorre quando os gases de exaustão quentes trocam calor com a água de resfriamento e são, por sua vez, refrigerados a 25 °C (298 K). Parte da água condensa, resultando em duas correntes de saída – uma gasosa e outra líquida – deixando o processo. Nem CO_2 nem N_2 sofrem qualquer condensação nessa temperatura, e a fase líquida consiste apenas em água. No entanto, alguma água está presente na corrente de gás também, já que nem toda a água pode condensar. O balanço de massa por componente resulta prontamente nos mols de água condensada de $m = (2 - n)$ mol/s, deixando n como a única incógnita no problema.

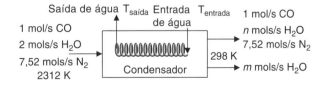

FIGURA 8.9 Condensação de vapor de água.

---

[8] A equação cúbica deveria ter três raízes, significando que existem três valores de v que satisfazem a equação E8.3. No entanto, somente uma raiz é positiva e real; as outras duas são complexas e não são soluções válidas para o volume molar.

136 Capítulo 8

O conceito de equilíbrio é usado para resolver n. As duas correntes de saída estão em equilíbrio entre si, e, consequentemente, de acordo com a equação 8.9, a fugacidade do vapor d'água na fase gasosa deve ser igual à fugacidade da água condensada. A fugacidade do vapor d'água é igual à sua pressão parcial e a fugacidade da água líquida é igual à pressão de vapor (também chamada *pressão de saturação*) nessa temperatura.[9] A pressão de vapor da água a 25 °C (298 K) é 23,8 mm Hg (de fontes de dados termodinâmicos), supondo-se que as correntes de saída vão para a atmosfera (pressão de 760 mm Hg):

$$\frac{n}{1+n+7,52}760 = 23,8 \tag{E8.4}$$

O termo na frente de 760 representa a fração molar de vapor d'água no gás. Resolvendo a equação E8.4, temos o seguinte:

$$n = 0,275 \text{ mol/s e } m = 1,725 \text{ mol/s}$$

A taxa de condensado é assim $1,725 \times 18$ (massa molar da água) $= 31$ g/s ou a vazão volumétrica é $\sim 1,86$ L/min. A fração molar de vapor d'água na fase gasosa é encontrada como 0,031.

| Exemplo 8.2.3 | Equilíbrio na Difusão em um Sistema com Membrana |

Uma câmara fechada, a 40 °C, é separada em duas partes iguais por uma membrana permeável apenas a hélio. A parte esquerda é cheia com 0,99 mol de etano e 0,01 mol de hélio. A parte direita tem 0,01 mol de hélio e 0,99 mol de nitrogênio. Quais são as frações molares do hélio em cada parte da câmara, no equilíbrio? As pressões finais foram 37,5 bar na parte esquerda e 84,5 bar na parte direita da câmara.

Solução

O esquema inicial do sistema é mostrado na Figura 8.10.

A solução para esse problema requer a aplicação da equação 8.9 para o hélio:

$$f_{He}^L = f_{He}^R \tag{E8.5}$$

Os sobrescritos denotam as partes direita e esquerda da câmara.

Deve-se observar que o hélio é o único componente presente em ambos os lados da membrana e não há tendência de escape por parte do etano ou do nitrogênio da parte da câmara em que se encontram. A fugacidade é expressa em termos da pressão total da câmara P, da fração molar do hélio na câmara (y_{He}) e do coeficiente de fugacidade φ_{He}:

$$f_{He}^L = \phi_{He}^L y_{He}^L P^L \tag{E8.6}$$

A equação E8.6 expressa a fugacidade do hélio na parte esquerda da câmara. Uma equação semelhante pode ser escrita para sua fugacidade na parte direita da câmara. O coeficiente de fugacidade é obtido da EDE para a mistura. Quando as *EDEs viriais* (veja o Problema 8.8) são usadas para descrever o comportamento volumétrico das misturas de cada lado da câmara, a equação resultante é a seguinte:

$$\exp\left[\left[\begin{matrix}2\left(y_1^L B_{11} + \left(1-y_1^L\right)B_{12}\right) - \left(y_1^L\right)^2 B_{11} + 2y_1^L\left(1-y_1^L\right)B_{12} \\ + \left(1-y_1^L\right)^2 B_{22}\end{matrix}\right]\frac{P^L}{RT}\right]y_1^L P^L$$

$$= \exp\left[\left[\begin{matrix}2\left(y_1^R B_{11} + \left(1-y_1^R\right)B_{13}\right) - \left(y_1^R\right)^2 B_{11} + 2y_1^R\left(1-y_1^R\right)B_{13} \\ + \left(1-y_1^R\right)^2 B_{33}\end{matrix}\right]\frac{P^R}{RT}\right]y_1^R P^R \tag{E8.7}$$

---

[9] Essa é a idealização do comportamento do sistema; no entanto, é uma excelente aproximação para o sistema considerado aqui. Em muitas outras situações, a não idealidade das misturas deve ser levada em conta.

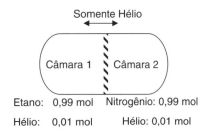

FIGURA 8.10 Transporte de hélio através de uma membrana.

Aqui B é o segundo coeficiente do virial; os dois números no subscrito de B indicam dois componentes com os números 1, 2 e 3 referindo-se aos componentes hélio, etano e nitrogênio, respectivamente, e o sobrescrito L e R referindo-se às partes esquerda e direita da câmara. A comparação entre as equações E8.6 e E8.7 indica que os termos exponenciais na segunda equação são os coeficientes de fugacidade. Os valores dos vários coeficientes do virial (em cm³/mol) são $B_{11} = 17{,}17$, $B_{12} = 24{,}51$, $B_{22} = -169{,}23$, $B_{23} = -44{,}39$, $B_{33} = -1{,}55$ e $B_{13} = 21{,}97$.

A equação E8.7 contém duas incógnitas: a fração molar de hélio nos lados esquerdo e direito da câmara. O balanço de massa para o hélio permite-nos expressar ambas as frações molares em termos de mols de hélio em um dos lados da câmara. Se tivermos n_1^L mols de hélio no lado esquerdo da câmara em equilíbrio, então temos o seguinte:

$$y_1^L = \frac{n_1^L}{0{,}99 + n_1^L} \qquad \text{(E8.8)}$$

$$y_1^R = \frac{0{,}02 - n_1^L}{1{,}01 - n_1^L} \qquad \text{(E8.9)}$$

As equações E8.7, E8.8 e E8.9 formam um sistema de três equações com três incógnitas que pode ser resolvido usando qualquer software adequado.

Solução (usando Excel)

A solução usando Excel é mostrada na Figura 8.11.

G8 f_x =E8-F8

	A	B	C	D	E	F	G	H	I
1	P^L	P^R	R	T	B_{11}	B_{12}	B_{22}	B_{13}	B_{33}
2	37,5	84,5	83,1466	313,15	17,17	24,51	-169,23	21,97	-1,55
3	bar	bar	cm³*bar/r	K	cm³/mol	cm³/mol	cm³/mol	cm³/mol	cm³/mol
4									
5									
6									
7	n_1^L	n_1^R	y_1^L	y_1^L	f_1^L	f_1^L	Objetivo		
8	0,015103	0,004897	0,015027	0,004922	0,477718	0,477516	0,000202		
9	mol	mol			bar	bar			
10									

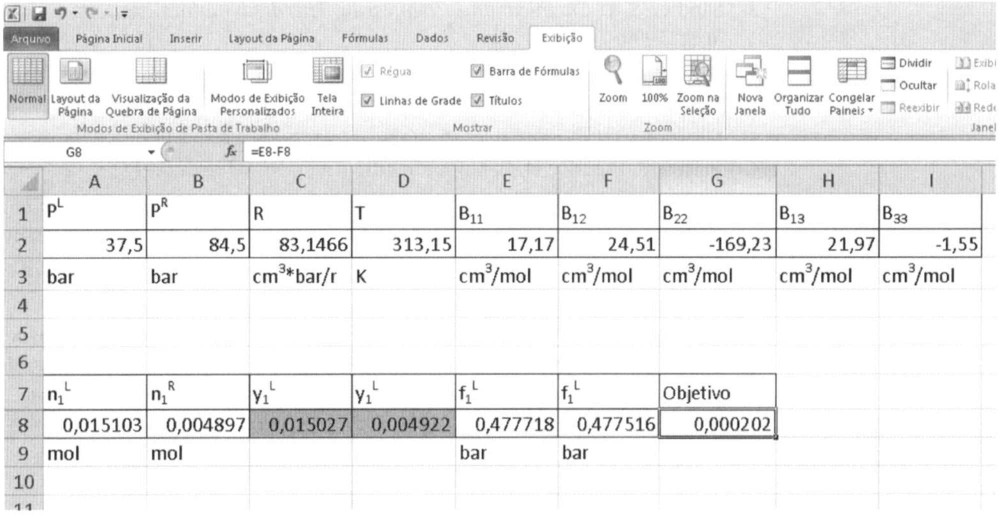

FIGURA 8.11 Solução com Excel para o Exemplo 8.2.3.

Os valores das pressões das duas partes, da constante dos gases, da temperatura e dos coeficientes do virial são inseridos nas células de A2 a I2. Uma estimativa para o valor de mols do hélio na parte esquerda da câmara é inserido na célula A8. As células de B8 a F8 contêm os valores de mols do hélio na parte direita da câmara, as frações molares nas partes esquerda e direita da câmara e as fugacidades das partes esquerda e direita da câmara. Uma função objetiva igual à diferença nas duas fugacidades é incluída na

138 Capítulo 8

célula G8 (= E8 – F8). Então a função Atingir Meta do Excel é usada para encontrar a solução informando-se à função que defina o valor da célula G8 em zero por manipulação da célula A8. Como pode ser visto da figura, quase 0,005 mol de hélio se difunde do lado direito para o lado esquerdo da membrana. A fugacidade do hélio no equilíbrio é 0,478 bar.

O exercício para obter a solução para o problema usando Mathcad e a confirmação de que o mesmo resultado é obtido é deixado para o leitor.

Esses três exemplos fornecem uma ideia da natureza dos problemas computacionais em termodinâmica para engenharia química. Em sua carreira, o estudante encontrará tais problemas no primeiro ano do estudo e além.

8.3 Resumo

A termodinâmica oferece uma estrutura teórica para a quantificação das interconversões energia–trabalho e do equilíbrio do sistema. As grandezas termodinâmicas fundamentais são introduzidas neste capítulo e o significado dessas grandezas é explicado. A importância da precisão no comportamento volumétrico das substâncias é descrita e ilustrada por meio da equação de van der Waals pertencente à família das EDEs que são cúbicas no volume. A obtenção do volume molar de uma substância, sob dadas condições de pressão e de temperatura, usando tais EDEs cúbicas requer certa maestria de técnicas de solução para equações polinomiais. O conceito de equilíbrio é também apresentado e demonstrado por meio de um exemplo representativo simples. Problemas avançados em termodinâmica para engenharia química devem envolver equações transcendentais e mais complicadas que requerem técnicas descritas em outro lugar neste livro.

Referências

1. Moran, M. J., H. N. Shapiro, D. D. Boettner, and M. B. Bailey, *Fundamentals of Engineering Thermodynamics*, Oitava Edição, John Wiley and Sons, New York, 2014.

2. Baron, M., "With Clausius from energy to entropy," *Journal of Chemical Education*, Vol. 66, 1989, pp. 1001–1004.

3. Sandler, S. I., *Chemical and Engineering Thermodynamics*, Terceira Edição, John Wiley and Sons, New York, 1999.

4. Kyle, B. G., *Chemical and Process Thermodynamics*, Terceira Edição, Prentice Hall, Upper Saddle River, New Jersey, 1999.

5. Matsoukas, T., *Fundamentals of Chemical Engineering Thermodynamics with Applications to Chemical Processes*, Prentice Hall, Upper Saddle River, New Jersey, 2013.

6. Prausnitz, J. M., R. M. Lichtenthaler, and E. G. de Azevedo, *Molecular Thermodynamics of Fluid-Phase Equilibria*, Terceira Edição, Prentice Hall, Upper Saddle River, New Jersey, 1999.

7. Smith, J. M., H. C. Van Ness, and M. M. Abbott, *Introduction to Chemical Engineering Thermodynamics*, Sétima Edição, McGraw-Hill, New York, 2005.

8. Balzhiser, R. E., M. R. Samuels, and J. D. Eliassen, *Chemical Engineering Thermodynamics: The Study of Energy, Entropy, and Equilibrium*, Prentice Hall, Upper Saddle River, New Jersey, 1972.

9. Maron, S. H., and C. F. Prutton, *Principles of Physical Chemistry*, Quarta Edição, MacMillan Company, New York, 1965.

Problemas

8.1 Calcule a vazão volumétrica do metano no Exemplo 8.2.1 usando a seguinte EDE de Peng-Robinson [5]. Supondo que essa EDE dá a estimação mais precisa, qual é o erro em usar a lei de gás ideal? Qual é a melhoria da precisão sobre a EDE de van der Waals?

$$P = \frac{RT}{v-b} - \frac{a(T)}{v(v+b) + b(v-b)}$$

em que

$$\alpha(T) = 0,45724 \frac{R^2 T_C^2}{P_C} \left[1 + k \left(1 - \left(\frac{T}{T_C} \right)^{0,5} \right) \right]^2$$

$$b = 0,07780 \frac{R T_C}{P_C}$$

$$k = 0,37464 + 1,5422\omega - 0,26922\omega^2$$

ω, o fator acêntrico do metano tem valor de 0,011.

8.2 Repita os cálculos do Problema 8.1 quando a pressão é 200 atm.

8.3 Calcule o volume molar do óxido nítrico (NO) a 1 bar de pressão e 298 K usando a lei dos gases ideais, a EDE de van der Waals e a EDE de Peng-Robinson. Os dados de propriedades para o NO são os seguintes: $P_C = 64,8$ bar, $T_C = 180$ K, $\omega = 0,588$. O valor da constante de gás é 0,08314 L bar/mol K.

8.4 Calcule a vazão volumétrica do condensado e a fração molar do vapor d'água na fase gasosa, se os gases de exaustão no Exemplo 8.2.2 são resfriados a 30 °C. A pressão de vapor da água a 30 °C é de 31,8 mm Hg.

8.5 Como as respostas às perguntas no Exemplo 8.2.2 mudam quando 15 % de excesso de ar são usados para a combustão? Os balanços de massa no Capítulo 6, "Cálculos para Balanços de Massas", podem ser usados como base para esses cálculos.

8.6 A relação pressão de vapor–temperatura (também a curva de ponto de ebulição) de certa substância é de importância crítica em destilações. Para muitos hidrocarbonetos, a dependência da pressão de vapor com a temperatura pode ser descrita precisamente pela seguinte equação que é válida para temperaturas maiores que sua temperatura de divergência (T_d) característica:

$$\log P = A + \frac{B}{T} + \frac{C}{T^2} + D \left(\frac{T}{T_d} - 1 \right)^n$$

Aqui, P é a pressão de vapor em milímetros de mercúrio (mm Hg) e as temperaturas são expressas em K. As constantes características para n-nonano são: $A = 6,72015$, $B = -1188,2$ K, $C = -186,342$ K^2, $D = 2,2438$, $T_d = 503$ K e $n = 2,50$.

Uma coluna de destilação é operada a uma pressão de 10 atm para separação de uma mistura de hidrocarbonetos contendo n-nonano. Qual é o ponto de ebulição do n-nonano nessa pressão?

8.7 O coeficiente de Bunsen α – o volume de gás dissolvido por unidade de volume do líquido quando a pressão parcial do gás é 1 atm – de um componente na mistura binária, foi encontrado como uma função da temperatura t (em °C):

$$\alpha(t) = 4,9 \cdot 10^{-2} - 1,335 \cdot 10^{-3} t + 2,759 \cdot 10^{-5} t^2 - 3,235 \cdot 10^{-7} t^3 + 1,649 \cdot 10^{-9} t^4$$

É evidente que α é 0,049 no ponto de congelamento da água. A que temperatura o líquido deve ser aquecido para reduzir o coeficiente de Bunsen para 0,025?

8.8 EDEs do virial expressam a compressibilidade (z) de um gás como uma expansão em série do volume ou da pressão. A forma explícita em pressão (também chamada a forma de *Leiden*) da equação do virial é:

$$z = \frac{Pv}{RT} = 1 + \frac{B}{v} + \frac{C}{v^2} + ...$$

Aqui, B e C são o segundo e o terceiro coeficientes do virial, respectivamente. A oxidação de metais é frequentemente realizada sob altas pressões. Calcular a vazão volumétrica de oxigênio alimentado no reator a 50 atm, 298 K, se a taxa molar é 10 mol/s. O segundo e o terceiro coeficientes do virial para o oxigênio, nessa temperatura, são $-16,1 \cdot 10^{-6}$ m^3/mol e $1,2 \cdot 10^{-9}$ m^6/mol^2, respectivamente. Qual será a percentagem de erro se a lei dos gases ideais for usada e se a equação do virial truncada for usada após o segundo termo?

140 Capítulo 8

8.9 A pressão osmótica de uma solução depende da concentração do soluto na solução e é comumente descrita pela seguinte equação:

$$\frac{\pi}{c} = RT\left(\frac{1}{M} + A_2 c + A_3 c^2\right)$$

Aqui, π é a pressão osmótica e c é a concentração do soluto de massa molar M. Os coeficientes A_2 e A_3 são chamados o segundo e o terceiro coeficientes osmóticos do virial, respectivamente. (Observe a semelhança com a equação de estado virial dos gases.) Os valores do segundo e do terceiro coeficientes do virial de glicose a 298 K são 0,003353 mol cm^3/g^2 e 0,011556 mol cm^6/g^3, respectivamente. Se a pressão osmótica observada for 10 atm, qual será a concentração de glicose na solução?

8.10 O trabalho necessário para a compressão isotérmica de um mol de gás de van der Waals de um volume molar de v_1 a v_2 é dado pelo seguinte:

$$W = RT\ln\frac{v_1 - b}{v_2 - b} + a\left(\frac{1}{v_1} - \frac{1}{v_2}\right)$$

2,5 kJ de energia são expandidos como trabalho para comprimir 1 mol de um gás de van der Waals de um volume inicial de 1,1 L/mol a 37 °C. Qual é o volume final se as constantes de van der Waals são $a = 1,36$ atm L^2/mol^2 e $b = 0,0385$ L/mol. Qual seria o volume final se o gás se comportasse idealmente? O trabalho isotérmico de compressão para um gás ideal é dado por $W_{id} = RT\ln(v_1/v_2)$.

CAPÍTULO 9
Cálculos de Cinética para Engenharia Química

O conhecimento da taxa ou a dependência no
tempo de uma mudança química é de importância essencial
para uma bem-sucedida síntese de novos materiais.

–Yuan T. Lee[1]

A análise termodinâmica de sistemas segundo os princípios descritos no Capítulo 8, "Cálculos de Termodinâmica para Engenharia Química", permite-nos determinar a *magnitude, eficiência* e *direção* das mudanças que ocorrem no sistema [1]. Infelizmente, essas análises não fornecem qualquer informação sobre a taxa na qual essas mudanças ocorrem, ou, em outras palavras, é necessária a escala de tempo para efetuar essas mudanças. Nem tampouco fornecem qualquer informação sobre o mecanismo pelo qual essas mudanças ocorrem [2]. Pode-se entender facilmente que, para que uma mudança pretendida seja economicamente benéfica, deve ocorrer em um espaço razoável de tempo. Em relação às reações químicas, as informações de escala de tempo associada com uma variação são fornecidas pela cinética química, que descreve a taxa da variação das espécies envolvida na reação no tempo [3]. A cinética para engenharia química (ou engenharia das reações químicas) combina essas informações sobre as taxas de reações com a análise do reator a fim de desenvolver uma abordagem quantitativa do projeto e da análise de reatores [4].

O projeto de reatores pode ser amplamente visualizado em termos da determinação do tipo de reator (de mistura ou tubular, batelada ou contínuo), do volume do reator, do tempo de reação e de outros parâmetros, como a taxa de transferência de calor e assim por diante, necessários para realizar uma reação que traga benefícios econômicos a partir da transformação das espécies [5]. O engenheiro químico deve entender e estar apto a fazer uma previsão quantitativa da influência de equipamentos e de parâmetros operacionais na produção do reator [6]. O projeto ótimo de reator é geralmente a chave para a obtenção de produtos desejados e, em última análise, da economia do processo. Este capítulo apresenta, em primeiro lugar, alguns conceitos elementares em cinética para engenharia química, e fornece exemplos de problemas simples.

9.1 Conceitos Fundamentais de Cinética para Engenharia Química

A essência do projeto de reatores é a obtenção das especificações economicamente ótimas para um reator com uma função específica. Por exemplo, vamos supor que a demanda de mercado de certo produto químico (simbolizado por R) seja de 3000 toneladas por ano. A função específica então deve ser definida como uma taxa de produção de 10 toneladas por dia (tpd) deste produto químico, supondo 300 dias trabalhados todos os anos. O desafio para o engenheiro químico, em nível muito básico, é encontrar o volume do reator e o tempo de reação que produzirá este produto R especificado, partindo de outro produto químico A, que é a matéria-prima ou reagente para o processo. Essa situação é mostrada na Figura 9.1.

Os princípios do balanço de massa e as informações da estequiometria da reação são usados para calcular os materiais necessários para o processo, como discutido no Capítulo 6, "Cálculos para Balanços de Massa". Essas informações são necessárias, mas não suficientes, para o

---

[1] Laureado com o Nobel em Química em 1986, Yuan T. Lee é conhecido por seu trabalho em dinâmica das reações químicas. Fonte da citação: *Nobel Lecture*, dezembro de 1986, www.nobelprize.org/nobel_prizes/chemistry/laureates/1986/lee-lecture.pdf

141

projeto de reatores. A abordagem do projeto de reatores, com a incorporação dos princípios de cinética para engenharia química, é baseada no balanço de massa para o componente. O balanço de massa geral para o componente de qualquer espécie i, escrito em termos de grandezas molares, é mostrado pela equação 9.1.

$$\frac{dN_i}{dt} = F_{i,entrada} - F_{i,saida} + V \cdot r_i \tag{9.1}$$

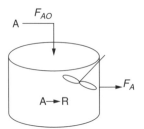

FIGURA 9.1 Um problema simples de projeto de reator químico.
Fonte: Adaptado de: Fogler, H. S., *Elementos de Engenharia das Reações Químicas*, 5ª edição, Editora LTC, Rio de Janeiro, 2018.

Nessa equação, $F_{i,entrada}$ e $F_{i,saida}$ representam as taxas molares de i entrando e saindo do reator de volume V, respectivamente. N_i são os mols da espécie presente no reator; o lado esquerdo da equação representa a taxa de variação de mols de i no reator e r_i é a vazão volumétrica de geração de mols de i. O último termo, que é o produto do volume do reator e da vazão volumétrica de geração de i, rende a taxa molar de geração de i no reator. Assim, a equação 9.1 é simplesmente a expressão matemática que estabelece que a taxa na qual o número de mols de i varia com o tempo é igual à diferença nas taxas molares de entrada e saída adicionada da taxa molar de geração da espécie i da reação.

A *cinética intrínseca* de reação envolve a quantificação da taxa de reação r_i e sua dependência das propriedades das espécies químicas envolvidas na reação. Como já mencionado, essa cinética intrínseca está associada ao comportamento do reator para o projeto de reator. Os princípios básicos de ambos os aspectos, a cinética intrínseca e o comportamento do reator constituem os conceitos de cinética para engenharia química e são descritos na seção seguinte.

9.1.1 Cinética Intrínseca e Parâmetros de Taxa de Reação

A taxa de reação para qualquer espécie i é geralmente definida como a taxa de variação da quantidade de i (comumente, mols de i) por unidade de tempo por unidade de volume do reator. Em geral, a taxa de reação é uma função da concentração das espécies reagentes e da temperatura [2]. O mecanismo da reação, ou o caminho exato pelo qual as espécies reagentes transformam-se em produtos de reação, depende da natureza das espécies envolvidas na reação. Claramente, a natureza das espécies também influencia a taxa de reação. A taxa de reação intrínseca depende somente desses fatores e *não depende do tipo de reator* usado na realização da reação [4]. É comum definir a taxa em base volumétrica – isto é, por unidade de volume do reator – quando a reação é *homogênea*, em que somente uma única fase está envolvida [2]. Um grande número das reações químicas é homogêneo, tanto em fase gasosa quanto em fase líquida. No entanto, muitas outras reações são *heterogêneas*; isto é, envolvem duas ou mais fases. Reações em fase fluida (gás ou líquido) que usam catalisadores sólidos são comuns na indústria química. Em tais casos, a taxa pode ser definida com base na área superficial do catalisador (taxa de variação de mols por unidade de tempo por unidade de área superficial) ou na massa de catalisador (taxa de variação de mols por unidade de tempo por unidade de massa de catalisador).

Em todos os casos, a quantificação da taxa de reação intrínseca envolve a expressão da taxa como uma função das concentrações (ou pressões) das espécies envolvidas na reação e da temperatura.[2] Considere uma reação simples envolvendo duas espécies, A e B:

$$A + B \rightarrow R + S$$

A taxa de reação pode ser escrita em termos de qualquer uma das espécies envolvidas na reação. Pode ser visto, a partir dessa equação, que as taxas de reação das espécies são inter-relacionadas pela estequiometria da reação. Matematicamente, isso é como segue:

$$-r_A = -r_B = r_R = r_S \tag{9.2}$$

O sinal negativo associado a A e a B significa que essas duas espécies são reagentes que são consumidas na reação. A taxa para essas espécies é a taxa de desaparecimento. Por outro lado, para R e S, os produtos da reação, a taxa é aquela de geração das espécies. A equação 9.2 estabelece que a taxa de desaparecimento de A é exatamente a mesma taxa de geração de R e assim por diante. É comum usar o *modelo da lei da potência* (*power-law*) para descrever a dependência da taxa de reação com as concentrações, como mostrado na equação 9.3:

$$-r_A = kC_A^{\alpha} C_B^{\beta} \tag{9.3}$$

Aqui, k é a constante da taxa e α e β – os expoentes das concentrações de A e B – são as *ordens* da reação com relação a A e a B, respectivamente. A ordem da reação global é a soma das ordens dos reagentes, que é $(\alpha + \beta)$ na expressão anterior [7]. A constante da taxa intrínseca e as ordens de reação são independentes do tempo e da concentração das espécies. Uma reação de primeira ordem implica que a taxa é diretamente proporcional à concentração e a reação de segunda ordem significa que a taxa é proporcional ao quadrado da concentração. Uma reação de ordem zero não exibe qualquer dependência com a concentração. Enquanto essas são as ordens de reação mais comuns propostas para equações da taxa, outras ordens são possíveis, não sendo necessário que a ordem seja um número inteiro [7].

A dependência da taxa de reação com a temperatura é incorporada na expressão da taxa por meio da constante de taxa k. Essa dependência é usualmente demonstrada pela expressão de Arrhenius[3] [6]:

$$k = Ae^{-E_a/RT}$$

Nessa expressão, A é chamado o *fator de frequência* e E_a é a energia de ativação para a reação. Ambos os parâmetros são determinados experimentalmente [5].

Deve-se ressaltar que as unidades da constante da taxa dependem da ordem de reação. A taxa é geralmente expressa em base volumétrica, ou seja, em termos de mol por unidade de tempo por unidade de volume. Se as concentrações são expressas em unidades de (mol/volume), então as unidades da constante da taxa são por unidade de tempo. Por outro lado, se a reação for de ordem-zero, as unidades da constante de taxa serão as mesmas que as unidades da taxa; ou seja, mol por unidade de tempo por unidade de volume.

O modelo da lei da potência oferece uma expressão útil e conveniente para descrever a dependência da taxa com a concentração. No entanto, deve-se perceber que não é necessariamente uma descrição exata e precisa das variações que ocorrem no nível molecular. Outras expressões complexas baseadas em mecanismos de reação postulados podem ser derivadas e oferecem precisão

---

[2] Um catalisador não participa da reação e a concentração de catalisador não aparece explicitamente na expressão da taxa. Sua influência na taxa é incorporada na constante de taxa na expressão da taxa.

[3] Svante Arrhenius, laureado com o prêmio Nobel de Química em 1903, é um dos primeiros cientistas a trabalhar com dióxido de carbono e efeito estufa.

quantitativa. No entanto, essas expressões também envolverão mais parâmetros que precisam ser determinados experimentalmente com confiança, para obter a precisão desejada.

A determinação da cinética intrínseca para uma reação envolve a determinação experimental das ordens de reação (relativas às espécies e global) e da constante da taxa (inclusive o fator de frequência e a energia de ativação). A determinação da expressão da taxa intrínseca constitui um tópico fundamentalmente importante na cinética da Engenharia Química. Projetar experiências de laboratório adequadas e realizar análises precisas de dados são criticamente importantes para a obtenção de estimativas confiáveis de parâmetros de taxa que, por sua vez, formam a base do projeto do reator.

Após a determinação da cinética intrínseca, esta é vinculada ao comportamento do reator para obter equações de projeto para o reator. Os diferentes tipos de reator mencionados no Capítulo 3, "Construindo um Engenheiro Químico", são descritos com mais detalhes e as expressões quantitativas que regem seus comportamentos são apresentadas a seguir.

9.1.2 Reatores em Batelada e Contínuos

Algumas reações químicas são conduzidas em modo batelada [6]: a matéria-prima é carregada inicialmente no reator e a reação prossegue até um tempo em que a quantidade desejada de produto seja atingida. Isso é um processo em estado não estacionário, em que as condições dentro do reator com relação ao número de mols de várias espécies variam com o tempo. Outras condições, como temperatura e pressão, podem variar dependendo do modo de operação. Alguns reatores são operados *isotermicamente,* ou seja, em temperatura constante, tanto por remoção como por fornecimento do calor de/para o reator quando necessário. Outros reatores são operados *adiabaticamente*, isto é, sem troca de calor/energia com a vizinhança. A temperatura do reator, nesse caso, irá variar com relação ao tempo. Da mesma forma, particularmente para reações em fase gasosa, a pressão poderá variar com o tempo se a reação for conduzida sob condições de volume constante. Para reações em fase gasosa, a variação de pressão com o progresso da reação precisará ser levada em conta quando a estequiometria da reação envolver uma variação no número total de mols dos reagentes para os produtos. O balanço para componente mostrado na equação 9.1 é simplificado para um reator em batelada fixando os termos da taxa molar em 0, levando à equação 9.4.

$$\frac{dN_i}{dt} = V \cdot r_i \qquad (9.4)$$

O reator pode ser operado em modo contínuo, com a matéria-prima sendo alimentada continuamente no reator e o produto retirado continuamente. Esses reatores, em geral, operam em condições de estado estacionário, em que as condições do reator permanecem invariantes em relação ao tempo. A equação 9.1 se reduz à equação 9.5 para reatores contínuos em estado estacionário.

$$F_{i,\,entrada} - F_{i,\,saida} + V \cdot r = 0 \qquad (9.5)$$

Os reatores contínuos podem também ser operados isotermicamente ou adiabaticamente. A Figura 9.2 mostra o esquema de um reator em batelada e três tipos de reatores contínuos [5]. O reator em batelada não tem qualquer corrente afluente ou efluente, enquanto todos os reatores contínuos têm ambas as correntes, afluente e efluente. O agitador no reator em batelada indica que todo conteúdo está bem misturado; ou seja, não existe variação espacial das condições com a localização dentro do reator. Do mesmo modo, os conteúdos do primeiro dos reatores contínuos – reator de mistura (RM) ou o reator de tanque agitado contínuo (CSTR) – são bem misturados, e as condições são uniformes ao longo do vaso de reação. Os outros dois reatores são tubulares com a configuração de um tubo longo. Obviamente, os conteúdos desses tipos de reatores não são tão bem misturados e as condições (concentrações e, possivelmente, temperatura e pressão) variam em função da posição ou da localização dentro do reator. O primeiro desses reatores é essencialmente um tubo vazio ou um tubo pelo qual o fluido que passa reage, sendo geralmente denominado *padrão com escoamento empistonado*. Esse reator de escoamento empistonado (PFR) é usado para conduzir reações homogêneas em fase gasosa ou líquida. Também é possível operar o reator de modo que o escoamento no seu interior seja laminar (veja o Capítulo 5, "Cálculos em Escoamento de Fluidos"); no entanto, tais reatores de escoamento laminar (LFRs) não são tão comuns como os PFRs. Como já mencionado, muitos reatores químicos requerem o uso de catalisadores sólidos. A quarta configuração mostrada na figura é o reator de leito fixo (PBR), um reator tubular preenchido com partículas sólidas de catalisador, operado em modo de escoamento empistonado para conduzir reações heterogêneas.

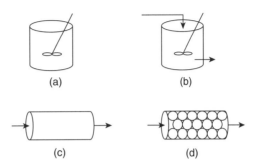

FIGURA 9.2 Reatores em batelada e contínuo: (a) reator em batelada, (b) reator de mistura/reator contínuo de tanque agitado, (c) reator de escoamento empistonado, (d) reator de leito fixo.
Adaptado de: Fogler, H. S., *Elementos de Engenharia das Reações Químicas*, 6ª edição, Editora LTC, Rio de Janeiro, 2018.

Observa-se que as taxas molares na equação 9.5, ou a taxa de variação de mols na equação 9.4, são determinadas pela taxa de produção especificada. O conhecimento da taxa intrínseca de reação r_i permite determinar o volume do reator ou realizar outros cálculos para o projeto do reator, baseado na equação 9.4 para um reator em batelada, ou na equação 9.5 para um reator contínuo, como descrito concisamente. Note-se que às vezes as reações são conduzidas em um modo semibatelada, quando um dos reagentes é adicionado a outro reagente que já está presente no reator e nenhum produto é retirado do reator até que a reação esteja completa. Outros modos em semibatelada podem não incluir a entrada de reagentes, mas sim a remoção contínua de uma ou mais das correntes de produtos e muitos outros arranjos envolvendo complexa alimentação/remoção de produtos e ciclos de aquecimento/resfriamento. Tais operações complexas requerem o uso da equação 9.1 para projeto e não são tratadas neste texto.

9.1.3 Projeto de Reatores

Um problema característico de projeto de reator para reatores em batelada envolve a determinação do tempo de batelada necessário para a produção de uma quantidade especificada do produto. Esse tempo de batelada é obtido separando as variáveis e integrando a equação 9.4 como segue:

$$t_{batelada} = \int_0^{t_{batelada}} dt = \int_{N_{i0}}^{N_i} \frac{dN_i}{V \cdot r_i} \qquad (9.6)$$

Aqui, N_{i0} é o número inicial de mols de *i*. Muitos dos reatores em batelada operam em condições de volume constante; ou seja, o volume do reator é fixo. Nesse caso, a equação 9.6 pode ser expressa convenientemente em termos de concentração, uma vez que $N_i = V \cdot C_i$, para um reator de mistura perfeita, e a taxa r_i é uma função das concentrações das espécies envolvidas na reação. Para a reação já mostrada anteriormente (A + B → R + S), o tempo de batelada pode ser expresso em termos da concentração de A, como segue:

$$t_{batelada} = -\int_{C_{A0}}^{C_A} \frac{dC_A}{f(C_A, T)} \qquad (9.7)$$

O denominador é a taxa de desaparecimento de A ($-r_A$), que é uma função da concentração de A e da temperatura. O sinal negativo significa que A é um reagente consumido na reação, como discutido na seção 9.1.1. C_{A0} e C_A são as concentrações de A no início e no final da reação. A forma específica da função depende dos parâmetros de taxa que descrevem a cinética intrínseca da reação. Para uma reação que é de primeira ordem com relação a A – isto é, $-r_A = f(C_A, T) = k \cdot C_A$ — a integração da equação 9.7 resulta no seguinte:

$$t_{batelada} = -\frac{1}{k} \ln \frac{C_A}{C_{A0}} \qquad (9.8)$$

O resultado mostrado na equação 9.8 é baseado na suposição de que a reação é realizada isotermicamente; ou seja, a temperatura permanece constante e, portanto, a constante da taxa não varia com o tempo. Para os modos de operação adiabático ou outros não isotérmicos, pode ser necessária a integração numérica da equação 9.7 para a obtenção do tempo de batelada.

A equação 9.5 pode ser usada para o projeto de um CSRT/RM, uma vez que a suposição implícita na equação 9.5 (e na equação original 9.1) é de que o conteúdo do reator seja uniforme; o que é válido para o CSTR/RM. O volume do reator pode então ser determinado usando a equação 9.9 [4]:

$$V_{CSTR} = \frac{F_{A0} - F_A}{-r_A} \qquad (9.9)$$

Se a reação não envolver nenhuma variação de volume, então a equação 9.9 poderá ser simplificada, escrevendo-se as taxas molares como o produto da vazão volumétrica e da concentração ($F_A = v \cdot C_A$, v sendo a vazão volumétrica) para obter a equação 9.10:

$$\bar{t}_{CSTR} = \frac{V_{CSTR}}{v} = \frac{C_{A0} - C_A}{f(C_A, T)} \qquad (9.10)$$

Nessa equação, $\bar{t}_{CSTR}$ é o tempo de residência médio do fluido no reator. Dependendo da natureza da dependência funcional da taxa com a concentração, é obtida uma equação algébrica ou transcendental em C_A como a equação de projeto para o CSTR [4].

A equação 9.5 não pode ser usada diretamente no projeto do PFR ou do PBR, uma vez que as condições nesses reatores apresentam variação espacial. Para esses reatores, os balanços de massa para os componentes são escritos sobre um elemento diferencial do reator, e o volume do reator PFR é obtido pela integração da equação diferencial resultante, como mostrado pelas equações 9.11 e 9.12, respectivamente:

$$-\frac{dF_A}{dV} = -r_A \qquad (9.11)$$

$$V_{PFR} = -\int_{F_{A0}}^{F_A} \frac{dF_A}{-r_A} \qquad (9.12)$$

Para um PBR, a expressão da taxa é normalmente escrita em termos da massa de catalisador, e as formas equivalentes, diferencial e integral das duas equações anteriores são:

$$-\frac{dF_A}{dW} = -r_A' \qquad (9.13)$$

$$W_{Catalisador} = -\int_{F_{A0}}^{F_A} \frac{dF_A}{-r_A'} \qquad (9.14)$$

Aqui, r_A' indica que a taxa é expressa em termos de unidade de massa em vez de por unidade de volume.

As taxas molares podem ser substituídas pelos produtos das concentrações e das vazões volumétricas e, quando a reação não envolve variações de volume, a equação 9.12 para o PFR pode ser simplificada como segue:

$$\bar{t}_{PFR} = \frac{V_{PFR}}{v} = -\int_{C_{A0}}^{C_A} \frac{dC_A}{f(C_A, T)} \qquad (9.15)$$

Aqui, $\bar{t}_{PFR}$ é o tempo de residência médio no PFR.

A semelhança e equivalência entre um reator batelada e um PFR tornam-se evidentes pela comparação das equações 9.7 e 9.15. O tempo de batelada em um reator em batelada é equivalente ao tempo de residência médio no PFR. Tal como acontece com o reator em batelada, a equação 9.15 pode ser integrada analiticamente em reatores isotérmicos e outras situações, enquanto técnicas numéricas e outras técnicas podem ser necessárias em operações não isotérmicas e em equações complexas de taxa. Uma representação gráfica das equações 9.7, 9.10 e 9.15 é mostrada na Figura 9.3.

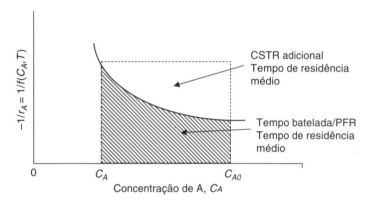

FIGURA 9.3 Interpretação gráfica das equações 9.7, 9.10 e 9.15. Reator contínuo de tanque agitado, CSTR; reator de escoamento empistonado, PFR.

O tempo de batelada ou o tempo de residência médio para o PFR é representado pela área sob a curva ligada pelas concentrações final e inicial. O tempo de residência médio para o CSTR é a área do retângulo formado pelos lados de comprimento ($C_{A0} - C_A$) e $-1/r_A$ avaliada em C_A. Essa área inclui tanto aquela sob a curva como a área acima da curva, marcada pelas linhas tracejadas. Constata-se, nesse caso, que o tempo de residência médio necessário para a operação do CSTR é maior que o tempo de residência médio necessário no PFR. Isso se traduz em um volume requerido maior para o CSTR para a mesma taxa de processamento, e pode ser vantajoso escolher um PFR para conduzir a reação. A Figura 9.3 é um tipo de *gráfico de Levenspiel* usado para obter o volume do reator, o tempo de residência e o tempo de batelada para os reatores [5]. A representação mais comum do gráfico de Levenspiel envolve um gráfico de $F_{A0}/(-r_A)$ em função da conversão de A.

9.1.4 Conversão

A discussão na seção 9.1.3 supõe que a expressão da taxa é dependente apenas da concentração do reagente, reagente A. No entanto, em geral, a taxa depende da concentração de várias outras espécies também. O balanço por componente na equação 9.1 (e suas simplificações discutidas anteriormente) pode ser escrito para cada espécie envolvida na reação, resultando em tantas equações em concentrações das espécies quanto no número de espécies. Isso resultará em um grande número de equações diferenciais ou de equações algébricas/transcendentais que precisam ser resolvidas simultaneamente para a obtenção das concentrações das espécies e, portanto, da determinação do volume do reator, do tempo de residência e do tempo de batelada. O conceito de conversão reduz essa complexidade ao expressar as concentrações de todas as espécies em termos de uma única variável e uma única equação governante para o projeto do reator.

148 Capítulo 9

A conversão (X) do *reagente limitante* (o reagente que seria consumido por completo se a reação pudesse seguir seu curso) é simplesmente a fração do reagente alimentado ao reator que sofre a reação. Se A é o reagente limitante, em um sistema em batelada, temos o seguinte:

$$X_A = \frac{N_{A0} - N_A}{N_{A0}} \tag{9.16}$$

Aqui, N_{A0} e N_A são os números de mols de A presentes inicialmente e aquele que permanece após o tempo t, respectivamente.

Para um reator contínuo, a conversão é descrita em termos das taxas molares (F_{A0}, F_A) em vez do número de moles (N_{A0}, N_A). Para um sistema a volume constante, a conversão é relacionada às concentrações, como segue:

$$X_A = \frac{C_{A0} - C_A}{C_{A0}} \tag{9.17}$$

As concentrações de todas as outras espécies (reagentes em excesso, produtos) podem então ser expressas em termos de X_A usando-se a estequiometria da reação. O sistema de equações é agora reduzido a uma única equação governante que pode ser resolvida para X_A, para um dado volume de reator, ou para V, quando a conversão é especificada. Por exemplo, se a reação representada pela seguinte equação:

$$v_A A + v_B B \rightarrow v_R R + v_S S \tag{9.18}$$

então, a concentração de B pode ser expressa em termos da conversão do reagente limitante A, pela seguinte equação:

$$C_B = C_{A0}\left(\psi_B - \frac{v_B}{v_A}X_A\right) \tag{9.19}$$

Aqui, ψ_B é a razão das concentrações iniciais de B e A ($\psi_B = C_{B0}/C_{A0}$). Em geral, a concentração de qualquer espécie i é expressa usando uma expressão semelhante [8]:

$$C_i = C_{A0}\left(\psi_i - \frac{v_i}{v_A}X_A\right) \tag{9.20}$$

Aqui, v_i representa o coeficiente estequiométrico das espécies i na reação e ψ_i é a razão das concentrações iniciais de i e de A. Deve ser salientado que a validade da equação 9.20 é restrita a sistemas a volume constante e a equação de reação é escrita na forma *Produtos – Reagentes* = 0; assim, a equação 9.18 é rearranjada para se ler:

$$v_R R + v_S S - (v_A A + v_B B) = 0 \tag{9.21}$$

Em geral, o enfoque da análise cinética envolve o desenvolvimento de uma *tabela estequiométrica* [4] em que as concentrações das várias espécies são expressas em termos da concentração do reagente limitante, sua conversão e razões da concentração inicial (no tempo $t = 0$ para o reator batelada e na entrada do reator para PFR/CSTR). Esse desenvolvimento leva às equações 9.22, 9.23 e 9.24 que são as equações de projeto para o reator batelada, CSTR e PFR, respectivamente [4].

$$t_{batelada} = N_{A0}\int_0^{X_A} \frac{dX_A}{f(X_A, T)\cdot V} \tag{9.22}$$

$$V_{CSTR} = \frac{F_{A0}\cdot X_A}{f(X_A, T)} \tag{9.23}$$

$$V_{PFR} = F_{A0} \int_0^{X_A} \frac{dX_A}{f(X_A, T)} \tag{9.24}$$

Dependendo da informação fornecida e da natureza dos problemas, essas equações podem ser usadas para a obtenção dos volumes do reator, os tempos de residência, as conversões em reatores com volume especificado, as taxas de processamento e assim por diante.

9.1.5 Outras Considerações

A análise e o projeto de reatores adquirem outro nível de complexidade quando o reator é operado sob condições não isotérmicas, ou seja, a temperatura do reator varia com o tempo ou com a posição no reator, principalmente devido aos substanciais efeitos de calor associados à maioria das reações. Como a temperatura varia, a constante de taxa também varia de acordo com a equação de Arrhenius, não sendo suficiente uma única equação governante para resolver por duas variáveis (T e X_A ou T e V). A segunda equação necessária é obtida pelo balanço de energia no sistema.

A relação de conversão-concentração simples, descrita pela equação 9.20, é válida somente para um sistema de volume constante. Reações em fase gasosa envolvendo variações na pressão, na temperatura ou no número de mols experimentam uma variação de volume, não sendo a conversão uma mera função da concentração, como também dessas outras variáveis. Equações governantes adicionais são necessárias para descrever essas situações.

Pode-se ver que um engenheiro químico será necessário para resolver problemas de cinética de Engenharia Química que variam de simples equações lineares a equações diferenciais altamente complexas, múltiplas e simultâneas. Os exemplos representativos apresentados na seção 9.2 utilizam relações matemáticas que são obtidas quando os conceitos de cinética para engenharia química são aplicados a diferentes situações. O desenvolvimento dessas relações matemáticas em si requer um conhecimento aprofundado dos conceitos e não é abordado neste texto.

9.2 Problemas Básicos Computacionais

A determinação da cinética intrínseca é um componente essencial e importante da cinética de Engenharia Química. Em geral, tais determinações são feitas por experimentos em batelada, em escala de bancada, em que as concentrações das espécies são monitoradas em função do tempo, sendo os dados de concentração-tempo submetidos à análise. O Exemplo 9.2.1 ilustra tal análise conduzida para a determinação da expressão da taxa.

Exemplo 9.2.1	Determinação da Constante de Taxa

Um experimento de laboratório é feito para determinar as constantes de taxa de uma reação $2A \rightarrow R$. É sabido que a reação é de segunda ordem em relação a A. O experimento envolveu medidas de concentração do reagente A em função do tempo em um reator em batelada. Os seguintes dados foram obtidos. Qual é o valor da constante de taxa dessa reação?

Tempo, h	0	0,02	0,04	0,06	0,1	0,15	0,2	0,225	0,275
C_A, mol/L	1,00	0,83	0,71	0,62	0,50	0,40	0,33	0,31	0,27

Solução

A relação concentração-tempo de uma reação de segunda ordem segue [3]:

$$\frac{1}{C_A} - \frac{1}{C_{A0}} = k_2 t \tag{E9.1}$$

Aqui, k_2 é a constante de taxa para reação de segunda ordem tendo as unidades de (concentração · tempo)$^{-1}$, nesse caso, L/mol · h.

Como indicado pela equação E9.1, o inverso da concentração de A varia linearmente com o tempo. Um gráfico de $1/C_A$ versus t terá a constante de taxa k_2 como sua inclinação e $1/C_{A0}$ como a interseção. Assim, a constante de taxa pode ser obtida pela regressão linear entre $1/C_A$ e t.

Solução (usando Excel)

As etapas da solução usando Excel são as seguintes:

1. Digite os dados iniciais na planilha: os valores de tempo nas células que vão de A3 a A11 e os valores de concentração nas células de B3 a B11.
2. Calcule o inverso da concentração da célula B3 na célula C3, entrando com a fórmula =1/B3. Copie a fórmula nas células C4 a C11 para calcular $1/C_A$.
3. Selecione os dados das células que vão de A3 a A11 e de C3 a C11, realçando essas células: as células de A3 a A11 são selecionadas usando o mouse e então as de C3 a C11 são selecionadas pressionando a tecla Ctrl para pular a coluna B.
4. Crie um gráfico selecionando INSERIR na barra de menu de comandos e então faça um gráfico de dispersão X-Y a partir do menu suspenso ou usando os botões adequados. Assim, serão gerados dados nas células de C3 a C11 ($1/C_A$) em função de dados nas células de A3 a A11 (t).
5. Adicione vários elementos no quadro (títulos dos eixos, título da figura) usando as ferramentas de gráfico (*Design*).
6. Insira uma linha de regressão linear clicando no lado direito do mouse nos pontos dos dados. Uma caixa de diálogo é aberta. Clicar no botão adequado insere a equação da linha de regressão e o coeficiente de correlação no gráfico, como mostrado na Figura 9.4

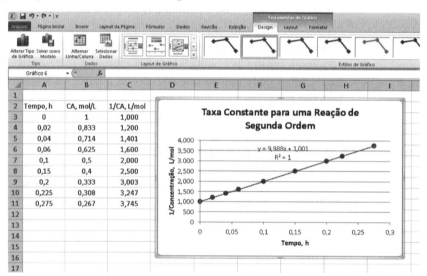

FIGURA 9.4 Solução em Excel para o Exemplo 9.2.1.

Solução (usando Mathcad)

A solução por Mathcad é mostrada na Figura 9.5.
Os passos da solução são os seguintes:

1. Insira os dados na matriz chamada RateData, digitando inicialmente RateData: e então clique no botão matriz. Este botão abre uma caixa de diálogo na qual o número de linhas (9) e de colunas (2) é inserido, e a caixa de diálogo é fechada clicando em OK. Insira os dados dos valores de tempo na primeira coluna e os de concentração na segunda coluna.
2. Calcule os valores do inverso da concentração inseridos na segunda coluna de RateData digitando-se InvConc:1 / RateData<Ctrl+6> e então insira 1 na posição do cursor. A combinação das teclas <Ctrl+6> cria um índice para as colunas na variável RateData. Os índices vão de 0 para a primeira coluna, 1 para a segunda coluna, e assim por diante. Os valores inversos podem ser vistos digitando-se InvConc=.
3. Use a função linha para fazer uma regressão linear entre o tempo (primeira coluna de RateData) e o inverso da concentração (InvConc). A função linha tem dois argumentos: o primeiro é a variável independente (a primeira coluna de RateData, nesse caso) e o segundo é a variável dependente (InvConc). As teclas pressionadas nesse caso são as linhas (RateData<Ctrl+6>[espaço],InvConc) e, depois, digita-se 0 no índice de RateData. Digitar = após fechar os parênteses produz a solução que consiste em um vetor com dois elementos. O número de cima representa a interseção e o de baixo representa a inclinação.

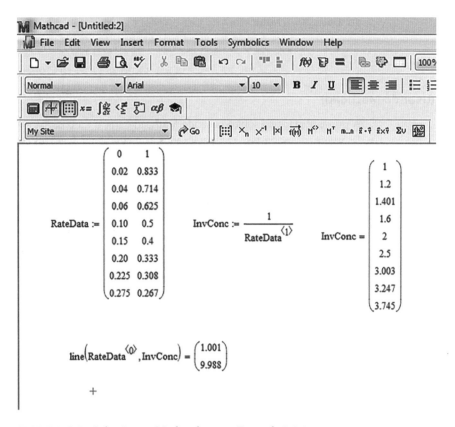

FIGURA 9.5 Solução por Mathcad para o Exemplo 9.2.1.

Como pode ser visto da figura, o valor da constante de taxa é 9,988 L/mol h, o mesmo valor obtido por meio do Excel.

A equação do balanço de massa é suficiente para o projeto e análise de um CSTR/RM quando os efeitos de calor não precisam ser levados em conta. Porém, uma equação de balanço de energia é também necessária quando os efeitos de calor são significativos e precisam ser considerados. Para dado volume de reator, os balanços de massa e de energia produzem duas equações diferentes que contêm a conversão e a temperatura e essas equações precisam ser resolvidas simultaneamente. O Exemplo 9.2.2 lida com essa situação e a existência de soluções múltiplas para uma operação adiabática de um CSTR.

Exemplo 9.2.2 Conversão em um CSTR

Os balanços de massa e de energia em um CSTR, de uma reação de primeira ordem, são dados pelas equações E9.2 e E9.3, respectivamente [3]. Qual é a conversão no reator? Qual é sua temperatura de operação?

$$X_{MB} = \frac{A e^{-E_a/RT} \cdot \bar{t}}{1 + A e^{-E_a/RT} \cdot \bar{t}} \tag{E9.2}$$

$$X_{EB} = \frac{C_{PA}(T - T_0)}{-\Delta H_{rxn}} \tag{E9.3}$$

Aqui, C_{PA} é o calor específico médio dos componentes do reator. $\bar{t}$ é o tempo médio de residência do material no reator – ou seja, o tempo que despende no reator – obtido pela divisão do volume do reator pela vazão volumétrica (V/v). T_0 é a temperatura de entrada (temperatura da corrente de entrada). X_{EB} e X_{MB} são as conversões usando os balanços de energia e de massa no reator, respectivamente. ΔH_{rxn} é o calor de reação.

Os dados para o reator são:

$$T_0 = 293 \text{ K}, C_{PA} = 810 \text{ J/mol K}, \Delta H_{rxn} = -200 \text{ kJ/mol}, V = 10 \text{ L}, v = 0{,}2 \text{ L/s}$$

$$A = 1{,}8 \times 10^5 \text{ s}^{-1}, E_a = 50 \text{ kJ/mol}$$

Solução (usando Mathcad)

A primeira etapa na solução usando Mathcad é traçar ambos, X_{EB} e X_{MB}, como funções da temperatura T. Os valores das variáveis são especificados primeiramente, seguidos pela especificação da faixa da variável T e pela definição das duas conversões. Ambas as funções são plotadas contra T usando a caixa de ferramenta Mathcad Graph. A Figura 9.6 mostra o gráfico gerado.

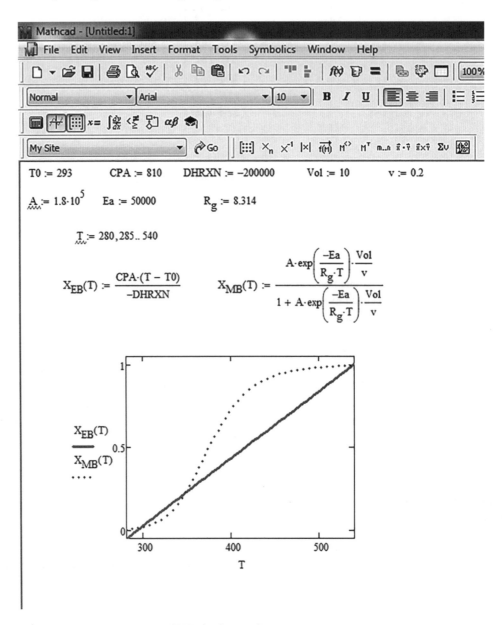

FIGURA 9.6 Conversões no CSTR em função da temperatura.

Como pode ser visto da figura, as duas curvas interceptam-se em três posições, o que implica que existem três soluções possíveis que satisfazem as duas equações. O exame dos três pontos revela uma conversão muito baixa, intermediária e muito alta. Como o objetivo, em geral, é converter tanto quanto possível de reagente no produto, a conversão muito alta é o ponto de operação desejado. A solução exata para conversão e temperatura é obtida usando o bloco *solve* no Mathcad, conforme mostrado na Figura 9.7.

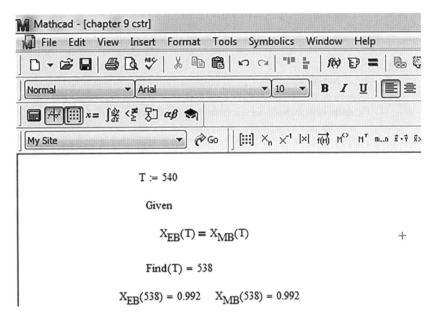

FIGURA 9.7 Solução exata no ponto de alta conversão.

O procedimento consiste em fornecer uma estimativa inicial para a temperatura (540), especificando a função objetivo (igualdade de conversões) e então deixar o programa encontrar o valor de T que satisfaça a função objetivo. Como pode ser visto da figura, a conversão será 0,992 na temperatura do reator de 538 K, o que significa que 99,2 % do reagente alimentado no reator serão convertidos no produto desejado.

A Figura 9.6, com seus múltiplos pontos de interseção para as funções conversão-tempo dos balanços de energia e de massa, indica que pontos de *múltiplos estados estacionários* são viáveis na operação de um CSTR. A maneira como as condições são manipuladas para operar em pontos particulares gera uma discussão interessante em disciplinas de cinética para engenharia química.

A maioria dos sistemas reacionais encontrada na prática exibe um nível muito maior de complexidade que uma simples reação de primeira ordem. A reação desejada é invariavelmente acompanhada por uma reação lateral indesejada, que tem impacto econômico significativo no processo e aumenta a complexidade das separações pós-reação. Essas reações indesejáveis incluem uma reação paralela que o reagente sofre (A → S, quando A → R é a desejada) ou uma reação em série (A → R → S, que reduz a quantidade de produto desejado R devido ao seu consumo na segunda reação). O Exemplo 9.2.3 ilustra um problema computacional relacionado a um sistema de reações em série.

Exemplo 9.2.3 Conversão e Seletividade em Sistema de Reação em Série

O isopropenil alil éter isomeriza em alil acetona de acordo com uma reação de primeira ordem com uma constante de taxa dada por $k_1 = 5{,}4 \times 10^{11} \exp(-123000/R_g T)$ s^{-1}. Alil acetona sofre uma reação de decomposição de primeira ordem, tendo uma constante de taxa de $k_2 = 4{,}9 \times 10^{11} \exp(-131000/R_g T)$ s^{-1}, em que as energias de ativação são expressas em J/mol. As equações da constante de taxa refletem a dependência de Arrhenius da temperatura, com a constante universal dos gases simbolizada por R_g para distingui-la do produto desejado R. A reação de isomerização é realizada em um PFR, com a razão desejada $C_{R,máx}/C_{A0}$ de 0,8 no produto. Qual será a temperatura de operação do reator, supondo que a reação seja conduzida isotermicamente? Qual é a conversão de A?

As equações relevantes são as que seguem [8]:

Conversão de A:

$$X_A = 1 - \exp(-Da) \quad (E9.4)$$

Concentração de R na saída do reator:

$$\frac{C_R}{C_{A0}} = \frac{k_1/k_2}{1-k_1/k_2}\left[\exp(-Da) - \exp\left(-\frac{Da}{k_1/k_2}\right)\right] \quad (E9.5)$$

Nessas equações, D_a é um número adimensional conhecido como o *número de Damköhler*,[4] que é o produto da constante de taxa e do tempo de residência médio em um reator contínuo para uma reação de primeira ordem. Sabe-se também que a razão de concentração de R, $C_{R,máx}$, da concentração de entrada de A é relacionada à razão das constantes de taxa pela equação E9.6.

$$\frac{C_{R,máx}}{C_{A0}} = \left(\frac{k_1}{k_2}\right)^{\left(\frac{1}{1-k_1/k_2}\right)} \quad (E9.6)$$

Solução algorítmica

O lado esquerdo da equação E9.6 é especificado para ser 0,8. Essa especificação é usada para obter a razão de constantes de taxa k_1/k_2. A temperatura necessária pode ser calculada a partir da equação E9.7.

$$\frac{k_1}{k_2} = \frac{5{,}4 \cdot 10^{11}\exp(-123000/R_g T)}{4{,}9 \cdot 10^{11}\exp(-131000/R_g T)} \quad (E9.7)$$

A equação E9.5 é usada para calcular o número de Damköhler, D_a, que é então usado para obter a conversão de A da equação E9.4.

Solução (usando Mathcad)

A solução por meio de Mathcad é mostrada na Figura 9.8.

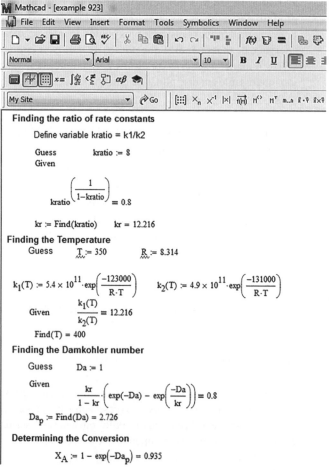

FIGURA 9.8 Solução por Mathcad para o Exemplo 9.2.3.

---

[4] O número de Damköhler significa a razão entre a taxa de reação de uma espécie em um reator e sua taxa no reator. Ambas baseiam-se na concentração das espécies na entrada.

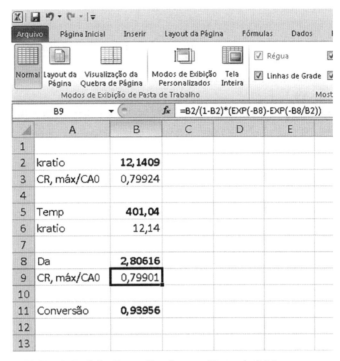

FIGURA 9.9 Solução em Excel para o Exemplo 9.2.3.

Como pode ser visto na figura, a solução envolve o uso de um número de blocos de solução. A razão das constantes de taxa é obtida a partir da resolução da equação E9.6 como 12,216. Isso leva à temperatura de reação de 400 K proveniente da equação 9.7. O número de Damköhler é computado como 2,726, da equação E9.5, e finalmente a conversão de A é 0,935 da equação E9.4.

Solução (usando Excel)

A solução usando Excel envolve o uso de funções múltiplas Atingir Meta. A solução resultante é mostrada na Figura 9.9.

Observa-se que ambos, Mathcad e Excel, dão soluções semelhantes. O Excel produz um valor de 401 K para a temperatura e conversão de 0,939. Ambos os valores estão muito próximos da solução do Mathcad de 400 K para a temperatura e 0,935 para a conversão.

Esses três exemplos propiciam vislumbrar a natureza dos cálculos que um engenheiro químico geralmente conduzirá ao lidar com tópicos relacionados com cinética para engenharia química. Os problemas práticos adicionais, no final deste capítulo, fornecem aos estudantes uma perspectiva mais ampla sobre esses problemas.

9.3 Resumo

A cinética para engenharia química combina informações sobre a taxa de reação com características do reator para desenvolver um projeto ótimo de reator que pode resultar em um processo economicamente viável. Uma ampla variedade de problemas computacionais é encontrada por um estudante e um praticante da área da cinética para engenharia química. Esses problemas vão de simples equações lineares a transcendentais e ordinárias, bem como equações diferenciais parciais e de integração numérica. Os exemplos deste capítulo descrevem ferramentas computacionais usadas para realizar uma análise de regressão e resolver uma equação transcendental. Os conceitos básicos da cinética para engenharia química, descritos neste capítulo, fornecem uma base fundamental para o tratamento matemático de análise de reatores e tópicos de projeto abordados nos cursos de cinética de nível superior.

Referências

1. Koretsky, M. D., *Engineering and Chemical Thermodynamics,* Segunda Edição, John Wiley and Sons, New York, 2012.
2. Maron, S. H., and C. F. Prutton, *Principles of Physical Chemistry*, Quarta Edição, MacMillan Company, New York, 1965.
3. Fink, J. K., *Physical Chemistry in Depth,* Springer-Verlag, Berlin Heidelberg, Germany, 2009.
4. Fogler, H. S., *Elementos de Engenharia das Reações Químicas*, 6ª edição, Editora LTC, Rio de Janeiro, 2018.
5. Levenspiel, O., *Engenharia das Reações Químicas*, 3ª edição, editora Edgard Blücher, São Paulo, 2000.
6. Brötz, W., *Fundamentals of Chemical Reaction Engineering*, Addison-Wesley, Reading, Massachusetts, 1965.
7. Alberty, R. A., and R. J. Silbey, *Physical Chemistry*, Quarta Edição, John Wiley and Sons, New York, 2004.
8. Doraiswamy, L. K., and D. Üner, *Chemical Reaction Engineering: Beyond the Fundamentals*, CRC Press, Boca Raton, Florida, 2013.

Problemas

9.1 A relação entre conversão (x_A)-tempo (t) de certa reação é descrita como segue:

$$t/\tau = 1 - 3(1 - x_A)^{2/3} + 2(1 - x_A)$$

Aqui, τ é o tempo necessário para a completa conversão ($x_A = 1$). Qual é a conversão em (i) $t = 0,25\,\tau$, (ii) $t = 0,5\,\tau$?

9.2 A taxa da reação em fase gasosa $2NO_2 \rightarrow N_2O_4$ pode ser acompanhada monitorando a pressão total do sistema. Os dados pressão total-tempo de corrida experimental segue:

t, s	0	10	20	30	40	50
P_t, atm	3,05	2,23	2,03	1,91	1,80	1,74

Calcule a constante de taxa, se a relação pressão total-tempo for descrita como segue:

$$\frac{1}{2P_t - P_o} = \frac{1}{P_o} + 2k_p t$$

Aqui, P_t é a pressão total no tempo t, P_0 é a pressão inicial e k_P é a constante de taxa em atm^{-1}s^{-1}.

9.3 A relação conversão-tempo de uma reação é descrita como segue:

$$X_A = \theta(1 - e^{-(1/\theta)})$$

Aqui, θ é o tempo adimensional. Em qual θ, a conversão será 0,75? Quando você terá a conversão completa?

9.4 Reações reversíveis, tais como as representadas pela equação do tipo $A + B \leftrightarrows 2R$, são de equilíbrio limitado; isto é, a conversão é limitada pelo equilíbrio entre as reações direta e reversa. A conversão de equilíbrio X_{Ae} de tais reações pode ser calculada a partir da constante de equilíbrio K_{eq}, que é uma função da temperatura. Em uma condição particular de operação, a relação entre a constante de equilíbrio e a conversão de equilíbrio para a reação acima é descrita como segue:

$$K_{eq} = \frac{4X_{Ae}^2}{(1 - X_{Ae})(1,5 - X_{Ae})}$$

Qual é a conversão de equilíbrio, se $K_{eq} = 64$?

9.5 O decaimento radioativo de um isótopo é um processo de primeira ordem; isto é, a taxa de decaimento em qualquer instante (medida como desintegração por tempo ou taxa de contagem) depende do número de átomos do isótopo radioativo presente naquele instante. O número de átomos do isótopo radioativo presentes a qualquer tempo t (N) está relacionado com o número de átomos presentes no tempo $t = 0$ (N_0), pela equação $N = N_0 e^{-\lambda t}$, em que λ é a constante característica, que é obtida a partir dos dados taxa de contagem-tempo por uma regressão linear entre ln(*Taxa de Contagem*) e tempo. Os seguintes dados foram obtidos para um isótopo radioativo:

t, h	Taxa de Contagem, min^{-1}
0	550,33
1	549,83
5	549,00
10	548,17
20	545,83
30	544,17

Qual é a constante característica λ para esse isótopo? Identifique o isótopo a partir das seguintes escolhas prováveis baseadas na meia-vida obtida dos dados precedentes. A meia-vida do isótopo está relacionada à constante característica λ por $t^{1/2} = \ln(2)/\lambda$. Os dados de meia-vida são ^{89}Sr – 53 dias, ^{95}Zr – 65 dias, ^{90}Yr – 61 h e ^{95}Nb – 35 dias.

9.6 Nas reações catalíticas, o perfil de concentração de um reagente em uma partícula esférica (concentração como uma função da posição radial) é frequentemente descrita pela seguinte equação:

$$C_A = C_{AS} \frac{R}{r} \frac{senh\left(\phi \dfrac{r}{R}\right)}{senh(\phi)}$$

Aqui, C_{As} e C_A são as concentrações na superfície e na posição radial r, respectivamente. R é o raio da partícula esférica e φ é o parâmetro característico que é chamado *módulo de Thiele*. Experimentos em laboratório revelaram que a concentração diminui em 60 % a partir da superfície até o meio da partícula. Qual é o valor do módulo de Thiele?

9.7 Calcule a energia de ativação de uma reação se a constante de taxa duplica quando a temperatura sobe de 300 K para 350 K. Que aumento na temperatura é necessário para duplicar a constante de taxa a partir do seu valor a 350 K?

9.8 O balanço de energia para um reator RM adiabático produz a seguinte equação:

$$0,02(T - T_0) = \frac{0,06exp\left(15000\left(\dfrac{1}{300} - \dfrac{1}{T}\right)\right)}{0,06exp\left(15000\left(\dfrac{1}{300} - \dfrac{1}{T}\right)\right) + 1}$$

Aqui, T é a temperatura do reator e T_0 é a temperatura da corrente de entrada. Qual ou quais serão as temperaturas do reator quando a temperatura de entrada for 290 K? 295 K? Se cada lado da equação for também igual à conversão no reator, quais serão as respectivas conversões? Que temperaturas de operação são preferíveis? (Dica: trace primeiro um gráfico de ambos os lados da equação em função da temperatura).

9.9 Os seguintes dados foram obtidos para a conversão de A em uma reação reversível A + B $\rightleftarrows$ R+S:

Tempo, min	Conversão
0	0
10	0,05
20	0,09
30	0,13
40	0,167
50	0,2
60	0,23
70	0,26
80	0,29
90	0,31
∞	0,80

Determine a constante de taxa k, se a relação conversão-tempo puder ser expressa pela seguinte equação:

$$ln\frac{X_{Ae} - (2X_{Ae} - 1)X_A}{X_{Ae} - X_A} = 2k\left(\frac{1}{X_{Ae}} - 1\right)C_{A0}t$$

C_{A0}, a concentração inicial de A é 1 mol/L.

158 Capítulo 9

9.10 O conceito de uma *distribuição de tempo de residência* é criticamente importante para descrever a não idealidade no comportamento de escoamentos em reatores contínuos. Um número adimensional, chamado *número de Peclet* (*Pe*), é geralmente usado para a descrição matemática da não-idealidade. O tempo de residência médio, $\bar{t}$, e a variância, σ^2, na distribuição do tempo de residência, são dependentes do número de Peclet, como segue:

$$\sigma^2 = \bar{t}^2 \left(\frac{2}{Pe} - \frac{2}{Pe^2}(1 - e^{-Pe}) \right)$$

O tempo de residência médio e o desvio-padrão (σ) de um reator são $5 \cdot 10^5$ s e 305 s, respectivamente. Qual é o número de Peclet? Qual seria o erro em *Pe* se o segundo termo do parêntese fosse negligenciado?

Epílogo

Estudantes de um curso de Engenharia ou de qualquer curso profissional têm, em geral, tão somente vagas noções sobre o que farão após a graduação ou mesmo sobre o que aprenderão no curso, até estarem seguros disso.[1] O autor espera e acredita que os estudantes, perseverando ao longo de todos os capítulos do livro para alcançar este ponto, terão uma visão bem mais clara, e deseja que eles possam apreciar o campo escolhido. Os estudantes estarão mais bem informados e terão um entendimento conceitual mais concreto acerca da Engenharia Química praticamente a partir do início do curso.

À medida que os estudantes progridem ao longo das disciplinas subsequentes de seu curso de Engenharia Química, irão mergulhar fundo nos conceitos apresentados neste livro. Encontrarão também problemas computacionais de complexidade crescente; e descobrirão que estão usando as mesmas ferramentas que aquelas aprendidas neste livro para resolver os problemas. Os estudantes irão explorar confiantemente os poderosos recursos dos programas computacionais e processar pacotes comerciais para simulação,[2] de modo a resolver problemas desafiadores de forma efetiva, eficiente e rápida.

A Engenharia Química é um curso rigoroso que demanda muito dos estudantes e, em troca, fornece recompensas ímpares para aquele que está disposto a envidar os esforços necessários. O autor confia que este livro continuará a atender aos leitores à medida que estes passarem do primeiro ao último ano em suas carreiras.

---

[1] Baseado na experiência do autor com os estudantes, assim como com em sua própria experiência.

[2] Introduzidos nos Apêndices A e B.

APÊNDICE A	# Introdução a Pacotes Computacionais Matemáticos

O Capítulo 4, "Introdução a Cálculos em Engenharia Química", introduziu uma série de problemas matemáticos encontrados por um engenheiro químico em sua carreira acadêmica e profissional. Os Capítulos 5 a 9 apresentaram alguns desses problemas e cálculos executados por intermédio de Excel e Mathcad. O Excel é, de fato, onipresente em computadores pessoais como parte do pacote Office Suite, da Microsoft. O outro *software*, Mathcad, não está universalmente disponível. Contudo, vários outros pacotes computacionais que oferecem recursos comparáveis estão invariavelmente disponíveis em instituições acadêmicas e organizações. Todos esses pacotes oferecem um excepcional poder baseado em PC (computador pessoal), para resolver praticamente qualquer problema no campo da Engenharia Química. Esses pacotes computacionais, em essência, eliminaram a necessidade de que se desenvolvam programas personalizados em linguagem computacional de alto nível (como Fortran), com o desenvolvimento de ferramentas específicas que atendam às necessidades computacionais particulares [1]. Uma breve introdução a outros pacotes computacionais (além do Mathcad) é fornecida neste apêndice. Esses pacotes incluem POLYMATH (www.polymath-software. com), MATLAB (www.mathworks.com/products/matlab), Maple (www.Maplesoft.com) e Mathematica (www.Wolfram.com). Este apêndice inclui a solução de um dos exemplos discutidos no Capítulo 9, "Cálculos de Cinética para Engenharia Química", por meio de dois desses pacotes computacionais, seguida de uma breve discussão comparativa de algumas das características evidentes dos pacotes.

A.1 Exemplo 9.2.2 Revisto

O Exemplo 9.2.2 envolveu a determinação das conversões em um reator contínuo de tanque agitado adiabático (CSTR), com a resolução simultânea de equações de balanços de massa e de energia. O problema é restabelecido aqui:

Os balanços de massa e de energia para um CSTR de uma reação de primeira ordem são dados pelas equações A.1 e A.2, respectivamente. Qual é a conversão no reator? Qual é a temperatura de operação?

$$X_{MB} = \frac{A e^{-E_a/RT} \cdot \bar{t}}{1 + A e^{-E_a/RT} \cdot \bar{t}} \tag{A.1}$$

$$X_{EB} = \frac{C_{PA}\left(T - T_0\right)}{-\Delta H_{rxn}} \tag{A.2}$$

Aqui, C_{PA} é o calor específico médio dos componentes do reator; $\bar{t}$ é o tempo de residência médio do material no reator – ou seja, o tempo que este permanece no reator – obtido pela divisão do volume do reator pela vazão volumétrica (V/v); T_0 é a temperatura de entrada (temperatura da corrente de alimentação); X_{EB} e X_{MB} são as conversões usando o balanço de energia e o balanço de massa no reator, respectivamente; ΔH_{rxn} é o calor de reação.

Os dados para o reator são iguais a:

$$T_0 = 293 \text{ K}, C_{PA} = 810 \text{ J/mol K}, \Delta H_{rxn} = -200 \text{ kJ/mol}, V = 10 \text{ L},$$

$$v = 0,2 \text{ L/s } A = 1,8 \times 10^5 \text{ s}^{-1}, E_a = 50 \text{ kJ/mol}$$

A técnica de solução do problema por meio do Mathcad foi ilustrada no Capítulo 9. Os leitores devem estar agora familiarizados com a técnica para resolver o problema usando o Excel, de modo que a solução não é discutida aqui. Soluções usando POLYMATH e MATLAB são apresentadas nas seções seguintes. A instalação desses programas nos PCs é uma questão direta e, consequentemente, não é discutida aqui. O programa é aberto, como qualquer outro programa instalado em um PC, quando se clica em seu ícone ou quando o Mathcad é selecionado em uma lista de programas.

A.1.1 Solução por POLYMATH

A abertura do programa POLYMATH traz a tela mostrada na Figura A.1.

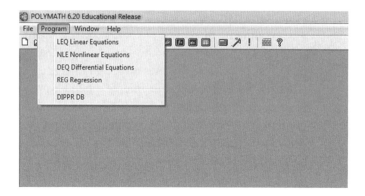

FIGURA A.1 Tela inicial do POLYMATH.

Como pode ser visto da figura, o POLYMATH pode ser usado para resolver equações lineares, equações não lineares e equações diferenciais ordinárias, assim como para fazer análise de regressão – as opções estão disponíveis sob o comando do Programa. A última opção vista, DIPPR DB, refere-se ao banco de dados de propriedades físicas do Instituto de Projeto para Propriedades Físicas (IPPF) do American Institute of Chemical Engineers (AIChE). O exemplo envolve uma equação não linear e, por conseguinte, aquela opção é selecionada no menu suspenso de comando do programa.

Clicar na opção de Equações Não Lineares ENL (*NLE Nonlinear Equations*) faz com que apareça outra tela do POLYMATH, em que os usuários podem digitar as equações necessárias. As equações não lineares são alimentadas com um clique no ícone apropriado, o que mostra uma caixa de diálogos na qual a equação pode ser escrita em função da variável a ser resolvida. A especificação do problema requer normalmente a entrada de certo número de outras equações lineares auxiliares (como as que fornecem os dados do problema), e essas equações podem ser alimentadas com um clique no ícone da equação auxiliar ou simplesmente digitando-se a equação.

Após a inserção de todas as equações, os limites inferior e superior são especificados para a variável, e o programa é rodado quando se clica no ícone Run (Executar) ou selecionando-o a partir do menu. O usuário pode selecionar uma opção para desenhar um gráfico da solução. Esse procedimento foi seguido para o exemplo, e a solução resultante é mostrada na Figura A.2.

Estes são os recursos a serem enfatizados no procedimento e na solução:

1. Os dados são inseridos como equações auxiliares, pela simples digitação do nome da variável e de seu valor.
2. A equação não linear é digitada em função da temperatura. A função é alimentada como $f(T) = X_{MB} - X_{EB}$. (Aqui, X_{MB} e X_{EB} representam os lados direitos das equações A.1 e A.2, respectivamente, como visto nas duas equações e Fig. A.2).
3. Um espaço de busca é definido por meio da especificação das temperaturas máxima e mínima.
4. O POLYMATH faz os cálculos e plota a função como mostrado no gráfico. Pode-se ver que o valor da função é 0 em três temperaturas.
5. Além do gráfico, o POLYMATH gera três valores de temperatura. Duas das três soluções são visíveis na figura. A terceira solução (solução número 3 de 3) é ~538 K, a mesma obtida usando o Mathcad. A conversão é de 0,99 nessa temperatura.

Introdução a Pacotes Computacionais Matemáticos **163**

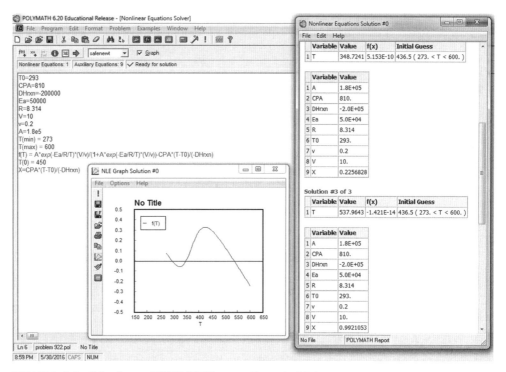

FIGURA A.2 Solução por POLYMATH para o Exemplo 9.2.2.

A.1.2 Solução pelo MATLAB

Na inicialização, o Programa MATLAB traz a tela mostrada na Figura A.3. A tela inicial do MATLAB é consideravelmente mais detalhada do que as de outros programas encontrados até agora. A barra de menus tem uma série de ícones e opções, e o espaço de trabalho é dividido em quatro áreas. A maior área é chamada de Janela de Comando e este é o espaço principal de trabalho para digitação de dados e instruções. O espaço no lado esquerdo lida com a organização dos arquivos e dos diretórios, e os dois espaços à direita contêm as informações sobre o problema corrente sendo trabalhado. Essas informações englobam um histórico de comandos na parte inferior e de rastreamento de variáveis logo acima.

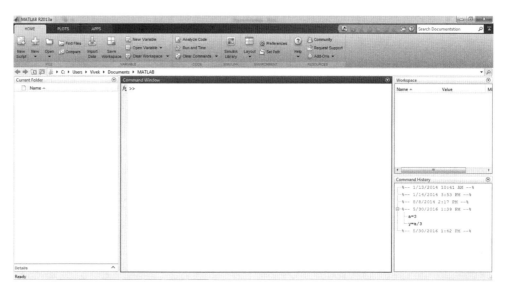

FIGURA A.3 Tela inicial do MATLAB.

O problema é resolvido digitando-se os valores das variáveis – os dados especificados para o problema. Uma vez que todos os valores são inseridos, a solução é obtida com a digitação da seguinte linha:

T=solve(A*exp(-Ea/R/T)*(V/v)/(1+A*exp(-Ea/R/T)*(V/v))==CPA*(T-T0)/(-DHrxn))

As variáveis correspondem às especificações dadas. O comando da função *solve* envolve igualar a conversão da equação do balanço de massa à conversão a partir do balanço de energia. Um operador duplo de igualdade (==) é usado para resolver a função. O MATLAB retorna uma solução de 537,4 K como a temperatura do reator. A conversão nessa temperatura é de 0,99, a mesma obtida por meio do Mathcad e do POLYMATH. O procedimento de solução e a solução são mostrados na Figura A.4.

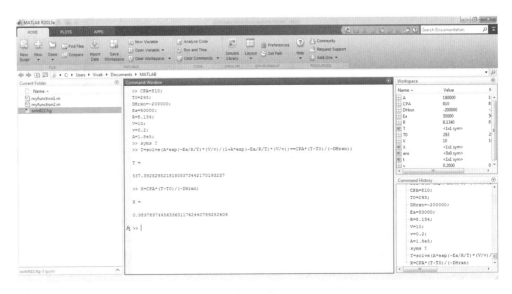

FIGURA A.4 Solução do MATLAB para o Exemplo 9.2.2.

Os comandos que foram inseridos podem ser vistos na janela de Comando. A janela do canto inferior direito contém o histórico de comandos, e as variáveis e seus valores podem ser vistos na janela logo acima. A janela à esquerda da janela de Comandos contém os nomes dos arquivos e dos diretórios.

Criar gráficos no MATLAB requer um procedimento ligeiramente mais elaborado. Primeiro, a variável Temperatura é definida com uma faixa de valores. Em seguida, dois arquivos de função são criados, que definem e avaliam XMB e XEB como funções de temperatura. Os detalhes de definir uma faixa para a variável temperatura e a criação das duas funções não são mostrados aqui, sendo deixados para o leitor explorar. Os gráficos de XMB (conversão a partir do balanço de massa) e XEB (conversão a partir do balanço de energia), como função da temperatura, são então criados escrevendo-se o seguinte comando:

PLOT(T, XMB, T, XEB)

Este comando cria os gráficos mostrados na Figura A.5.

Deve-se observar que técnicas alternativas de solução para este exemplo são possíveis no MATLAB. Em qualquer caso, pode ser visto que todos os três programas computacionais (Mathcad, MATLAB e POLYMATH) geram soluções praticamente idênticas para o problema. Os leitores podem verificar por si próprios que outros programas (Excel, Mathematica, Maple ou qualquer outro programa utilizado para resolver o problema) geram também os mesmos resultados. A seção seguinte apresenta uma breve comparação dos pacotes computacionais.

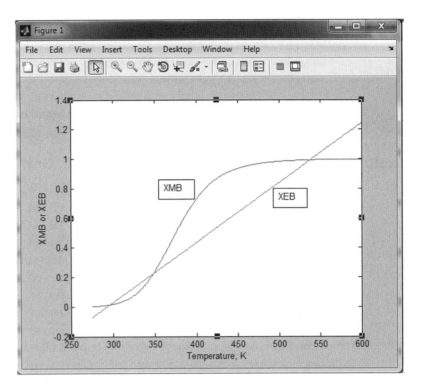

FIGURA A.5 Gráfico de conversões do MATLAB em função da temperatura.

A.2 Comparação entre os Pacotes Computacionais

Todos os pacotes computacionais oferecem alguma capacidade básica para cálculos e cada um tem seus próprios recursos. Uma visão geral das similaridades e diferenças é descrita no contexto de várias operações, como cálculos aritméticos, gráficos e recursos de programação.

A.2.1 Variáveis e Operações Básicas

Todos os programas permitem a definição de variáveis, e os nomes das variáveis são, em geral, não restritos. (Normalmente, os cálculos fazem referência à célula que contém a variável; contudo, é possível atribuir um nome de variável.) Todos os programas têm definições integradas de muitos nomes de variáveis, mas também têm provisões para substituição dessa definição. Por exemplo, o MATLAB define tanto i como j como $\sqrt{-1}$, mas o usuário pode atribuir-lhes um valor diferente [2]. Do mesmo modo, o Mathcad tem unidades e símbolos integrados: por exemplo, por padrão, as letras A, V e L carregam os significados específicos de ampere, volt e litro, respectivamente. Contudo, o usuário pode redefini-las como variáveis para representar área, volume, comprimento ou qualquer outra grandeza [3]. Cada programa usa diferentes sintaxes para atribuir valores a variáveis ou definir a variável. Por exemplo, o Mathcad usa dois pontos (:) como operador de atribuição, enquanto o Maple usa dois pontos seguidos do sinal de igualdade (:=) para a atribuição [3,4]. Outros programas usam um simples sinal de igualdade (=) para a atribuição, enquanto o Mathcad usa-o para avaliar e obter a saída. Com a prática, o usuário pode ganhar conhecimento e usar a sintaxe apropriada. A maior parte dos programas fornece também códigos de erro e avisos em cores quando sintaxe imprópria ou variáveis indefinidas são usadas em instruções de comando ou de cálculo. Alguns programas têm unidades integradas, como unidades SI no caso do Mathcad, por padrão. Por exemplo, a unidade padrão para a pressão é Pa (pascals) e os valores de qualquer variável de pressão sairão dessa unidade no Mathcad. O Mathcad tem também recursos de conversão automáticos para exibição de valores de variáveis em qualquer unidade escolhida pelo usuário. O usuário pode clicar simplesmente na unidade, mudá-la para a unidade desejada (atm ou psi, por exemplo), e o Mathcad irá recalcular e exibir automaticamente o número apropriado. Outros programas requerem conversão manual de unidades.

166 Apêndice A

Todos os programas usam os mesmos símbolos (+, –, *, /) para operações aritméticas. Quase todos os programas permitem que uma variável seja definida como uma matriz multidimensional. De fato, a maioria das variáveis em MATLAB são consideradas matrizes (MATLAB significa *Matrix Laboratory*) [2]. A maior parte dos programas permite cálculos matriciais e mostram códigos de erros se operações inválidas forem tentadas (adição de matrizes de diferentes dimensões etc.). Todos os programas computacionais têm funções integradas para o cálculo de logaritmos, de funções trigonométricas e assim por diante.

A.2.2 Resolução de Equações, Cálculos Simbólicos, Gráficos e Regressão

Todos os programas têm a capacidade de resolver problemas de equações algébricas lineares assim como equações transcendentais não lineares. O Excel oferece esse recurso pelo uso de suas ferramentas *Atingir Meta* (*Goal Seek*) e *Solver*, e o POLYMATH tem seus *solvers* de *EQL* (*LEQ*) e *ENL* (*NLE*). Técnicas de solução para o Mathcad e MATLAB são apresentadas no livro e neste apêndice. Os mesmos recursos existem também no Maple e no Mathematica. Naturalmente, cada programa pode ter caminhos alternativos múltiplos para chegar à solução do problema. O usuário, com a prática, pode dominar diferentes técnicas de resolução de problemas. Todos os programas também têm capacidade de resolver muitas equações diferenciais ordinárias simultaneamente. Por exemplo, o POLYMATH tem o programa *DEQ* para solução de equações diferenciais com as condições iniciais especificadas. O Excel não tem uma ferramenta similar para resolver equações diferenciais; porém, a estrutura de grade do Excel torna possível manipular as células para adaptar qualquer técnica numérica tanto a equações diferenciais ordinárias como a equações diferenciais parciais. Mathcad, MATLAB, Maple e Mathematica também permitem computações simbólicas, de modo que os usuários podem obter derivadas e integrais de expressões.

Todos os programas têm um utilitário gráfico para gerar plotagens – bidimensionais e, em alguns casos, tridimensionais. Todos os programas têm ferramentas para manipular a aparência dos gráficos, inclusive cor e forma de linhas, marcadores, rótulos, escalas de eixos, rótulos e outros elementos. A facilidade de criação de gráficos e a manipulação do formato varia com o programa, mas usuários podem facilmente aprender a usar as ferramentas para aumentar a eficácia dos gráficos.

Todos os programas têm também ferramentas de regressão para executar regressão linear e não linear. A saída dessas ferramentas geralmente inclui informações estatísticas sobre a adequação do ajuste e a confiança nas estimativas dos parâmetros do modelo. Outra vez, assim como no caso das ferramentas de plotagem, os usuários podem adquirir suficiente destreza com a prática.

A.2.3 Programação

A maior parte dos problemas computacionais encontrados por um engenheiro químico pode ser resolvida por meio de qualquer um desses programas (assim como alguns outros não discutidos neste apêndice ou no livro). Como já mencionado, a necessidade de desenvolver um programa personalizado em uma linguagem de alto nível tem sido reduzida de forma considerável nos últimos tempos, primordialmente em função dos avanços das ferramentas disponíveis nesses pacotes comerciais. Todavia, um programa personalizado pode ser necessário para executar cálculos em certas situações. Quase todos os pacotes comerciais oferecem esse recurso de programação, que é talvez a maior característica que diferencia esses pacotes.

O Excel oferece um ambiente de programação por meio do ambiente Excel VBA (baseado no Visual Basic). Os usuários podem escrever os programas necessários (macros) e executá-los para obter soluções. Embora a capacidade de programação no POLYMATH seja limitada, as saídas e instruções do POLYMATH podem ser convertidas e exportadas para os programas MATLAB.

Todos os outros pacotes comerciais oferecem uma capacidade de programação em graus variados. Todos os pacotes comerciais têm estrutura básica similar, com cálculos repetidos em *loops*, com as instruções *for*, *if* e *while* servindo como ferramentas de controle dos *loops*. A versatilidade de programação é talvez maior com o MATLAB e o Mathematica do que com o Maple e o Mathcad.

Além desses recursos básicos, cada pacote comercial pode conter características especiais que são apropriadas para muitas outras aplicações. Por exemplo, a Figura A.6 mostra algumas das ferramentas disponíveis em MATLAB; a tela aparece quando se clica em APPS na tela inicial.

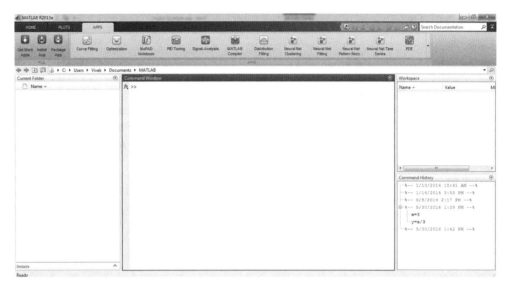

FIGURA A.6 APPS em MATLAB.

Esses *apps* fornecem ao MATLAB recursos de processamento de sinais, de ajuste de controladores, ajuste de redes neuronais, de otimização e assim por diante. Esses recursos podem ser úteis para o engenheiro químico em algumas situações.

A.2.4 Interface com o Usuário e Facilidade de Uso

Uma consideração razoavelmente importante, em particular para o usuário novo, é a interface oferecida pelo programa e a facilidade de operação. A familiaridade do Excel torna sua interface uma das mais fáceis para se trabalhar. A interface do POLYMATH é igualmente amigável: não é sobrecarregada com ícones e opções, fornecendo facilidade de acesso a problemas computacionais particulares (equações lineares, equações diferenciais etc.). O POLYMATH requer possivelmente o menor tempo de treinamento e um tempo mínimo para que o usuário comece a operar as ferramentas computacionais. Dos quatro restantes, o Maple e o Mathcad têm interfaces mais simples e mais amigáveis, e o MATLAB e o Mathematica têm interfaces semelhantes e mais complexas.

Note-se que os programas com interfaces mais complexas oferecem também mais recursos relativos à programação e à integração com outros aplicativos. Uma pessoa com tempo e prática suficientes irá considerar essa interface mais prática. Contudo, há uma significativa curva de aprendizado com relação a pacotes comerciais avançados, enquanto o usuário ganha familiaridade com a sintaxe e a estrutura de comando que não é intuitivamente clara [5]. A documentação no Help (Ajuda), oferecida por todos os programas, é útil em graus variados, O Help do Excel e o do POLYMATH são os mais úteis, e o do MATLAB o menos amigável.

A.3 Resumo

Um grande número de programas computacionais que variam do onipresente Excel ao Mathematica e ao MATLAB, está disponível no mercado para a realização de cálculos de Engenharia. Em geral, todos os programas discutidos neste apêndice são eficazes em resolver a maioria dos problemas computacionais encontrados por um engenheiro químico, como no exemplo do Capítulo 9. Uma breve comparação dos recursos dos vários programas indica que a maior parte oferece recursos computacionais similares. A comparação apresentada neste apêndice não pretende abranger até os mínimos pormenores, e muitas diferenças existem em detalhes de recursos e execuções. Os pacotes comerciais diferem em termos de recursos de programação, e as pessoas que esperam ou precisam desenvolver programas personalizados devem explorar esses recursos em detalhes antes de selecionar um pacote comercial para adquirir.

Referências

1. Cutlip, M. B., J. J. Hwalek, H. E. Nuttall, M. Shacham, J. Brule, J. Widmann, T. Han, B. Finlayson, E. M. Rosen, and R. Taylor, "A Collection of 10 Numerical Problems in Chemical Engineering Solved by Various Mathematical Software Packages," *Computer Applications in Engineering Education*, Vol. 6, No. 3, 1998, pp. 169–180.

2. Constantinides, A., and N. Mostoufi, *Numerical Methods for Chemical Engineers with MATLAB Applications,* Prentice Hall, Upper Saddle River, New Jersey, 1999.

3. Adidharma, H., and V. Temyanko, *Mathcad for Chemical Engineers*, Second Edition, Trafford Publishing, Victoria, British Columbia, Canada, 2009.

4. White, R. E., and V. R. Subramanian, *Computational Methods in Chemical Engineering with Maple*, Springer-Verlag, Berlin Heidelberg, Germany, 2010.

5. Cutlip, M. B., and M. Shacham, *Problem Solving in Chemical Engineering with Numerical Methods*, Prentice Hall, Upper Saddle River, New Jersey, 1999.

APÊNDICE B
Cálculos Usando Software de Simulação de Processos

Fazer cálculos é parte integrante das responsabilidades de um engenheiro químico, em particular aquele engajado no projeto de unidades de processo e plantas. Os Capítulos 4 a 9 forneceram uma introdução a alguns dos problemas e ilustraram as técnicas de solução por meio de duas ferramentas computacionais diferentes. Neste ponto, pode-se entender que um engenheiro de projeto se depara com frequência com problemas computacionais significativamente mais complexos do que aqueles descritos neste livro. Por exemplo, o fluxograma da planta de síntese de amônia foi apresentado no Capítulo 3, "Construindo em Engenheiro Químico". Embora esse fluxograma fornecesse uma visão geral da complexidade do processo, em realidade, cada unidade do processo é consideravelmente mais complicada do que parece ser no fluxograma. Um engenheiro químico tem de fornecer informações detalhadas em cada unidade do processo, inclusive todas as correntes de massa e de energia e suas condições (temperatura, pressão, composições etc.) para uma descrição completa da planta do processo. A planta de síntese de amônia é bem complexa; contudo, mesmo as mais simples plantas de processo irão consistir em várias unidades de processamento, e os balanços de massa/de energia de todas as unidades precisam ser resolvidos simultaneamente. Além disso, muitos poucos produtos químicos nas plantas de processo obedecem ao comportamento idealizado, tanto os presentes em um composto puro como em uma mistura. A incorporação da não idealidade no comportamento de componentes e de mistura resulta em complicar as relações já complexas entre as variáveis. Em um nível computacional fundamental, uma mudança de comportamento ideal para não ideal transforma uma equação linear explícita em uma equação implícita transcendental, aumentando a complexidade da técnica de solução necessária. Expressões que seriam válidas para a integração analítica no caso de comportamento ideal não mais o serão. Do mesmo modo, formas derivadas aumentam em complexidade, e as técnicas de solução correm o risco de falhar ou de se tornarem instáveis. Parece que as demandas computacionais sobre o engenheiro químico são uma tarefa hercúlea, em particular pelo fato de o engenheiro operar invariavelmente sob severas restrições de tempo para obter soluções.

Felizmente para o engenheiro químico, há várias ferramentas computacionais refinados disponíveis na forma de amplos programas computacionais de simulação de processos para a realização dos cálculos necessários. Esses pacotes computacionais têm uma biblioteca integrada de compostos químicos, de descrições quantitativas de modelos termodinâmicos alternativos a fim de descrever o comportamento não ideal e de ferramentas para o desenho e o desenvolvimento de fluxogramas de processos e especificação de condições e restrições. Os fluxogramas de processo são desenhados por meio de unidades integradas de reação, separação, transferência de calor, transporte de fluidos e de outras unidades de processos. O *software* oferece normalmente bastante flexibilidade no âmbito das especificações da unidade de processo para permitir a especificação de praticamente qualquer condição operacional. A maior parte dos programas permite também unidades definidas e personalizadas pelo usuário, assim como permite ao usuário definir e incluir um produto químico não presente no banco de dados e obter soluções gerais para simulações em estado estacionário e simulações dinâmicas de processos químicos. A seguir, estão listados alguns desses programas computacionais:

- *Aspen Plus*, Aspen Technology, Inc., Bedford, Massachussetts (www.aspentech.com)
- *CHEMCAD*, Chemstations, Inc., Houston, Texas (www.chemstations.com)
- *PRO-II*, Schneider Electric Software, Lake Forest, California (http://software.schneider-electric.com)
- *ProSimPlus*, ProSim S.A., França (www.prosim.net)

Os recursos representativos dos programas computacionais de simulação de processos são ilustrados por meio de um simples problema de separações resolvido por intermédio do PRO-II.

B.1 Enunciado do Problema: Operação Flash Adiabática

Um *flash* adiabático é uma das operações mais simples para efetuar uma separação entre componentes de uma mistura, com base nas diferenças de volatilidade. Uma corrente líquida é parcialmente vaporizada, sendo o vapor produzido enriquecido com os componentes mais voláteis (menores pontos de ebulição), enquanto deixa para trás a corrente líquida enriquecida com os componentes menos voláteis (mais altas temperaturas de ebulição). O modo adiabático de operação para a separação significa que nenhum calor é trocado com a vizinhança na unidade de *flash*.

Uma corrente de processo a 1000 psia e 200 °F, que consiste em uma mistura equimolar de acetileno e de dimetilformamida (DMF) entra em um estágio de *flash* no qual a pressão é reduzida para 200 psi. A taxa total da corrente de alimentação é 1 lbmol/h. A representação esquemática é mostrada na Figura B.1.

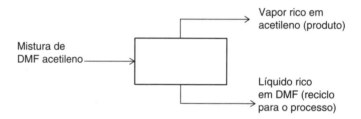

FIGURA B.1 Um estágio de *flash* adiabático.

Um engenheiro químico precisa realizar os balanços de massa e de energia na unidade de processo para obter uma descrição quantitativa da unidade. A seguir, têm-se as perguntas específicas que necessitam ser respondidas:

- Quais são as taxas, temperatura e composições das correntes de produtos, considerando-se que o comportamento volumétrico seja descrito pela equação de estado (EOS) de Soave-Redlich-Kwong (SRK)?

- Qual seria a resposta da pergunta anterior, se o comportamento fosse governado pela lei dos gases ideais?

- Qual é a percentagem de erro quando a idealidade é admitida? Baseie os cálculos de erro nos resultados do comportamento de SRK.

B.2 Base Teórica e Procedimento de Solução

É necessário obter um entendimento qualitativo do processo antes de tentar obter a solução para o problema. Uma breve base teórica é apresentada nesta seção, seguida do procedimento de solução que ilustra o uso do pacote para simulação do processo. O estudante obterá entendimento detalhado do processo por meio das disciplinas de termodinâmica da engenharia química, e processos de separação, conforme descrito no Capítulo 3.

B.2.1 Base Teórica

Uma operação de *flash* é efetuada pela redução da pressão de uma corrente líquida em um vaso (tambor de *flash*), de modo que uma fração do líquido alimentado vaporiza, com ambas as correntes de produtos líquido e de vapor saindo em *equilíbrio* entre si na mesma temperatura e pressão [1]. O componente mais volátil (acetileno, neste exemplo) é preferencialmente vaporizado, resultando em uma corrente de vapor que é enriquecida com acetileno, e uma corrente líquida que é enriquecida com DMF, o componente menos volátil. A operação adiabática de *flash* é aquela em que nenhum calor é trocado com a vizinhança. Como nenhum calor é fornecido para a corrente, a energia necessária à vaporização parcial é retirada da entalpia da corrente de entrada, resultando em correntes que saem com temperatura menor do que a temperatura da corrente de entrada.

Como mencionado no Capítulo 8, "Cálculos de Termodinâmica para Engenharia Química", as variações de entalpia das várias correntes podem ser calculadas a partir do conhecimento do comportamento volumétrico das substâncias. Assim, uma equação de estado que pode descrever com precisão o comportamento volumétrico das substâncias é um requerimento essencial à obtenção de uma solução para o problema precedente.

A SRK é uma EOS cúbica da seguinte forma [2]:

$$P = \frac{RT}{v-b} - \frac{a \cdot \alpha(T, \omega)}{v(v+b)} \tag{B.1}$$

Aqui, v é o volume molar do gás na pressão P e temperatura T, R é a constante dos gases, a e b são constantes características da substância e $\alpha(T, \omega)$ é uma função complexa da temperatura T e do fator acêntrico ω. As constantes a e b são funções da pressão crítica P_C e da temperatura crítica T_C. Cada substância tem suas propriedades críticas e fator acêntrico únicos, cujos valores estão disponíveis a partir de fontes de dados termodinâmicos. Os parâmetros caraterísticos na EOS são obtidos das seguintes expressões:

$$a = 0{,}427 \frac{R^2 T_C^2}{P_C} \tag{B.2}$$

$$b = 0{,}08664 \frac{R T_C}{P_C} \tag{B.3}$$

$$\alpha(T, \omega) = \left(1 + \left(0{,}48 + 1{,}574\omega - 0{,}176\omega^2\right)\left(1 + T_r^{0,5}\right)\right)^2 \tag{B.4}$$

Aqui, T_r é a temperatura reduzida; ou seja, a temperatura é normalizada por meio de sua divisão pela temperatura crítica ($T_r = T/T_C$).

A complexidade da EOS pode ser prontamente apreciada por meio de seu contraste com a lei dos gases ideais:

$$P = \frac{RT}{v} \tag{B.5}$$

A EOS e as constantes características da substância em consideração estão disponíveis na biblioteca e nos bancos de dados construídos em PRO-II. A solução do problema envolve a criação da unidade de processo e a especificação do modelo termodinâmico que governa o comportamento do sistema – a EOS SRK ou a lei dos gases ideais – conforme descrito na seção B.2.2.

B.2.2 Procedimento de Solução

A primeira etapa da solução envolve a criação de um fluxograma de processo da operação de *flash* em PRO-II. O pacote exibe a tela mostrada na Figura B.2.

Clicando em OK, selecionando File (Arquivo) em seguida, New (Novo), tem-se a tela inicial mostrada na Figura B.3, que permite a criação de um novo fluxograma. O usuário tem a habilidade de contornar a janela mostrada na Figura B.2, com a troca de configurações por meio do comando *Options* (Opções) da barra de comandos. Contudo, a janela serve para fornecer um lembrete sobre o código de cores usado pelo PRO/II para transmitir mensagens/avisos sobre os dados de entrada e ações que o usuário necessita realizar. Uma caixa vermelha indica que uma ação por parte do usuário é necessária. Uma caixa verde indica valores-padrão dos dados integrados no *software*. O usuário pode sobrepor esses dados fornecendo valores diferentes. Se o valor fornecido pelo usuário estiver dentro das restrições da variável, a caixa muda para a cor azul. No entanto, se o valor estiver

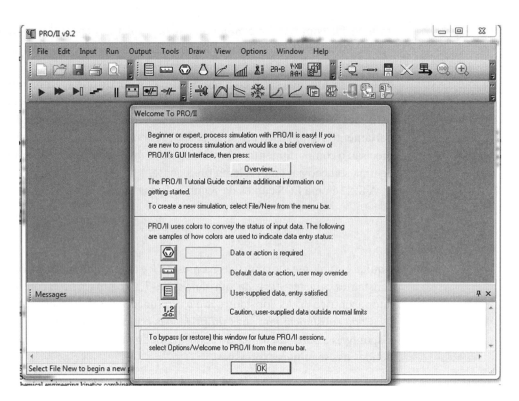

FIGURA B.2 Tela do pacote PRO-II.

fora da faixa normal da variável, a cor da caixa muda para amarelo. Nesse caso, a simulação pode não ser executada ou pode levar a resultados incorretos quando se tenta executar.

O espaço aberto é dividido horizontalmente em duas áreas: a superior é a área de trabalho denominada *Fluxograma*, e a inferior é denominada *Mensagens*, em que são mostrados avisos e outras mensagens. O painel vertical à direita contém os modelos das unidades de equipamentos de processo e correntes. A guia Correntes é realçada na Figura B.3, e o Tambor de *flash* pode ser visto como a segunda unidade de processo abaixo de Correntes.

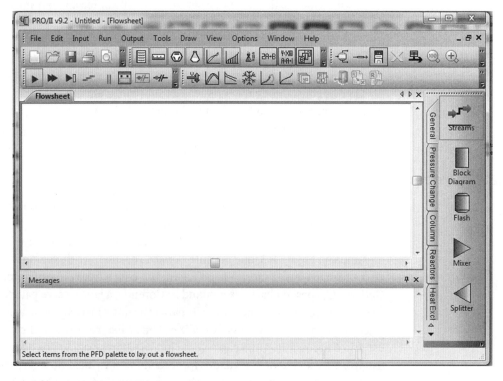

FIGURA B.3 Tela inicial do PRO-II.

São as seguintes as etapas de criação do fluxograma do processo:

1. Adicione a unidade de *flash* ao fluxograma, seguida das correntes, conforme mostrado na Figura B.4. As caixas vermelhas indicam informações faltantes e servem como instruções para a ação do usuário.

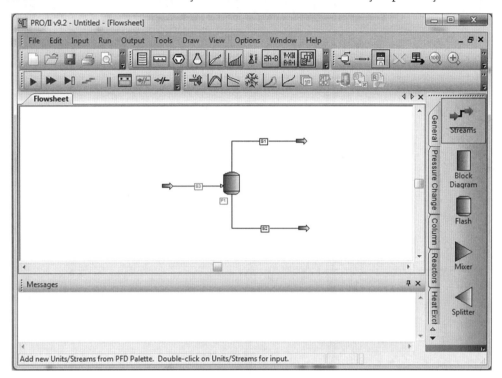

FIGURA B.4 Criando um fluxograma do processo.

2. Selecione os dois componentes, acetileno e DMF, na biblioteca integrada de componentes, usando o comando Input (Entrada), como mostrado na Figura B.5.
3. O menu suspenso sob o comando Input contém a opção para Thermodynamic Data (Dados Termodinâmicos), a segunda opção abaixo de Component Selection (Seleção de Componentes). Clique em Thermodynamic Data e, na caixa de diálogos que aparece, selecione a opção SRK EOS, conforme mostrado na Figura B.6.
4. Depois de especificar os componentes e os modelos termodinâmicos, especifique as condições da corrente de entrada por meio de um duplo clique na corrente de entrada, que mostra a caixa de diálogos da Figura B.7.

   Em geral, várias especificações alternativas são possíveis para as condições das correntes. Com base nas informações fornecidas, clique no botão *Flowrate and Composition* (*Taxa e Composição*), digite os valores apropriados e especifique a condição térmica da corrente usando os botões adequados. Note-se que o PRO-II tem a flexibilidade de lidar com qualquer sistema de unidades; as Unidades de Medida são selecionadas no menu suspenso sob Input (Entrada) antes de se especificarem as condições das correntes.
5. Clique duas vezes no tambor de *flash* para que a caixa de diálogo do local em que o modo de operação é especificado apareça, conforme mostrado na Figura B.8.

   A operação de *flash* requer duas especificações: a primeira vem da pressão especificada (200 psia) e a segunda é a de carga térmica igual a zero (pelo fato de a operação ser adiabática). Outras especificações são também possíveis, dependendo das informações fornecidas.
6. Após todas as informações terem sido fornecidas e as especificações inseridas, execute a simulação usando o comando Run (Executar) a partir do menu. (Ausência de caixas vermelhas indica que a simulação está pronta para ser executada.) A qualquer erro ou aviso, o *status* da simulação aparece no espaço Messages (Mensagens). Um relatório de resultados é gerado se nenhum erro for encontrado. A Figura B.9 mostra a tela principal após a execução bem-sucedida de uma simulação. Nas informações do espaço de Mensagens pode-se ver que não há erros ou avisos, e que a simulação foi concluída em 0,27 segundo.

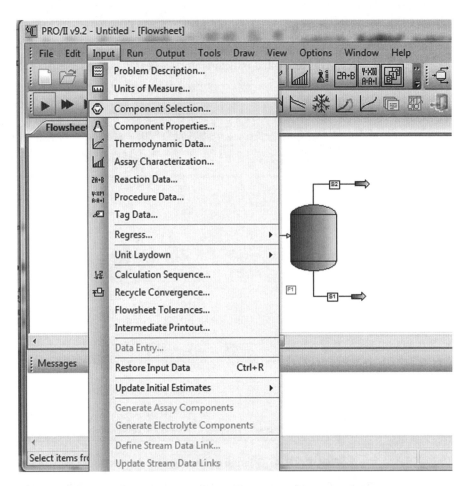

FIGURA B.5 Especificando os componentes para o problema em PRO-II.

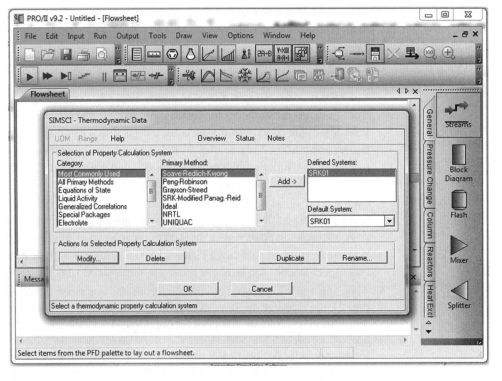

FIGURA B.6 Especificando o modelo termodinâmico em PRO-II.

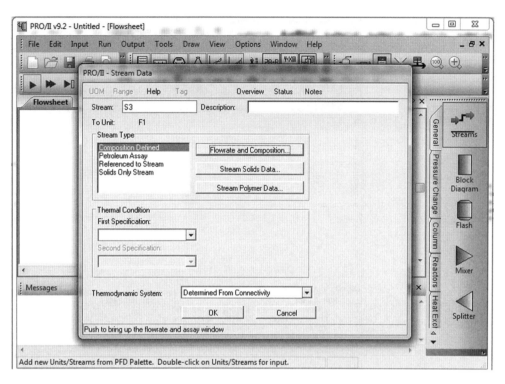

FIGURA B.7 Especificando as propriedades e as condições das correntes em PRO-II.

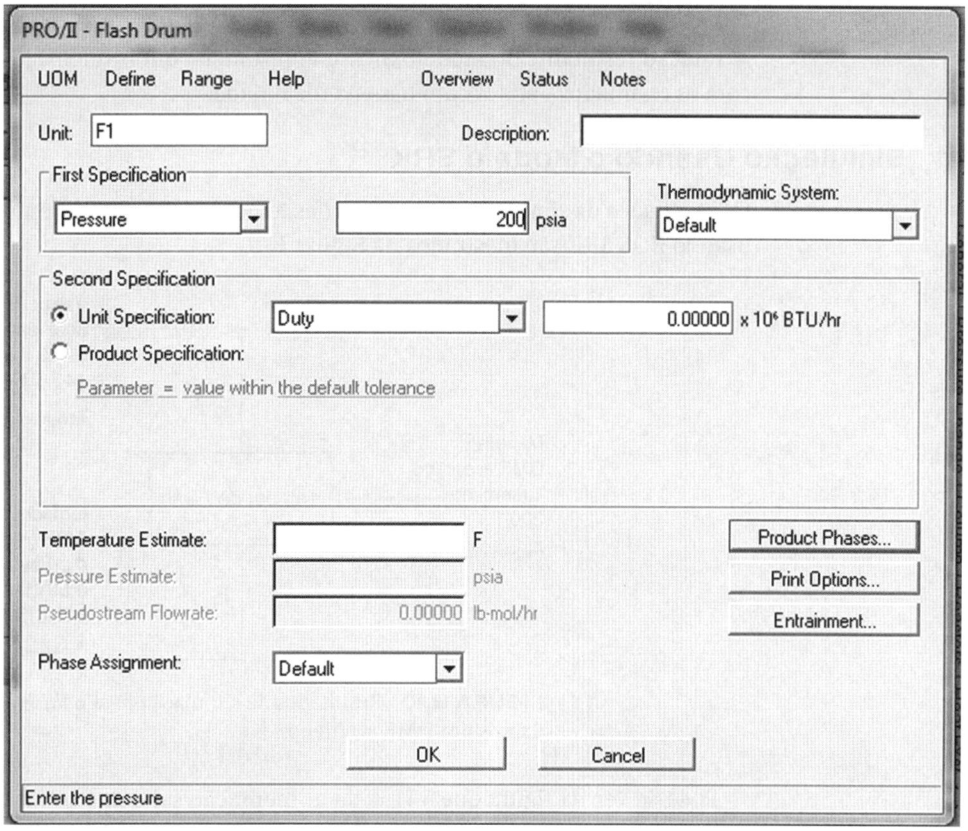

FIGURA B.8 Especificando o modo operacional adiabático: carga térmica imposta como 0.

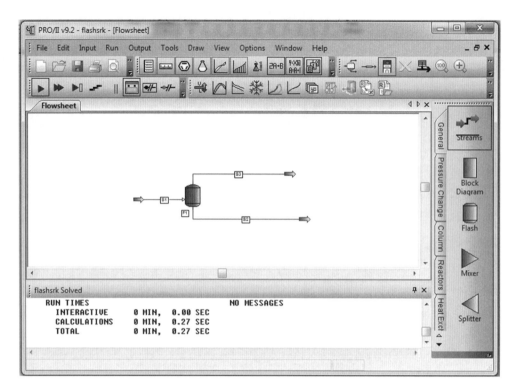

FIGURA B.9 *Status* da corrida da simulação.

7. Execute novamente a simulação para obter os resultados do comportamento ideal, selecionando Ideal em vez de SRK em Thermodynamic Model (Modelo Termodinâmico).

B.3 Solução e Análise de Resultados

A solução resultante do modelo SRK é apresentada em primeiro lugar, seguida da comparação com os resultados obtidos com base na idealidade.

B.3.1 Simulação Usando o Modelo SRK

Os resultados da simulação em termos das temperaturas das correntes e das taxas de escoamento usando EOS SRK são mostrados na Figura B.10.

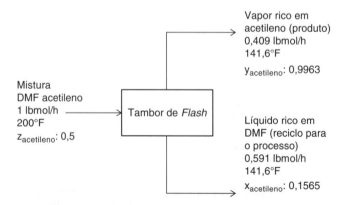

FIGURA B.10 Resultados da simulação para o *flash* adiabático da mistura DMF acetileno.

Pode-se ver na figura que ~41 % da alimentação sai como produto na forma de vapor, que é essencialmente acetileno. A fração molar de DMF no vapor é 0,0037 que, embora bem baixa, pode ou não estar em um nível de impureza aceitável para o produto acetileno dependendo da aplicação pretendida. Se uma redução maior no teor de DMF for desejada, outras operações de separação, como absorção ou adsorção, podem ser usadas. Os 59 % restantes da alimentação saem como líquido, que é em maioria DMF. Todavia, contém níveis significativamente mais altos de acetileno (fração molar de 0,1565), que provavelmente iria requerer mais processamento para separação antes do DMF ser reciclado no processo para uso como solvente.

B.3.2 Comparação de Resultados com Comportamento Ideal

Como mencionado, a simulação foi também executada com a lei dos gases ideais servindo como o modelo termodinâmico. A comparação de resultados para os casos ideal e não ideal é mostrada na Tabela B.1.

TABELA B.1 Comparação de Resultados – Efeito da Não Idealidade na Mistura

		Ideal		SRK	
		Vapor	Líquido	Vapor	Líquido
Temperatura (°F)		197,25		141,64	
Taxas de Escoamento, lbmol/h		0,463	0,537	0,409	0,591
Frações Molares	AC	0,9902	0,0765	0,9963	0,1565
	DMF	0,0098	0,9235	0,0037	0,8435

Como pode ser visto na tabela, a suposição de idealidade resulta em uma temperatura de ~197 °F, enquanto a temperatura real será de ~142 °F. Essa diferença de temperatura tem um impacto substancial no consumo de energia do processo. Se as correntes devem ser elevadas de volta para a temperatura de alimentação, a suposição de idealidade irá prever um requerimento muito menor de energia em relação ao que realmente será necessário. Embora ambos os modelos indiquem que a corrente de vapor seja no mínimo de 99 % de acetileno, o nível de pureza do acetileno no caso ideal pode não ser suficiente. As taxas de escoamento das correntes de produto diferem significativamente. A suposição de idealidade superestima a taxa de vapor em ~13 %, significando que deverá haver, na realidade, uma quantidade substancialmente menor do produto acetileno. Além disso, o DMF sendo reciclado para o processo será menor em pureza – a suposição de idealidade prevê uma corrente líquida de 92 % de pureza de DMF, mas a pureza real é somente ~84 %. Na realidade, uma significativa quantidade de acetileno está sendo reciclada para o processo por meio da corrente líquida, que tem substancial impacto na economia do processo, não somente por causa da menor saída de produto, mas também pelos custos adicionais de reprocessamento.

A necessidade de se ter um modelo tão realístico do processo quanto possível, e de se usar um modelo termodinâmico apropriado deve estar bem clara para o engenheiro a partir desses resultados. O valor de um *software* de simulação de processo deve também ser entendido e apreciado pelo engenheiro. Não somente o programa é capaz de incorporar modelos termodinâmicos complexos para a descrição do sistema, como também de fornecer uma solução extremamente rápida. O programa oferece ao engenheiro de projeto uma ferramenta poderosa para variação das condições de processo e simular um grande número de cenários em muito pouco tempo, de modo a otimizar o projeto da unidade. Com relação à separação discutida neste apêndice, o engenheiro pode ajustar as especificações de projeto de modo que as correntes de maior pureza ou de recuperação aumentada de produto sejam obtidas a partir da operação.

B.4 Resumo

A potência computacional fornecida pelos pacotes comerciais de simulação de processo permite aos engenheiros químicos realizar rapidamente cálculos complexos. Esses pacotes capacitam assim um engenheiro a não somente incorporar modelos complexos para elucidação do comportamento não ideal de substâncias, como também executar um grande número de tentativas em um curto espaço de tempo para determinar os efeitos de vários parâmetros.

Referências

1. Seader, J. D., E. J. Henley, and D. K. Roper, *Separation Process Principles: Chemical and Biochemical Operations,* Terceira Edição, John Wiley and Sons, New York, 2010.
2. Fink, J. K., *Physical Chemistry in Depth*, Springer-Verlag, Berlin Heidelberg, Germany, 2009.

ÍNDICE

A

Absorção
  de duplo contato, 27
  /esgotamento de gás, 44
Adsorção, 45

B

Balanço
  de energia
    global, 110
    mecânica, 76, 110
  de massa
    global, 94
    por componente, 94

C

Células de diafragma ou de membrana, 28
Ciência aplicada, 9
Cinética intrínseca, 42, 142
Commodity, 35
Condições
  adiabáticas, 111
  de contorno, 64
Conservação
  de energia, 109
  de massa, 93
Craqueamento, 32
  a vapor, 32

D

Destilação, 43

E

EDEs viriais, 136
Elastômeros, 21
Eliminação de Gauss, 67
Energia
  cinética (EC), 109
  interna (U), 109
  mecânica, 109
  potencial (EP), 109
Engenharia
  das Reações Químicas ou Cinética
    das Reações Químicas, 41
  Elétrica, 8

  Mecânica, 7
  Química, 8
Engenheiro
  de comissionamento, 11
  de fabricação/produção, 12
  de manutenção, 12
  de marketing, 12
  de pesquisa e de desenvolvimento, 11
  de planta, 12
    -piloto, 11
  de processo, 12
  de projeto, 11
    de processos, 11
  de serviços técnicos, 12
  de vendas, 12
Entalpia, 111
  de combustão, 114
  de mistura, 114
  de reação ou calor de reação, 114
  de solução ou calor de solução, 114
Equação(ões)
  algébricas lineares, 59
  cúbica de estado, 61
  da segunda lei de Fick, 64
  de Hagen-Poiseuille, 79
  de Nikuradse, 62
  de van der Waals, 61
  polinomiais, 60
  transcendentais, 62
Escoamento
  laminar, 75
  turbulento, 75
Estado padrão, 111
Estática dos fluidos, 52
Evaporação e secagem, 46
Extração líquido-líquido, 45

F

Fator(es)
  de atrito, 62
  de frequência, 143
Fenômenos de transporte, 47
Fluidos
  não newtonianos, 78
  newtonianos, 78
Fórmula das diferenças progressivas, 68
Fortran, 71

Fugacidade, 130
Funções
  de caminho (*path functions*), 128
  de transferência, 48

G

Gás de síntese ou singás, 30
Gráfico de Levenspiel, 147

I

Isobárico, 53
Isocórico, 53
Isotérmico, 53

L

Lei(s)
  da termodinâmica, 53
  de viscosidade de Newton, 77

M

Mecânica dos fluidos, 52
Mercúrio, 28
Método de Gauss-Seidel, 67
Mínimos quadrados, 69
Modelo da lei da potência (*power-law*), 143

N

Número
  de Damköhler, 154
  de Peclet (Pe), 158
  de Reynolds, 62, 78

O

Operações unitárias ou operações de
  transferência de massa, 43

P

Padrão com escoamento empistonado, 145
Petroquímicos, 19
Pressão de saturação, 136
Processo
  de contato, 26
  de separação, 43
  de transporte e de taxa, 47

180 ÍNDICE

exotérmico, 113
isobárico, 53
isocórico, 53
isotérmico, 53
LeBlanc, 31
Solvay, 31
Produtos químicos básicos, 18

R

Reação de deslocamento água-gás, 30
Reagente limitante, 148
Regressão
linear, 65

múltipla, 66
não linear, 66
Régua de cálculo, 69

S

Separações por membranas, 46
Setpoints, 40
Stripping, 44

T

Tabela
estequiométrica, 148
logarítmica, 69

Taxa de reação, 42
Técnica de Newton-Raphson, 67
Tecnólogo, 5
Termodinâmica, 53
Termoplásticos, 21

V

Valor absoluto, 111
Variação de entalpia-padrão, 113
Viscosidade dinâmica, 78
Vizinhança, 126